U0182471

可视化指南

数据分析与数据交互

INTERACTIVE VISUAL DATA ANALYSIS

[德]克里斯蒂安·多明斯基（Christian Tominski）
[德]海德伦·舒曼（Heidrun Schumann）
著

邰牧寒 译

中国科学技术出版社
·北 京·

Interactive Visual Data Analysis 1st Edition / by Christian Tominski, Heidrun Schumann / ISBN:9780367898755

北京市版权局著作权合同登记　图字：01-2023-1168。

图书在版编目（CIP）数据

可视化指南：数据分析与数据交互 /（德）克里斯蒂安·多明斯基（Christian Tominski），（德）海德伦·舒曼（Heidrun Schumann）著；郃牧寒译 . — 北京：中国科学技术出版社，2023.7
ISBN 978-7-5046-9965-7

Ⅰ . ①可… Ⅱ . ①克… ②海… ③郃… Ⅲ . ①可视化软件—数据分析 Ⅳ . ① TP317.3

中国国家版本馆 CIP 数据核字（2023）第 030767 号

策划编辑	申永刚　任长玉
责任编辑	高雪静
版式设计	蚂蚁设计
封面设计	仙境设计
责任校对	张晓莉
责任印制	李晓霖

出　　版	中国科学技术出版社
发　　行	中国科学技术出版社有限公司发行部
地　　址	北京市海淀区中关村南大街 16 号
邮　　编	100081
发行电话	010-62173865
传　　真	010-62173081
网　　址	http://www.cspbooks.com.cn

开　　本	710mm × 1000mm　1/16
字　　数	354 千字
印　　张	24
版　　次	2023 年 7 月第 1 版
印　　次	2023 年 7 月第 1 次印刷
印　　刷	河北鹏润印刷有限公司
书　　号	ISBN　978-7-5046-9965-7/TP317.3
定　　价	129.00 元

（凡购买本社图书，如有缺页、倒页、脱页者，本社发行部负责调换）

序

在现代社会，大数据已经越来越引起人们的关注。我们经常能听说各种数据分析程序和算法带来了什么样的好处、怎样实现更高效的操作，还有怎样在各应用领域起到不可替代的作用。这些都说明了从数据中获取信息很容易，尤其是该领域的学者们都对此满怀信心。但是从庞大而复杂的数据中获得真正有价值的信息实在是一项艰巨的任务。在很多情况下，数据分析过程中的新发现、判断数据价值以及结果的有效性都少不了人的参与，只有人才能具备深层次的专业知识和常识。那么，如何能让人也参与其中呢？

有一种方法就是数据的可视化，也就是将数据转化为图形，然后用人类那神奇的大眼睛观察图形并且分析信息。但是，可视化也有一定的局限性，比如，庞大的数据集会导致图形的排布变得密密麻麻、混乱不堪，再比如，包含 100 多个节点的网络图形实际上看起来就像一团乱毛线。为了解决这个问题，我们在可视化技术的基础上引入了交互功能：也就是赋予人控制权。经过一整套设计之后，交互式可视化系统就可以应对大数据了。但是，如何在拥有上百个属性的数百万个样本的数据集中厘清它们之间的关系？统计学、机器学习和数据提取领域中的自动查找和相关性分析等方法倒是也堪用，但不可避免地会丢失一些重要信息。因此，交互式可视化数据分析（也称为可视化分析）的宗旨就是将可视化、交互和自动化分析等方法组合在一起来探索大数据。

就这么简单？当然不是了。设计有效的可视化数据分析系统绝非易事，其中需要各种各样的专业知识、技能和经验。除了纯粹的技术，还涉及许多其他方面。对于这样一个系统的每个组成部分，都有各种各样的替代解决方案，在选择解决方案之前，首先需要透彻地了解它们的优势和局限性。当标准方案没办法解决问题时，就要用创新思维另辟蹊径。任何系统的开发实际上都是一个设计的过程，重点是要对这个过程有深刻的理解，同时还要满足潜在用户的需求。

在教学生开发用于可视化数据分析的交互式系统时，老实说，我很纠结。我不知道是否应该引导他们去了解不同数据的不同可视化、交互和分析技术的所有组合。如果这么做了，那这门课就会变得枯燥且漫长。我真正想要的是一本非常简洁的教科书，其中包含整个设计过程、相关学科和结合方式，再加上一些高级的例子。

当克里斯蒂安·多明斯基（Christian Tominski）和海德伦·舒曼（Heidrun Schumann）告诉我他们已经写好了这样一本书时，我非常高兴，而真的读到时更是心情无比激动，这就是我想象中的书。当然，现在有很多关于可视化、交互和数据分析的书，但是那些书通常是重点讲述了某个单独方面，很少有全方位的介绍，而本书的真正价值就在于它能够涵盖交互式可视化数据分析的所有方面。作者们在可视化研究领域和开发现实世界解决方案方面拥有丰富的经验，书中的许多例子都来源于他们的亲身经历，这也让我们有机会了解专家的想法。他们在不同的领域攻克了许多复杂的案例，比如动态地理空间数据。所以本书中的例子都具有极高的应用价值。

除了在研发方面的经验外，作者们也非常善于表达专业知识：他们与沃尔夫冈·艾格纳（Wolfgang Aigner）和西尔维亚·米奇（Silvia Miksch）合著的《时间数据的可视化》（*Visualization of Time Oriented Data*）一书是一部经典之作。书中他们表现出的处理复杂情况的高超技巧、完善周到的分析处理、合理紧凑的写作风格以及清晰明确的插图，都给我留下了深刻的印象。

本书为学生、教师和所有致力于开发有效的交互式可视化数据分析系统的研究人员提供了明确的指导、全面的介绍和诸多灵感。我希望这本书能够激励读者投身这个领域。

——雅克·J. 范·维克（Jarke J. Van Wijk）

荷兰埃因霍温理工大学科技学院，数学和计算机科学系

前言

2000 年，海德伦·舒曼与人合著了第一本关于可视化技术的德语教材。克里斯蒂安·多明斯基是最早一批接触到这本教材的学生之一，迄今已逾二十年。现在，我们很荣幸地为大家带来这本关于交互式可视化数据分析的新书。

关于本书。写这本书的想法源于 2014 年在巴黎召开的 IEEE VIS 2014 学术大会，当时塔玛拉·蒙兹纳（Tamara Munzner）刚刚出版了一本新书《可视化分析与设计》（*Visualization Analysis and Design*）。海德伦和塔玛拉讨论要不要再写一本全面概述交互式可视化数据分析原理的书。大家都明白这个任务的艰巨性，我们面对的是各种体系的分类和协调，以及反反复复地研究如何妥善准备内容和组织结构并最终呈现给读者，这个过程最少要持续五年。

我们的书与其他书最大的区别在于，将可视化、交互性和分析组合为一个整体。书中介绍了设计交互式可视化数据分析解决方案的标准，以及影响设计的因素和流程。首先让读者熟悉图形转换的基础知识，并了解多变量数据、时间数据、地理空间数据和图形数据的多种可视化技术。我们还用专门一章介绍了可视化交互的一般概念，以及现代交互技术如何应用到可视化数据分析中。针对现在庞大而复杂的数据，引入了用于可视化数据分析的自动计算功能。另外，还专门介绍了多屏幕显示环境可视化、数据分析期间的用户引导以及渐进式可视化数据分析等高级概念。塔玛拉·蒙兹纳评论道："这本书的全面性给我留下了深刻的印象。"

全书对每一项内容都用示例进行了完整的说明，其中大部分的示例都来源于我们的亲身经历。所有示例都配有插图，这些插图根据知识共享协议 4.0（CC BY 4.0 license）免费提供。

本书受众范围较广。学生可以使用本书系统性地学习交互式可视化数据分析。书中的层次化知识体系十分适用于教学，所以可视化领域的研究人员可以将本书用作参考书和教材。本书结尾讨论的先进概念可能会启发新的研究，读者们会从中发现许多有意思的示例和用法。

致谢。这本书虽然是我们两个人撰写的，但背后离不开诸多研究人员的多年努力。如果没有之前的研究，那也就不会有这本书，所以特别感谢罗斯托克大学可视化研究团队中的所有前任和现任同僚。另外还要感谢我们的朋友和合作伙伴，正是在所有人的共同努力下，我们才会最终完成这本意义深远的学术著作。

同时也非常感谢诸位在插图使用权方面提供的支持。名单如下（按姓氏字母顺序排列）：马克·安吉里尼（Marco Angelini）、尼古拉斯·贝尔蒙特（Nicolas Belmonte）、托马斯·布奇维茨（Thomas Butkiewicz）、史蒂夫·杜贝尔（Steve Dübel）、克里斯蒂安·埃希纳（Christian Eichner）、史蒂芬·哈德拉克（Steffen Hadlak）、赫尔维格·豪瑟（Helwig Hauser）、亚历山大·莱克斯（Alexander Lex）、马丁·路博西克（Martin Luboschik）、托马斯·诺克（Thomas Nocke）、阿克塞尔·拉德洛夫·德罗塞（Axel Radloff-Delosea）、马丁·罗利格（Martin Röhlig），还有希尔维亚·萨菲尔德（Sylvia Saalfeld）。

各位专家的帮助极大地完善了本书。非常感谢沃尔夫冈·艾格纳对交互章节的指正。马丁·路博西克对可视化章节提出了宝贵的意见。汉斯·约格·舒尔茨（Hans-Jörg Schulz）不仅在基本概念、自动分析章节以及摘要和序言部分指出问题，还参与了许多讨论，并在出版前期阶段提供了帮助。

特别感谢塔玛拉·蒙兹纳。塔玛拉在本书的编写和润色中提供了极大的帮助。另外，泰勒 & 弗朗西斯出版集团的主编苏尼尔·奈尔（Sunil Nair），助理编辑克尔斯滕·巴尔（Kirsten Barr）和什哈·盖尔（Shikha Garg）在书籍出版中为我们提供了帮助。

最后，感谢我们的家人，他们为我们提供了温暖的爱和衷心的祝福。

由衷感谢诸位的支持！

克里斯蒂安 · 多明斯基

海德伦 · 舒曼

德国罗斯托克大学，可视化与分析计算实验室

作者简介

克里斯蒂安·多明斯基：讲师及研究员，任教于德国罗斯托克大学可视化与分析计算实验室。2006 年取得博士学位，主要研究领域是数据的可视化和交互，尤其擅长交互式探索和复杂数据的处理技术。研究期间发表了大量关于多变量数据、时间数据、地理空间数据、图形的前沿可视化以及交互技术的学术论文和著作。2011 年，与人合著了两本关于时间导向数据可视化的著作。2015 年博士后出站，并与人合著了两本关于可视化交互的著作。多明斯基领导开发了多个可视化数据系统，其中有用于时空健康数据的 LandVis 系统、用于时间导向数据的 VisAxis 系统，以及用于多用户图形可视化的 CGV 系统。

海德伦·舒曼：教授，任教于德国罗斯托克大学，为该校可视化与分析计算实验室计算机图形学专业主席。1981 年取得博士学位，1989 年博士后出站，研究领域和任教学科是计算机图形学的大部分专业，包括信息可视化、可视化分析和图形渲染，尤其擅长在空间和时间上的复杂数据可视化、可视化和地形渲染的结合以及渐进式可视化数据分析，主要研究方向是交互式可视化数据分析。海德伦·舒曼在顶级期刊上发表了共 200 多篇论文。2000 年，与人合著了第一本关于数据可视化的德语教材。2011 年，与人合著了一本关于时间导向数据可视化的教材。2014 年当选为欧洲图形学会委员。

目 录

第三章
图形的可视化技术详解 061

第四章
可视化中的人机交互技术 153

第五章

自动分析辅助 249

第六章

高级概念 317

第一章 导论

随着科技的发展，数据的商业价值也在逐步走高。医生通过丰富的诊疗记录及药理数据库来为患者提供准确合适的治疗方案；企业通过客户群体的需求及喜好等大数据来获得利润；科学家通过海量的学术文献数据完成新的研究与发现。

在信息时代，数据无处不在。大量集成有传感器的电子设备无时无刻不在收集着各种各样的数据，比如我们大量普及的智能手机，它里面就集成着数十种用来收集数据的传感器。同时，数据也可以通过计算来获得，例如，我们建立了复杂的天气模型来预估近几个世纪的气候变化。从某种意义上说，我们人类也是大数据的一部分，因为社交网络以及信息服务随时记录着我们的兴趣爱好和日常动态。

如此之多的数据将我们团团包围，那么我们该如何利用好它们呢？关键在于要把它们抽丝剥茧，仔细寻找并分析需要的内容，然后从中得到我们想要的信息。所以，我们要在脑海中建立一条专门用来接纳并分析数据的通道。最经典的分析方式就是通过无线电通信中的译电文等文本方式来获得数据。然而这种方式用在日常生活中简直是浪费时间。因此，我们常常把数据转化成表格并汇总在一起，这种方式有利于发现关键信息。尽管如此，数据间的复杂关系依然可能会让我们毫无头绪。

这时，我们不妨试一试交互式可视化数据分析法。如果说文本方式是单车道公路，所有数据必须依次通过，那么交互式可视化数据分析就是多车道的高速公路，可以容纳多个数据同时通过，这大大加快了数据处理的速度。数据的可视化不仅仅能用于获取信息，还可以充当人类感知信息的框架。通过图形获取的信息比文字信息更容易让人记住，可视化的抽象概念可以帮助人们更容易地建立思维模型。

俗话说："一画抵千字。"这并不十分准确，"一画抵万字"或许更加合适。这句话透露了两条信息：第一，图形可以简单完美地将数据表达出来。第二，有越来越多的文字表明，在信息时代，我们面对的是海量的数据。

本书的内容是通过利用人类的智慧和计算机的计算能力，提出针对大型的复杂数据进行交互式可视化分析的方法。在本书中，你会了解到交互式可视化数据分析解决方案是一个系统化的过程。我们首先要经过精心的设计，然后才能在显示器上展现出数据的视觉盛宴。其次要有合理的人机交互技术来推动用户和数据间的对话，尤其是面对大数据时，我们更需要计算机的分析计算，以便从中提取出所需的信息。

1.1　基本概念

在我们正式开始了解交互式可视化数据分析法之前，先来大概了解一下相关的专业术语、基本思想以及概念。

1.1.1　可视化、交互以及计算

可视化是指通过计算将数据以图形、影像等可视化方式表达出来的一种数据处理方法。这个概念由可视化技术的创建者们于 1987 年首次提出，具体内容如下[1]：

> 可视化技术属于一种计算方法，它通过将文字和符号转换成几何图形来帮助科研人员更直观地进行模拟和计算。这项技术能将看不见、摸不着的数据变成简单易懂的可视化图形，极大地推进了科学研究的发展，同时也对人类的认知手段产生了深远的影响。（麦考密克等，1987）

这段话描述了多个数据载体和步骤之间的转换。首先，深入地了解所需的数据。其次，使用计算机将数据转换成可视化图形。最后，由人来观察可视化图形并获取信息。

可视化图形是大数据可视化分析的基础，但是，单靠图形是无法满足信息时代的海量数据分析需求的，因此我们还需要建立人机之间的交互机制并找出相应的计算分析方法。

早在 1981 年，雅克・贝尔廷（Jacques Bertin）就认识到了需要一种可控制的交互式可视化方案[2]：

> 图形并非一次性“画”出来的，而是经过“构建”而成的，意为通过不断地调整来最终表达出数据间的各种关系及架构。最好的图形应该是由操作者亲自动手“构建”出来的。（贝尔廷，1981）

交互机制的加入使可视化数据图形能够为人所用，我们可以利用这个机制真正参与到可视化数据分析之中，自由地选择所需的数据项。也可以实现醒目地突出显示不同的数据特征，变换观察角度或者根据情况调整可视化图表等功能。

虽然交互机制将人类的感知能力加入其中，但我们还需要借助计算机的强大计算能力来完善整个可视化数据分析流程。通常来说，海量而繁杂的数据无法全部实现可视化，那么此时就可以利用计算机使其根据预设特征及特殊标签来从原始数据中提取信息。

基姆（Keim）等人在《可视化分析浅谈》（*Visual Analytics Mantra*）一书中总结了可视化、交互以及计算三个概念之间重要的互补作用[3]：

> 初步分析
>
> 找重点
>
> 缩放，筛选，深入分析
>
> 找细节
>
> （基姆等，2006）

根据这一说法，可视化数据分析的流程从自动分析开始，先将提取到的数据转换成图形，再通过人机交互调整该可视化图形，然后根据关键特征筛选出特定数据，最后由计算机进行分析计算。全程建立索引，以便于随时回看。

作为一种信息处理手段，人和计算机的紧密配合成为交互式可视化数据分析法的关键优势。计算机可以快速准确地处理海量数据，而人类则拥有强大的创造性思维、灵活的决策能力以及图形观察能力。

为了准确地获取想要的信息，我们必须善加利用数据技术和计算机的计算功能并将这二者的优势整合。诸如可视化设计、计算机图形学、人机交互、用户界面、心理学、数据科学和系统算法等都属于这一范畴。各方协调一致才能够发挥出可视化数据分析的强大功能。

1.1.2 交互式可视化数据分析法的五种变量

为了设计出可行的数据分析工具，我们首先需要考虑它的使用环境。而为了了解使用环境，可以从五种情况（五种变量）入手：目标、原因、用户、空间，以及时间。

分析什么样的数据？（目标）数据的类型多种多样，比如游戏玩家数据、人口普查数据、活动轨迹数据等，而每一种数据都在规模、维度和多相性方面有其独一无二的特征，这也就意味着不同种类的数据间存在着差异。

为什么分析数据？（原因）充分的数据支持可以使人们事半功倍。比如在基因调控网络中寻找控制因子，整套数据分析流程涉及诸如确定数据值和设置相关模型等具体分析项目。

谁需要分析数据？（用户）医生在日常临床治疗中研究病情时需要不同的分析方案，战略投资者需要在新闻中寻找新的市场商机。当然，个人能力和偏好也在此处起到了一定影响。

在哪儿分析数据？（空间）除了配置有计算机主机、显示器、鼠标和键盘的常规办公室，还可以在拥有大型屏幕墙和人机交互技术的场所来进行交互式可视化数据分析。

什么时候分析数据？（时间）与其他方案一样，可视化数据分析法也要求高效率且步骤准确。数据分析要遵循特定的处理流程，而且每一个步骤都要符合相关要求。

上述五种变量表明，影响数据分析的因素有许多方面，包括数据种类、分析任务、用户群体、办公环境、个人习惯，及各种客观条件。对于数据分析方案的实用性来说，目标及原因在其中扮演着重要的角色。当然，任何可视化转换以及人机交互也都离不开人的操作，人的感知、认知、体力、专业知识、背景和偏好都会对数据分析结果产生影响。而当数据分析运行于多屏幕环境、多终端协作或者受限于特定的工作环境时，还要考虑到时间和空间的影响因素。

根据这五种变量，我们很明显能够发现，成功运用交互式可视化数据分析的前提就是必须针对特定的目标和实际应用环境进行相应的调整。鉴于现在人类已经进入数据大爆炸的信息时代，我们急需一些更先进的概念和科学技术来帮助我们应对如此海量的数据。接下来让我们看一些简单的例子。

1.2　范例

至此，我们已经介绍了可视化数据分析法的基本概念。接下来会展示一些示例，这些示例一方面能够说明可视化数据分析法的强大功能，另一方面这些事例也能帮助我们了解该方法的设计思路以及其中涉及的问题。

这些例子从最基本的可视化图形到复杂的分析场景，循序渐进地逐一向我们展示。在此过程中，我们会通过逐步加入可视化图形、人机交互技术和自动计算、多终端协同、综合用户需求以及复杂环境来提高难度。

1.2.1　入门范例

我们所要分析的数据实质上就是图形。图形是一种表现实体相互间关系的通用模型，可以广泛用于各种领域。生物学家利用基因调控网络模拟自然生物现象，气象学家利用气象网络模拟地球气候，犯罪调查人员通过勾画犯罪嫌疑人之间的关系来破获复杂案件。在我们的日常生活中，计算机互联网和社交圈也属于这一类情况。

图形的构成通常包含节点、边和特征。节点代表实体，边代表实体之间的关系，节点和边的特征都具备存储附加信息的功能。

在我们开始举例子之前，先来看一看需要转换为可视化图形的原始数据。示例 1.1 是一份 JSON 格式的数据。其中第 2 至第 11 行共有 3 个节点，每一个节点都关联到一个 ID 和一个标签。第 14 至第 22 行共有两条边，负责连接源节点（src）和目标节点（dst）。两个节点（源节点和目标节点）之间的连接强度（weight）就是该数据的特征。

例 1.1　带有节点、边和特征的数据

```
1 {
2   "nodes": [
3     { "id": 0,
4       "label": "Myriel"
5     },
6     { "id": 1,
7       "label": "Napoleon"
8     },
9     { "id": 2,
10      "label": "Mlle Baptistine"
11    },
12    // More nodes here ...
13  ],
14  "edges": [
15    { "src": 1,
16      "dst": 0,
17      "weight": 1
18    },
19    { "src": 2,
20      "dst": 0,
21      "weight": 8
22    },
23    // More edges here ...
24  ]
25 }
```

我们从第 12 至第 23 行的内容可以看出来，这一组包含三个节点和两条边的数据只是最基础的一个示例，而我们即将要面对的数据实际上包含 77 个节点和 254 条边，简直就是维克多·雨果在《悲惨世界》中刻画的众多人物形象的翻版。

示例 1.1 只给出了数据结构，这样很难从中获取隐藏在数据中的有用信息。因此，我们（用户）接下来要分析可视化图形，以便更深入地理解各项信息。首先，我们先把注意力放在图形架构上（原因）。

绘制可视化图形的最基本方式就是在各节点之间建立连接。图 1.1（a）所示是一组简单的可视化图形结构。圆点代表节点，各节点之间的连接线代表边。圆点可以自由放置，本示例使用的是力导向算法。正如我们所见，这个图形仅由圆点和连接线组成，结构十分清晰。

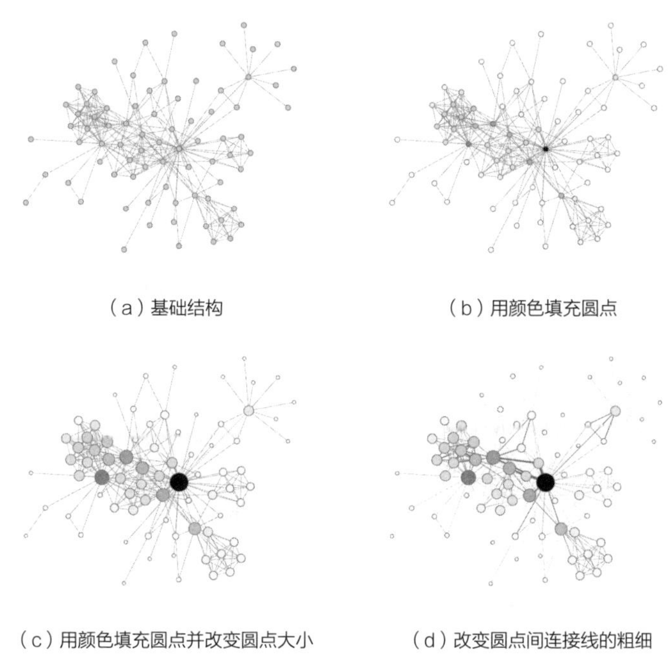

（a）基础结构　（b）用颜色填充圆点

（c）用颜色填充圆点并改变圆点大小　（d）改变圆点间连接线的粗细

图 1.1　带有图形结构和特征的节点连接图

接下来我们要进一步了解数据，找一找哪些数据与其他数据的联系最多，哪些是主要数据。在图形结构中，我们可以通过查看节点之间的边的数量来提取信息。但问题是，诸多节点和边互相交叉，比较纷乱，这样很难看出关键信息。所以，怎么才能让我们想要的信息更加清晰地表现出来呢？

某个节点的节点度是指和该节点连接的边的数量，这个特征也存在于可视化图形结构中。因此，我们可以为每个圆点赋予不同的颜色来表示节点度。在图 1.1（b）中，深绿色节点的节点度较高，而浅绿色节点的节点度较低。在这个优化后的节点连接图中，我们可以发现图中央的深绿色圆点的节点度最高，是图中的主要节点。

但是这样还远远不够。现在的问题是低节点度和高节点度的圆点尺寸相同，无法令人清晰地分辨出来。我们打算再进一步优化，增强重要节点的视觉效果，同时弱化不太相关的次要节点。所以在填充圆点颜色的基础上，我们根据节点度来调整圆点尺寸的大小。在图 1.1（c）中，可以通过圆点的颜色深浅和尺寸大小更清晰地看出各圆点的节点度。

到了这一步，图形中的各节点信息已经越来越清晰明了。然而，我们是不是把边给忘了？为了使数据图形更加完善，我们还要在边的方面下一番功夫，可以试一试改变各圆点间连接线的粗细。在图 1.1（d）中，粗线代表边的强度较高，细线代表边的强度较低。通过这一系列额外的辅助图形元素，我们就可以很容易地看出各节点之间的关系等关键信息。

总的看来，我们现在已经能够将图形结构和两个辅助特征转换成了可视化图形，该结构以圆点和连接线的形式清晰地展现出来。其中节点的强度通过圆点颜色深浅和尺寸大小来表示，边的强度通过连接线的粗细来表示。如此一来，我们就可以从图形中找到数据的关键特征。虽然通过读取原始数据也可以最终获得同样的结果，但所耗费的时间和人力成本会远远高于直接观察可视化图形。

1.2.2　进阶数据分析

上一个例子表明，可视化图形在数据分析领域具有极强的发展潜力。在实际应用中，这种简单的可视化图形在面对复杂数据时就会束手无策。上一个示例的图形中包含 77 个节点和 254 条边。而实际中，更常见的是拥有数千个节点和边以及数十种特征的复杂图形。比如气象网络就是这一类大型复杂图形的一个典型例子。气象学家通过大规模模拟气候现象来理解和预测地球气候变化。

随着数据量和复杂程度的增加，我们也得认真起来。在转化大量数据时，最终得到的可视化图形有可能会显得特别杂乱，这时就要引入充分的应对机制。另外，现有的技术几乎不可能将数据的方方面面都照顾到，所以就有必要拓展可视化图形，将其分化为多个图形，每一个图形都只负责处理某些特定的数据项。我们用如下两个例子来说明这一方案。

图 1.2（a）所示是一组气象网络的可视化图形结构。这个结构中包含 6816 个节点和 116470 条边，如此之多的内容使图形看起来简直无比密集，目之所及全部都是圆点和连接线。怎么办？在这种情况下，标准的处理方案是把注意力放在相关联的数据子集上。我们首先确定所需的数据项，然后再利用人机交互系统筛选并创建可动态变化的数据子集。

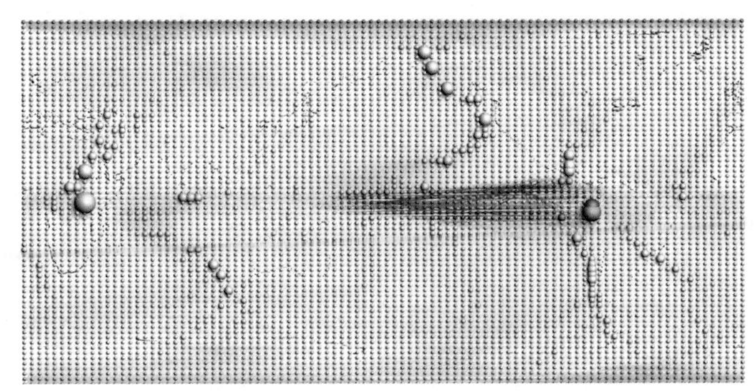

（a）原始图形，包含 6816 个节点和 116470 条边

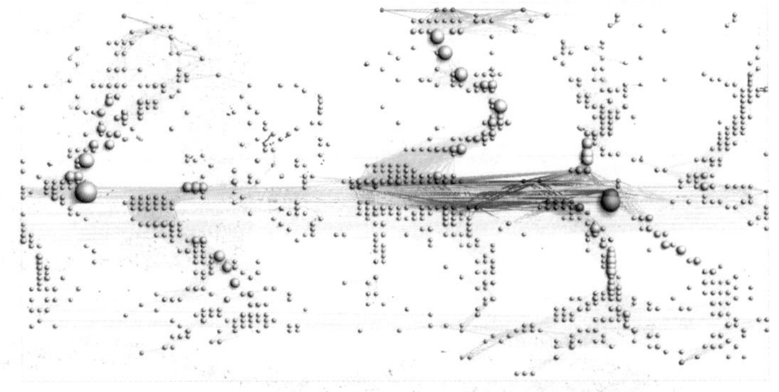

（b）经筛选过的图形，包含 938 个节点和 5324 条边

图 1.2　气候网络图形经过动态筛选，排除非必要数据，只保留需要的数据

在气象网络中，我们需要筛选出能够影响到气候变化和气流的关键节点。根据图论的知识，这一类节点的典型特征通常具有高度的中心性。于是我们首先可以使用自动算法来计算出每个节点的中心性。然后再由用户确定一个合适的阈值，以筛掉低中心性的节点和与其连接的边。

图 1.2（b）所示是筛掉中心性低于 65000 的节点以后的气象网络。该图形中只包含用户所需的数据项，因此现在只剩下 938 个节点和 5324 条边。经此处理以后，图形整体变得更加直观，隐藏在数据中的结构也都清晰了起来。

通过上述筛选过程，我们可以解决大量数据引起的算力不足的问题。而另一个问题是数据的多元性和复杂性，这就涉及与数据有关的语义信息。我们在上文中曾提到，在可视化图形中，图形的结构和特征起着极为重要的作用。同时，时间和空间因素也都扮演着重要角色。气象网络通常基于空间参照系运行，所以它会随着时间的推移而不断发生变化。为了更全面地了解数据，我们有必要去了解其各个组成部分以及它们之间的相互作用。这种情况就需要利用多图形系统来解决，其中每一个图形都只负责处理某些特定数据。图 1.3 所示就是多图形系统，这个系统中包含有多个图形，它们共同将

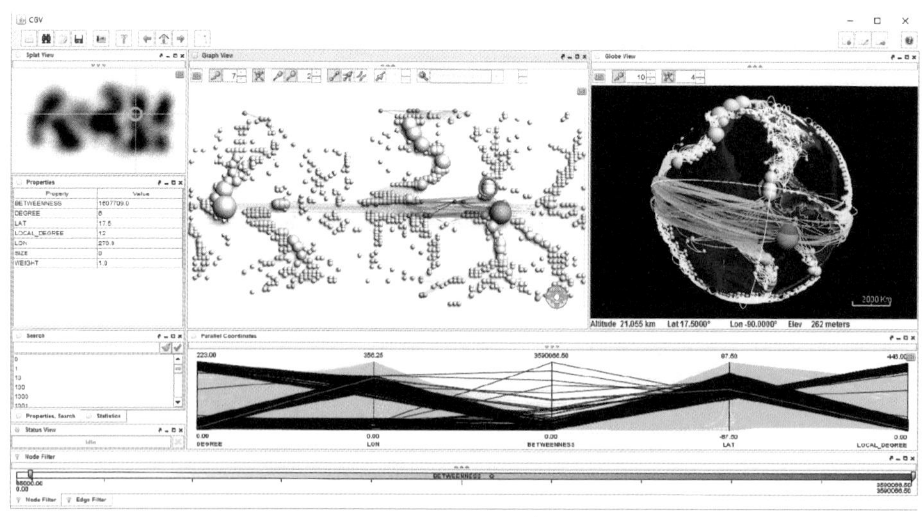

图 1.3 气象网络的多图形界面

气象网络可视化。先简单来介绍一下这个界面,（左上角）密度图、（上排中间）节点连接图、（右上角）全球视图、（节点连接图下方）多元特征图、（底部）节点筛选器滑块以及一些辅助功能。以上这些图形相互之间都存在关联，也就是说，调整任意图形，都会对其他图形产生影响。图形之间的相互关联有助于整合不同的数据，由此我们可以更加全面地了解信息。

1.2.3　先进技术

在上一个例子中，我们通过综合使用图论知识、交互筛选数据以及多图形系统等手段对数据进行了全面监测。但是，交互式可视化数据分析法到底能做到什么样的程度呢？这取决于实际情况。首先就是要有面积足够大的显示设备；其次，人机交互系统必须足够友好，足够智能，能够帮助人类分担任务职能；最后，计算机的计算速度要足够快，能在尽可能短的时间内反馈计算结果。

随着科技的发展，现在已经有一些先进技术可以用来突破这些限制。为了便于说明，我们在这里举两个例子。一个是用于指导用户如何进行数据分析，另一个则是用于拓展屏幕空间以便容纳更多图形。

现在已经有人提出，高效、智能的人机交互对于可视化数据分析极为重要。然而，人机交互系统本身的要求也颇高。用户在操作之前，首先要解决这样几个问题：这个系统到底该怎么用？操作步骤是什么？该按哪个按钮？该选择什么选项？这时，我们就需要界面友好、易于使用的先进图形分析系统的帮助。

再问一个类似的常见问题：我们到底要看什么样的数据？想要更仔细地研究数据，那么最经典的方式就是把它们放大，如图 1.4（a）。请注意，我们已经创建了一个新的图形，这个图形用于统计浏览器搜索引擎中关键词组合的情况，其中包含 2619 个节点和 29517 条边。将它放大以后就能看到数据的具体情况，但同时，图形的其他部分就看不到了。因此，该数据分析属于一个线性的过程，我们只有在分析完一部分数据以后，才能够分析接下来的数据。在此过程中，用户需要明确自己的目标，做好相应的分析计划。如果用户无法明确目标数据，那么系统就会介入并产生引导。

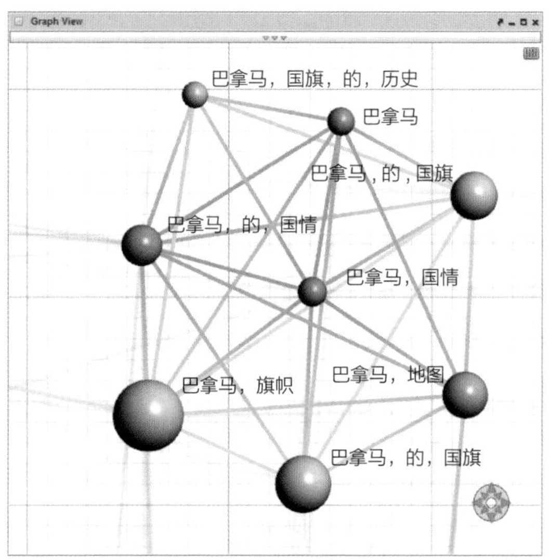

（a）到底该怎么做

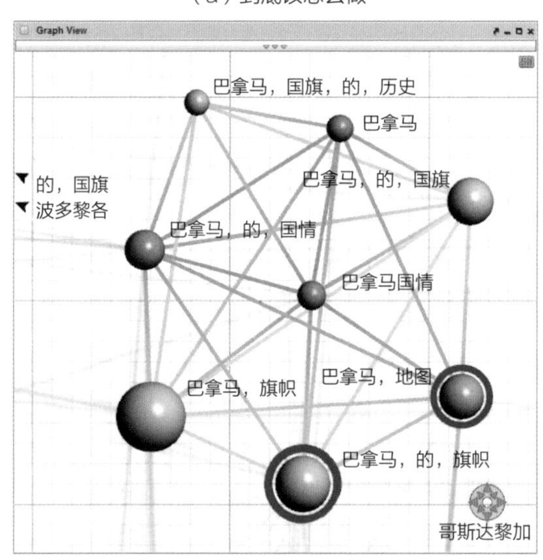

（b）系统自动提示

图 1.4　数据导航中系统介入提供引导

系统介入并产生引导指的是系统算法会扫描图形，并以当前节点为中心，分析图形可见范围内的各节点，且根据用户事先指定的兴趣度搜索附近关联度较高的节点和边。在确定关联度最高的对象以后，改变其视觉特征（例如加粗、高亮等），以此来提示用户。图 1.4（b）中显示了几个带有红色圆圈的节点，这几个节点就是系统算出与用户兴趣关联度最高的几个，可以进行深入研究。此外，图中边缘的箭头代表所指方向存在关联度较高的节点。用户可以自由选择跟随系统引导或者按照自己的既定计划工作。当然，系统引导比较微妙，如果过于生硬，那么用户体验感可能不会太好，所以系统引导除了做到正确运算以外，还要赋予用户足够的自由度，这样才能充分发挥它的价值。

可视化数据分析的第二个例子是关于如何解决屏幕空间限制的问题。为了解决这个问题，最简单的方式是只需要买一台大尺寸的显示器就可以。在某些非传统办公条件中，我们可以利用多台显示器组成多屏幕显示环境，这样就能大幅度扩展图形的可视面积（空间）。图 1.5 中所示的环境中，既有固定式的大屏幕，也有便携式的笔记本电脑，其中，每个显示器都可以显示多个图形，它们都可以根据实际情况加以布置和利用。

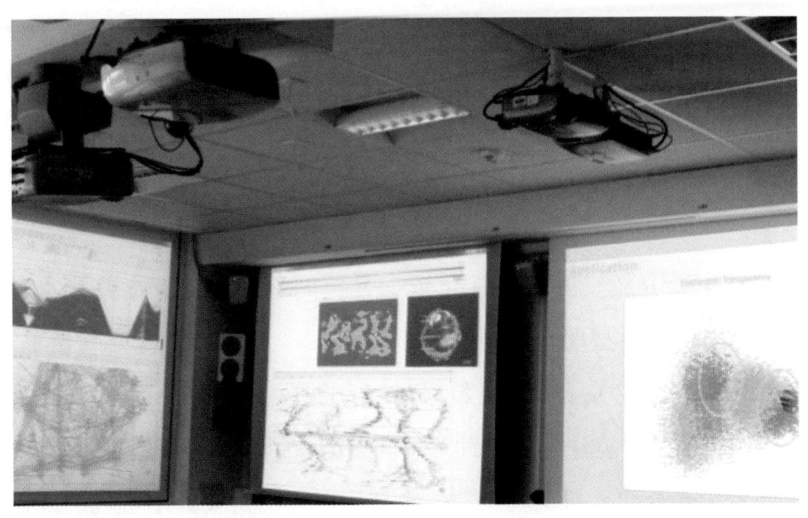

图 1.5　在多屏幕显示环境下进行可视化数据分析[4]

一方面，多屏幕环境可容纳更多的高分辨率图形，甚至可以支持多个用户协同分析数据。而另一方面，新的问题又出现了：我们该如何在屏幕上科学合理地布局图形？如果有其他用户挡住了屏幕怎么办？如何在大尺寸屏幕或多屏幕环境下使用交互系统？所以解决这些问题以及为用户在此类高效环境下提供引导也成了可视化数据分析研究课题的一部分。

这一部分中，我们从基础图形架构、增强图形辨识度和相关领域的先进技术等方面为大家介绍了一系列可视化图形的示例。从某种意义上讲，这些示例可以看作是对本书内容的导入。在下一部分中，我们将进行更深入的学习。

1.3　本书结构

本书共有六章，图 1.6 所示为本书章节结构概览。

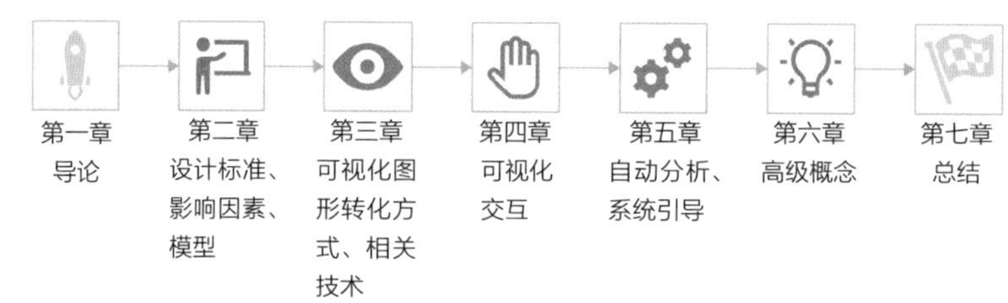

图 1.6　本书结构

本章是第一章，导论章，接下来的五章都是关于交互式可视化数据分析法的说明。

第二章主要介绍交互式可视化数据分析的基本架构，主要涉及设计标准、影响因素以及模型设计流程等方面。

第三章主要介绍关于如何将数据转化为图形。本章中，你将学习到将数据转化为图形的基本方法，以及针对不同类型数据的各种转换技术。

第四章主要介绍人机交互机制。本章中，我们主要介绍常规的人机交互概念，并对人机交互机制在可视化数据分析方面的作用进行说明。

第五章主要介绍自动计算在可视化数据分析方面的作用。引入自动计算的主要目的是降低数据及可视化图形的复杂性。

第六章主要介绍交互式可视化数据分析的一些高级概念，包括多屏幕显示环境、系统引导和渐进式可视化数据分析。

第七章主要对本书进行总结，并鼓励读者在交互式可视化数据分析领域进行更深入的研究。

延伸阅读

综合文献

SCHUMANN H, MÜLLER W. *Visualisierung: Grundlagen und Allgemeine Methoden*. Springer,2000.doi:10.1007/978-3-642-57193-0.

SPENCE R. *Information Visualization:Design for Interaction*.2nd edition. Prentice Hall, 2007.

WARD M O, GRINSTEIN G, KEIM D. *Interactive Data Visualization: Foundations, Techniques, and Applications.* 2nd edition.A K Peters/CRC Press, 2015.

参考文献

1. MCCORMICK B H, DEFANTI T A, BROWN M D. Visualization in Scientific Computing. In: *ACM SIGGRAPH Computer Graphics* 21.6(1987), p3. doi:10.1145/41997.41998.

2. BERTIN J. *Graphics and Graphic Information-Processing*. de Gruyter, 1981.

3. KEIM D A, MANSMANN F, SCHNEIDEWIND J, ZIEGLER H. Challenges in Visual Data Analysis. In: *Proceedings of the International Conference Information Visualisation (IV)*.IEEE Computer Society,2006,pp.9–16.doi:10.1109/IV.2006.31.

4. RADLOFF A, LUBOSCHIK M, SCHUMANN H. Smart Views in Smart Environments". In: *Proceedings of the Smart Graphics*. Springer, 2011, pp.1–12. doi:10.1007/978-3-642-22571-0_1.

第二章 设计标准、影响因素、模型

交互式可视化数据分析具有高度依赖性和可变性，比如时间数据和图形数据的要求就大不一样，所以需要用不同的方式来分析。同时，我们更希望通过不同的可视化图形来对数据进行全面掌控，而不是挨个查看各项数据的模型和动态变化。与传统办公环境相比，使用交互系统处理数据时的操作完全不一样。

那么有没有一种方案能应用于所有数据分析场景呢？根本没有！如果真的能找到这样一种方案，那就不需要写这本书了。

我们在设计方案时，首先是要明确交互式可视化数据分析场景的基本要求，本章第一节会对此做出详细说明。其次，需要了解能够影响分析场景的因素。这一点主要涉及需要分析的目标数据和分析目的，另外也与用户和分析场景有关，这些第二节会进行详细介绍。在第三节中，为了了解交互式可视化数据分析的基本原理，我们会分别从设计过程、数据转换过程以及最终结果产生的过程等方面来介绍。在本章中，我们会准备一些示例来辅助讲解。

2.1　设计标准

如果想要使用交互式可视化数据分析系统成功地分析数据，那么就不能仅仅局限于随便创造一个可视化图形、使用蹩脚的人机交互机制以及落后的计算机。这样的话，交互式可视化数据分析也就没有了任何意义。若从一开始就偏离了大方向，最后会导致完全错误的结果。

以图 2.1（a）为例，图中统计了 2017 年的德国居民生活满意度。强度从 0（非常不满意）到 10（非常满意）逐步递增。图中分别用红色、黄色和绿色表示每个地区的平均满意度。粗略一看，似乎德国东部地区的人们生活满意度比较低，但这个初步结论没有数据支持，所以说明本图形还存在缺陷。如果我们仔细观察的话，会发现德国全部地区的生活满意度都介于 6.83 到 7.43 之间，这意味着人们更接近于满意而不是不快乐。

图 2.1（b）才是一个合格的图形。根据从 0 到 10 的区间的不同程度赋予不同颜色。改进过的图形显示，绝大多数德国人都对生活比较满意，不同地区之间只有轻微的差异。

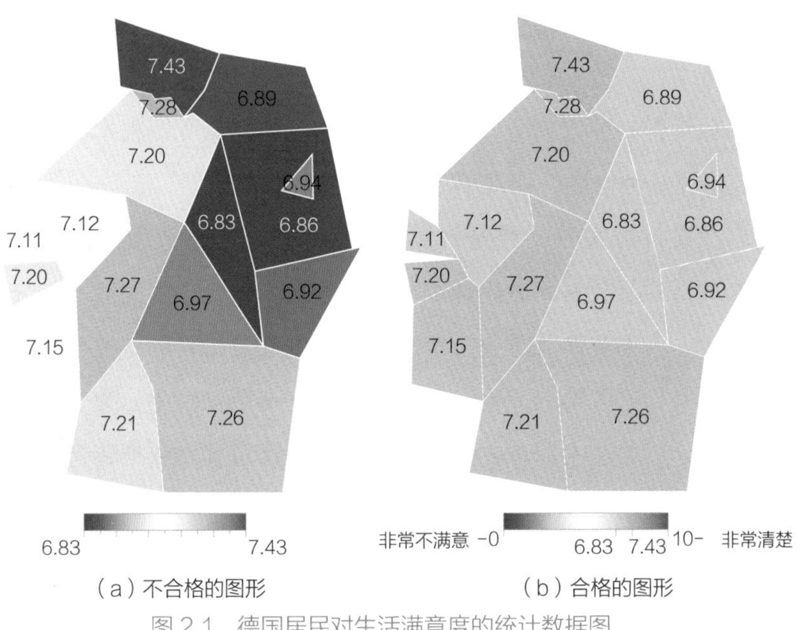

（a）不合格的图形　　（b）合格的图形

图 2.1　德国居民对生活满意度的统计数据图

上述示例让我们不禁思考，到底什么样的图形才能提高数据分析的效率？实际上，我们很希望能够对交互式可视化数据分析方案的分析质量进行统一评估。但是它通常会受到数据特征、分析目标、用户、人机交互系统和办公环境等很多因素的影响。这些因素本身就是一个个复杂的小系统，很难赋予统一的定义，所以也就无法真正地进行评估。但是我们可以建立三个质量标准，用以规范交互式可视化数据分析系统。

表达性

首先，交互式图形系统必须要具有表达性。一组合格的图形一定要能够将信息清晰明了地表达出来。我们通过图形化的数据和可行的操作来评估该交互式图形是否具有表达性。要做到这一点，显然就要分别评估图形表达的清晰程度和交互操作的难易程度。

如果某组图形能够明确地将我们所需的信息从数据中传达出来，并且不附带任何其他冗余信息，那么我们就可以认为这组图形具有表达性。换句话说，合格的交互式图形既不捏造也不隐瞒信息，而是客观地反映我们所需的信息。

同时，如果交互系统允许我们执行获取指定目标信息所需的操作，并且只允许执行这些操作，那么我们就可以认为该交互系统具有简易性。换句话说，用户使用该交互系统能够准确地获取需要的信息。

有效性

其次，交互式图形系统应该具有良好的效果。有效性属于以目标为导向的特征，我们是否能获取信息在很大程度上取决于交互式图形的有效程度。

如果交互式图形系统符合我们的生理特征和感知能力，也就是我们的看、听、反应以及行为能力等方面，那么就可以认为该系统具备有效性。在我们使用交互式可视化系统来分析数据时，应该和调动自身生理行为和感知行为一样自如。从这个意义上来说，该系统的有效性直接决定我们能否从图形中获取指定信息。

同样，有效性也可以表达人机互动的程度。大多数情况下，有效性与我们的动作机能相关，比如以不同的速度移动手指、手臂和身体的能力。有时也会涉及语音控制方面。

高效性

最后，交互式图形系统应该具备高效率。无论从哪方面来说，高效性都是一个理想的特征。同时，高效性也带来了经济意义：交互式可视化系统带来的经济收益要远大于所要付出的人力成本和设备成本。

说到了成本，我们还是更关心计算数据并将其转换成可视化图形所需要的时间成本和计算机配置成本。另外，换一个大尺寸显示屏或者是组成多屏幕显示环境也能够提高工作效率。

对于用户来说，他们最关心的就是可视化图形的视觉效果和操作的难易度。虽然解读可视化图形主要是脑力劳动，但是也需要调动眼力。另外，操作设备时需要进行体力劳动，但同时也需要心理活动来参与规划和协调身体。

以上所述表达性、有效性和高效性这三个标准有助于我们准确评估交互式可视化数据分析的质量。表 2.1 对此进行了概括。

表 2.1 交互式可视化数据分析的质量标准

标准	内容
表达性	如实表达数据
有效性	用户能够达成目的
高效性	平衡收益和成本

大家请注意，我们在介绍这三个标准时的顺序是将“表达性”放在首位的。无论我们的分析系统效果有多好，速度有多快，但如果可视化图形显示得一塌糊涂的话就前功尽弃了。所以表达性牢牢占据着第一的位置。早在 1983 年，塔夫特（Tufte）就将表达性定义为一个合格可视化图形的基础标准[1]：

> 让数据显示出来才是重中之重。（塔夫特，1983）

尽管有了这三个质量标准，我们依然很难对交互式可视化数据分析有一个标准的评估，这方面需要大家有清晰的认识。尽管在诸如计算时间和屏幕尺寸等方面可以设立量化标准，但在其他方面却无法做到。例如，可视化图形数据的优势无法量化，但我们却要根据它来确定效率。另外，每个用户都是拥有独立认知、各自世界观以及思维方式的个体，每个人都不一样，所以我们无法提前获知他们的目标数据和工作任务。

尽管如此，这三个质量标准依然为我们提供了一个基础规范方案，我们可以借助该方案来调整相应的图形、交互系统以及数据计算参数。

2.2 影响因素

为了设计出具有表达性、有效性和高效性的交互式可视化数据分析解决方案，我们必须仔细研究有关的影响因素。这些因素涉及需要分析的对象（即数据）、分析的目标（即目标和任务），以及分析的条件（即所涉及的人力资源和技术资源）。

2.2.1　对象因素：数据

在计算机语言中，数据是以二进制的形式出现的。如果不知道如何去使用它们，那它们就一文不值。如果想要使数据变得有意义，那么我们不仅需要数据本身，还需要掌握相应的编译方法。因此，数据特征是我们在选择或者创建分析方案时需要考虑的第一个因素。

数据域

数据域有什么特征？所有的数据值都来自数据域，而数据域又是描述数据属性的一组值，其中包括数据类型、数据长度、小数点位数以及取值范围等。

数据域的一个重要特征就是它的字段。字段中存储着域中数据值的信息，其中就包括数据值之间的运行关系等参数。我们可以把数据域想象成一个多层级结构。在最顶层，可以区分数据的性质和规模。在第二层，可以进一步将数据的性质区分为定类数据和顺序数据，将数据的规模区分为离散数据和连续数据。表 2.2 中统计了一些不同数据间的运行关系。接下来，让我们仔细看一看这些不同的数据。

表 2.2　不同数据间的运行关系

	性质		规模	
	定类数据	顺序数据	离散数据	连续数据
等于	●	●	●	●
顺序		●	●	●
差异			●	●
插值				●

定类数据：只能对事物进行平行的分类和分组，其数据表现为“类别”，但各类别之间属于并列关系，无法进行比较，是数据中最基础、最简单的一种。我们可以计算定类数据的出现频率。

例如：名字就属于定类数据（Anika、Ilka、Maika、Tilo 等）。

顺序数据：数据间除了并列关系之外还存在顺序关系。我们通过顺序数据来比较值的大小（多少、强弱、级别的高低等），还可以为数据排序。

例如：根据年龄范围排序，儿童、青年人、中年人、老人就属于顺序数据。那么我们就可以说儿童的年龄小于成人的年龄。

定类数据和顺序数据属于类别，表达的是数据的属性和特征。接下来我们看一看可以通过计算产生变化的数值型数据。

离散数据：属于数值型数据，其数据域可以等同于整数 Z 的集合。这意味着我们可以计算数据离散值，并通过距离函数确定任意两个值之间的差异。

例如：计算两天分别看医生的人数。如果一天有 34 人去看医生，而另一天有 23 人，那么我们自然就可以算出两天之间看医生的人数有 11 人的差异。

连续数据：也属于数值型数据，其数据域可以等同于实数 R 的集合，因此，连续数据的数值是不可数的。我们也可以将其认为是高密度数据，也就是说，任意两个数据值之间都存在第三个数据值。这个特征是对数据赋予插值的必要条件。

例如：气象站在测量每小时的温度值。8:00 和 9:00 分别测得两个温度值为 10.6℃和 13.2℃，那么我们可以推算出 8:30（理想天气条件下）的温度值约在 11.9℃。

大家要注意，数据值的种类特征有时候不太明显。例如客户电话号码或邮政编码，我们可能会认为它们是离散数据。然而，正因为它们存在并列性且相互间无法比较，所以它们实际上是定类数据。

在本书接下来的部分，我们来看一看不同规模的数据分别有什么样的图形要求。例如，对于顺序数据，图形中必须要能够清楚地传达数据值的顺序，但不会表现出数据值之间的差异。在第三章中，我们将了解更多将不同规模的数据进行图形化的方法。

我们可以通过数据域的规模来获取单个数据值的特征。如果将多个数值型数据组合起来，那么就可以将其进一步区分为标量数据、矢量数据和张量数据。

标量数据只含有单个值，该值只有大小。例如前面例子中提到的温度值。矢量数据则含有多个值，既有大小，也有方向。例如物理学中描述物体运动的速度矢量。

我们最后来看一看张量数据。张量数据包含许多方向，并且规模庞大。张量的顺序决定了它能够承载多少信息。实际上，标量和矢量都属于张量。通俗理解的话，我们可以将标量视为零阶张量，矢量视为一阶张量，而矩阵则可以被视为二阶张量，高阶张量则用多维矩阵阵列表示。以二阶应力张量为例，3×3 矩阵可用于表示形变材料中某一点所受到的应力。

本书中我们主要讨论标量数据。矢量数据和张量数据的交互式可视化分析是一个非常具有挑战性的课题，感兴趣的读者可以参阅相关文献[2, 3]。

数据结构

在上文中，我们引入了数据域的概念来表达单个数据段。然而用交互式可视化数据分析方法来分析单个数据段根本没有任何意义，我们的目的是要分析整组数据。在实际应用中，数据常常十分臃肿且混乱不堪，并且包含有许多其他信息，要分析如此混乱的数据无异于海底捞针。因此，我们最好将数据以结构化的形式存储或传输。

数据表格就是这样一种格式。它由行和列组成，其中列表示数据的变量。每个变量都关联到一个数据域，该数据域指向有可能出现在列中的值。根据这些出现的值，我们可以看出值覆盖的范围。

行表示数据元组。我们可以把它理解为可见实体属性的数据组。数据组中包含各变量所在域的值。根据使用环境的不同，它们也被称为观察值、记录、项或对象，通常情况下统称为数据组。

特别是在数据实体存在关联的情况下，这种关联可能也会定义其他的层次结构。层次结构是一种根据不同情况（或抽象概念）以自上而下的金字塔结构组织数据的常见方法。更通俗地说，数据可以建模为图形，节点和边分别表示数据实体及相互之间的关系。社交网络和生化反应网络就是图形结构化数据的例子。层次结构和图形都可以存储于两个数据表格中，一个用于实体数据，另一个用于关系数据。

另一种以结构化方式存储数据的方法是数据网格，通常应用于流量图和体积图等。

以上概念并不在本书讨论之列，请感兴趣的读者自行参阅相关文献[4, 5, 6]。

数据空间

上文提到的数据表格用于搭建数据值组，然而，仅靠这些是远远不够的，我们还要考虑到变量可以覆盖全部数据空间的特性。

变量分为自变量和因变量。其中自变量对应的是数据的空间维度，因变量对应的则是数据属性。用专业术语来说，我们可以通过函数来表示它们的从属关系，示例如下：

$$f{:}(D_1 \times D_2 \times \cdots \times D_n) \rightarrow (A_1 \times A_2 \times \cdots \times A_m)$$

在此函数中，D_i（i=1，2，…，n）表示维度（自变量），A_j（j=1，2，…，m）表示属性（因变量）。f 代表参照空间中的某个点与属性空间中的某个数据点一一对应。示意图见图 2.2。

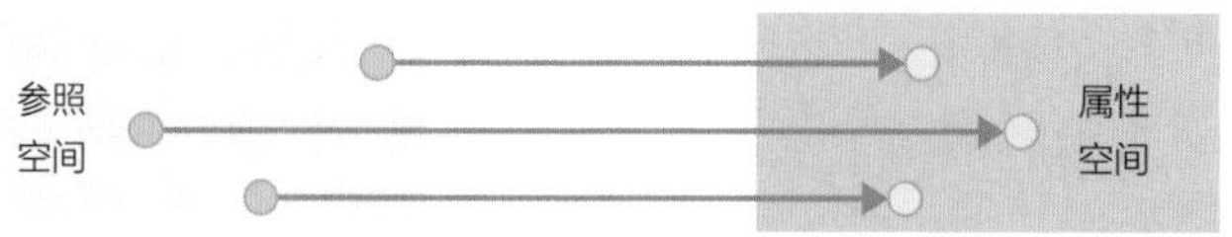

图 2.2　参照空间和属性空间的从属关系

参照空间中的一个点恰好对应属性空间中的一个点

在交互式可视化数据分析过程中，通常要将函数的从属性以可视化图形的方式表达出来。例如，假设用户的数据包括在不同地点和时间观测到的温度和气压:（纬度 × 经度 × 时间）→（温度 × 气压）。用户可能会研究温度和气压值是如何随着时间发生变化的，或者极值出现在什么经纬度。为了解决这个问题，我们一定要让可视化图形能够如实地表达维度和属性之间的从属关系。请注意，在分析某些数据时，函数的从属性就不重要了，例如分析数据值区间的综合信息。图 2.3 为本节内容示例。

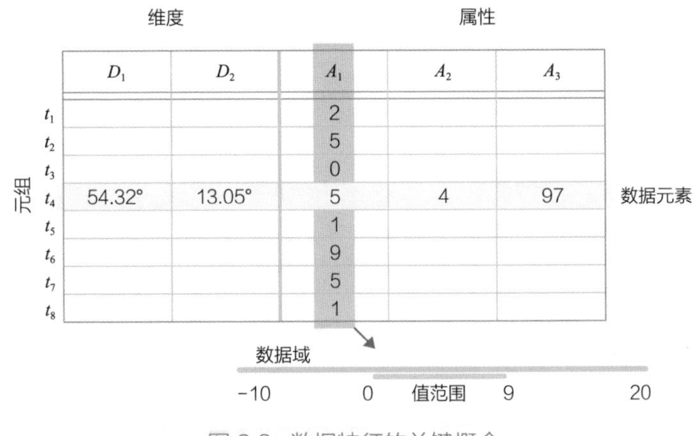

图 2.3　数据特征的关键概念

数据大小

借助于数据表以及划分维度和属性，我们现在可以研究数据的另一个重要特征：大小。表 2.3 所示是一组带有维度、属性和元组的数据表格。数据组的大小取决于以下三点：维度数量（n），属性数量（m），元组数量（k）。

表 2.3　数据表格

D_1	D_2	…	D_n	A_1	A_2	…	A_m
$d_{1,1}$	$d_{1,2}$	…	$d_{1,n}$	$a_{1,1}$	$a_{1,2}$	…	$a_{1,m}$
⋮							⋮
$d_{k,1}$	$d_{k,2}$	…	$d_{k,n}$	$a_{k,1}$	$a_{k,2}$	…	$a_{k,m}$

通常来讲，我们可以认为当前处理的是 n 维度 m 个变量的 k 个的元组数据。拥有多个维度的数据叫作多维数据，通常也可称为高维数据。属性与之

类似，如果数据只有一个或两个属性，我们分别称为单变量数据或双变量数据。而拥有多个属性则称为多变量数据。

显然，m、n 和 k 的值越大，对其进行数据分析就越具有挑战性和复杂性，我们也就越需要采用更加先进的技术手段来分析。

现在的问题是，如何才能确定某个数据组是否属于大数据组？有没有一个标准可供参照？其实有一个方法可以解决这个问题，那就是搞清楚影响人机之间信息传递的瓶颈。我们可以从以下问题中得到答案：

- 计算机能存储多少数据？
- 内存中能存储多少数据？
- 屏幕能容纳多少数据？
- 我们能搞清楚多少数据？

对于这些问题，如果任何一项回答超过了既定限制，我们就可以认为该数据组属于大数据组。并且越快突破限制，数据组就越大。无论如何，我们都要想办法突破这些瓶颈。在这种情况下，我们可以在交互系统或计算机方面想办法。在第四章和第五章里，我们会对此进行更为详细的讨论。

至此，我们已经了解了如何从数据中提取数据属性，并且通过这些属性推测相关联的数据域。我们还可以从变量中筛选出哪些是自变量，哪些是因变量。当然，也能够通过计算出数据组的变量和元组来得出数据组的大小。接下来，我们将要面对一个无法直接获取，但又必须要知道的属性：数据范围。

数据范围

想要将数据转化为可视化图形，那么必须要知道数据的范围。数据范围的意思是数据的有效范围。图 2.4 表示了三种类型的数据范围：

- 全局范围：参照空间中所有数据皆为有效数据。
- 局部范围：参照点及其附近区域的数据为有效数据。
- 点范围：参照点的数据为有效数据。

图 2.4　不同数据范围的有效程度

我们无法根据数据集本身来确定单个值是全局有效、局部有效还是点有效。所以我们应该对数据做一个说明，以提前确定其有效范围。对于某些应用领域，我们可以假设一个有效范围。以地理空间数据为例，根据托布勒的地理学第一定律（Tobler's First Law of Geography）可知，在某一点测量的数据与该点附近的数据有关联，该数据属于局部范围有效[7]。可我们怎么才能精确地划分出局部范围？怎么才能从图形的角度表达数据的局部有效性？

以图 2.5 所示的三种不同的水质检测结果图形为例。数据范围用从绿色到红色之间的颜色来表达，其中绿色表示高质量，红色表示低质量。图 2.5（a）忽略了局部范围，只显示了点范围。因此，这个图形并不直观，无法让用户清晰地理解。

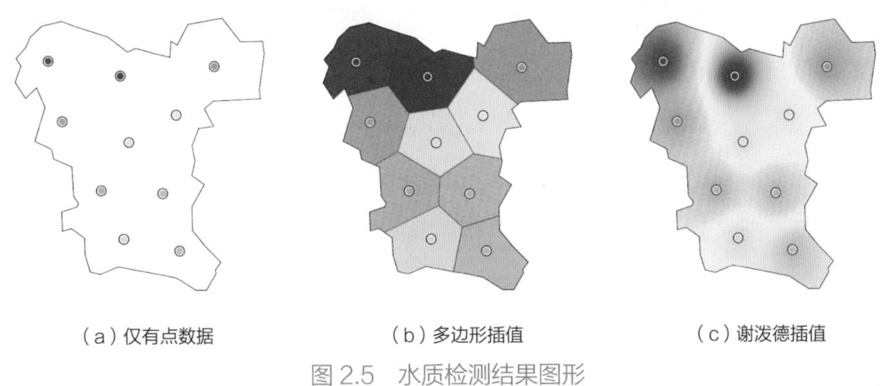

图 2.5　水质检测结果图形

在图 2.5（b）和图 2.5（c）中，可以看出引入插值强化后的图形具有更强的表现力。我们通过为所有像素指定颜色的方法来造成一种密集的视觉效果，使数据的局部范围更加清晰明了。图 2.5（b）使用了最近邻插值，用于将空间划分为离散的多边形区域，使得我们可以比较清晰地理解各地的水质情况。但是，各地区之间过渡得很生硬，没有连续性，而水是流动的，不会变化得如此突兀。于是，我们就在图 2.5（c）中使用了谢泼德插值[8]。现在图中各区域交界处就已经变得十分自然了，也更符合我们的要求。

请大家注意，问题的关键在于如何插值离散数据。我们有多种方法来实现这一点，每种方法都有其对应的参数和结果，所以需要根据实际情况来选择。

元数据

前文所述的所有数据属性（域、结构、空间、大小和范围）都应该随实际数据一起提供，这些属性也称为元数据，通俗地说就是关于数据的数据。在理想条件下，在获得数据的同时也应该获得其元数据，以便于后续可以高效清晰地分析实际数据。

此外，元数据中还可以（也应该）包含关于数据演化的过程（程度、周期、相关事件等）的信息[9]。

从数据已经发生的事件中，我们可以获知该数据是如何被收集、观察或模拟的。在解读并复盘分析结果时，往往就需要用到这种关于数据来源的信息。数据质量评价指标就是其中一个例子，该指标用于详细表述数据的符合程度。与之密切相关的一个概念就是不确定性数据，它用来衡量数据是否真实有效，或者在多大程度上存在真实性。

数据当前状态的元数据基本上已经确定了数据的存储方式和检索方式，这就涵盖了前文提及的所有数据项和涉及数据格式的信息。例如，元数据可以告诉我们某变量是否含有丢失的数据（或空值），如果有，那么其特征是什么。

元数据中也包含数据的未来发展趋势。其中主要是数据可操作性的信息。这一类实用的数据信息通常不会明确表现出来，但是却意义重大。例如，我们之前提过的数据插值就很复杂，那么此时就可以通过元数据来获取关于插值可行性和操作方案的信息。

总而言之，元数据与目标数据同等重要。图 2.6 所示即为元数据的相关概念。虽然到目前为止，我们依旧停留在理论阶段，但在下一节中，我们将通过常见的数据种类来模拟其在实际中的应用。

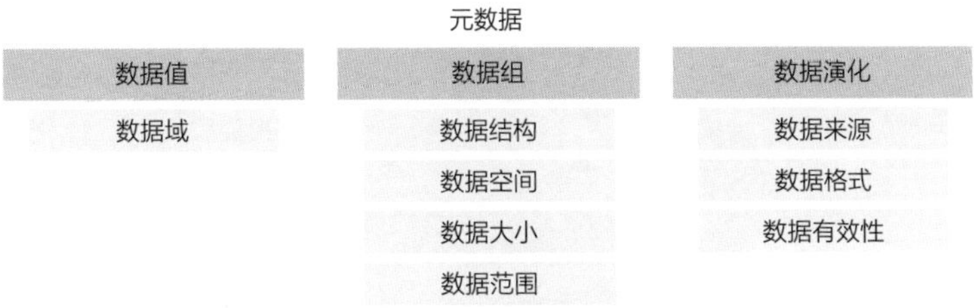

元数据

数据值	数据组	数据演化
数据域	数据结构	数据来源
	数据空间	数据格式
	数据大小	数据有效性
	数据范围	

图 2.6　用于分析数据特征的元数据

数据类别

接下来我们来看一看实际应用时常见的数据类别。首先定义以下几个字母：A 代表（一个或多个）数据属性，T 代表时间，S 代表空间，R 代表数据之间的结构关系。我们根据以上四个方面来区分不同类别的数据。图 2.7 展示了更多细节和示例数据，其中箭头符号→用于指示参照空间和属性空间之间的函数从属关系。

多元数据：多元数据由数个数据属性 A 组成。通常，数据分析涉及数据值的分布情况和数据属性之间的关联性。例如，各种联赛中运动员的统计数据。

临时数据：临时数据的参照空间由时间维度来决定，并且随着时间 T 的变化，我们会观察到一个或多个随时间改变的属性 A。我们通过数据分析趋势和循环等行为来了解属性如何随着时间发生变化。例如，股市大盘的实时指数。

空间数据：如果数据出自参照空间，那么就可以称之为空间数据 $S \rightarrow A$。常见的有二维空间数据和三维空间数据。对空间数据的分析要集中于空间图形、空间群和热点等方面。例如，矿产资源的分布情况与储量。

时空数据：通常来说，空间数据也存在着随时间改变的特性。因此，我们可以将时空数据表述为 $S \times T \rightarrow A$。分析此类数据需要结合空间和时间的因素，例如随时间推移而发生变化的空间聚集或者周期性循环的热点等。时空数据在气象研究中比较常见。

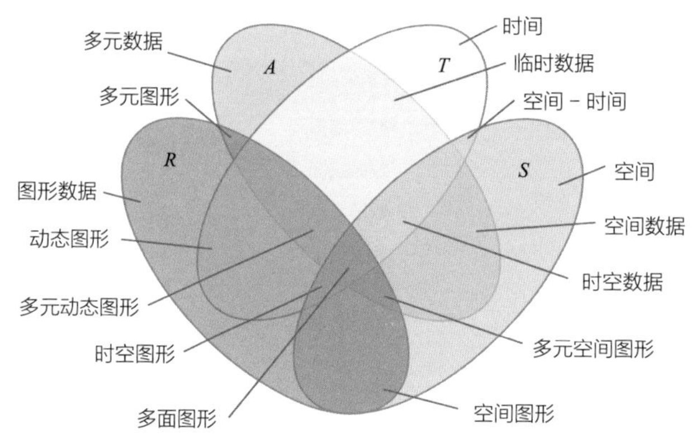

图 2.7 展示不同类别数据的文氏图

图形数据：图形数据包含数据实体、节点、实体间的关系以及边。首先，我们需要理解图形中已存在的结构信息 R。另外，也可以将图形中的节点和边与要分析的数据属性相关联，即 $R \to A$。甚至可以将图形与空间变化或时间变化相关联，在这种情况下，可以分别用 $R \to S \times T \times A$ 或者 $S \times T \to R \times A$ 来表示。例如，用于模拟和预测地球气候现象的气象网络就是其中最具代表性的一种。

上述数据种类具有较强的通用性，这使得我们在实际分析时能够将信息代入其中。例如，对于文档或文档集的分析，就可以基于属性维度为其建模，属性维度的关系为 $R \to A$。对于医学影像的分析可以用 $S \to A$ 表述，其中 S 代表像素坐标，A 代表像素颜色。同样的道理，对于流量数据的分析可以用 $S \to A$（如果数据存在时变性则用 $S \times T \to A$）来表述，其中 S 代表二维或三维坐标空间，A 代表矢量组成部分。

如果我们要分析的是计算机程序或者多线程处理等复杂情况，那么就先要将任务分解，然后再依照所需分别代入 A、T、S 和 R。

以上就是关于通用数据类别的研究，至此我们结束了对数据特征的讨论。接下来的内容是关于分析任务的学习和讨论。

2.2.2　目的因素：分析任务

在前文中，我们已经了解了交互式可视化数据分析的对象，也就是数据。本节中将研究分析任务，即目标。分析任务之所以重要，有两个原因。第一，它可以确定数据的哪些部分与分析相关。第二，它可以用于对应第 2.2 节中介绍的有效性标准。

请看这个示例。图 2.8 所示是两幅具有相同地理空间数据的彩色图。其中图 2.8(a) 用浅黄色到绿色的色域范围渐变来增强视觉效果。图 2.8(b) 中，极值使用对比度较强的颜色，而中间值用渐变灰色来表示。这种设计有助于用户在图中确定最小值（蓝色）和最大值（红色）。这个例子充分说明，我们需要根据分析任务来选择合适的可视化图形特征。

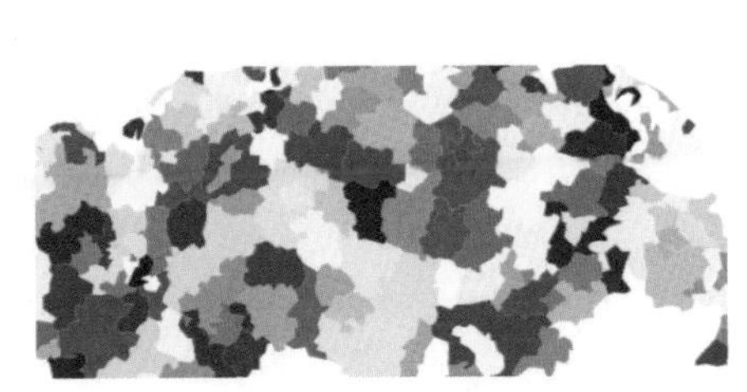

(a) 适用于确定数据值的颜色特征方案

(b) 适用于确定极值的颜色特征方案

图 2.8　不同的颜色特征适用于不同的分析任务

由此可以确定，特定的可视化图形特征对应特定的分析任务：数据 + 图形特征→分析任务。反过来也说明特定的分析任务对应特定的图形特征：数据 + 分析任务→图形特征。而交互系统的设计和分析计算也同样取决于分析任务。所以，分析任务是决定设计方案和技术方法的关键因素。

然而，我们都知道，数据分析存在许多种情况，所以很难赋予它们一个通用的标准。一项任务通常只负责分析其中的一个方面，这方面所涉及的特定部分数据即是任务目标。每项任务都有多种完成方式，在下文中，我们将更详细地研究任务的目标、待分析问题、指标项和途径。

目标

代表分析的意图。因为实现目标通常会涉及分析的几个步骤，所以其具有全局性。基本上，探索、表达、解读、确认和展示数据都属于目标[10, 11]。

探索。目的是对数据进行初步了解。例如发现多维度数据的发展趋势或者检查同类数据的异常值。另外，还需要注意某些常见模式或趋势是否缺失。更通俗些理解，我们可以称为“一见便知”的自由检索法，或者像可视化数据分析领域的先驱所说的[12]：

……找到已知的，发现未知的。（托马斯和库克，2005）

表达。目的是通过相关的数据元素表达出观察特征的一种标准，例如，异常值可以通过其特征值和时空情况（如果存在的话）来表述。合理的表述可以用来作为安排分析步骤的基础，尤其是可以提供给参与后期验证分析结果的团队成员作参考。

解读。目的是区分所有额外的数据，并找出导致该情况的主要原因。关于这一点，有几个需要厘清的问题：让数据进行自我检查有意义吗？我们对数据中的垃圾信息理解有偏差吗？结果是否会在整个数据中不断重复？我们看到的是否只是在概率极低的情况下才会产生的突发异常值？如果该结果再次出现，它会不会变成在相同的条件下常态化出现？或者它的出现干脆就是随机的？

我们可以利用解读的情况来获得预期的分析结果和造成意外事件的线索，同时还可以更加深入地了解数据，并对其进行假设。

确认。目的是验证假设。与探索不同，确认属于一种定向搜索。我们需要找到某些具体的证据来佐证或推翻某项假设的有效性、普遍性或可靠性。为此，我们可以使用其他的数据图形或者重新调整参数等方式来验证结构是否相同。

展示。目的是表达经过确认的分析结果。解读和确认是让我们自己明白分析结果，而展示则是为了让别人能明白我们的分析结果。其本质上就是给别人讲述一个关于数据、分析和结果的故事。我们可以在故事中加入情绪和语气，也可以让分析结果自己说话，用直观的图形来科学地展示分析流程以及准确的结果。而受众既可以是听演讲的听众、文章的读者，也可以是参与讨论的学者。

探索、表达、解读、确认和展示可以理解为数据分析过程的后续阶段。我们首先要探索数据并获取信息及做出假设，其次要对获得的信息进行解读，然后再证实假设的有效性。最后，展示经过证实的分析结果。

从陌生的数据中获取信息、证实信息并将结果呈现出来，伴随着这套流程，其中不确定性也会逐渐增加，这一点请大家注意。

上述内容概述了数据分析的不同目的，但没有做详细的说明。接下来，我们会对这一问题进行具体讨论。

待分析问题

待分析问题是指特定分析步骤中的具体诉求。不同的分析场景有着不同的待分析问题[13]。一般来说，这里分为两个基本类别：基本问题和全局问题[14]。

基本问题。面向的是独立的数据元素，其中包括一个或多个数据元素，重点在于每个数据元素都要单独研究。基本问题涉及如下几点：

- 识别：值是什么？

- 定位：值在哪儿？
- 对比：多还是少？
- 排序：有顺序吗？
- 联系：它们有关系吗？
- 区分：导致它们不同的原因是什么？

全局问题。面向的是多个数据元素，主要特征是对应成组的数据元素，而非独立的数据元素。以上几点问题在全局问题中同样适用，另外还包括如下几点：

- 群组：它们属于同一个群组吗？
- 关联：它们之间有什么关系？
- 趋势：它们的变化有章可循吗？
- 循环：它们是否呈周期性循环？
- 异常：它们是否存在异常值？
- 特征：它们的特征是什么？

请注意，这两个列表中的问题仅仅是冰山一角，我们还可以根据实际情况提出更多的问题。如果读者有兴趣，请自行检索本章末尾处的参考文献。

总而言之，这些问题可以帮助我们更具体地了解数据，然而却并不能告诉我们到底该怎么做。关于这一点，我们将在下文中进行详细讨论。

指标项

通常情况下，并不是所有的数据都重要。我们的目的是要在繁杂的数据中找到需要了解的部分，主要包括需求数据和数据粒度。

预先确定指标项能够缩小查找范围，精简不需要的数据。所以，我们是想确定数据值，还是摸清它们在特定空间或时间中的分布情况？是想识别出整个数据集中的单个数据值，还是某个特定数据分组？是想分析全局的变化趋势，还是局部的变化情况？

需求数据。具体来讲，指标项即代表需求数据，也就是与任务有关的数据分组。理论上说，我们可以依据预计的数据变量和数据元素来创建一个分组。那么指标项既可以涵盖数据空间中的所有变量，也可以只覆盖特定变量。只包含特定变量的图形就称为数据映射。

通过筛选特定的数据元素，可以进一步缩小数据范围。为此，我们可以设定某些条件，只让符合条件的数据元素显现出来，以此来助于分析，通过这种方法将所需的数据限定在特定值范围内。只包含特定数据元素的图形就称为数据选择。

图 2.9 所示，映射 + 选择 = 指标项。请注意，指标项不一定必须像图中一样是封闭的数据块，更多的情况下它是由分布在数据空间中的许多个数据块组成。

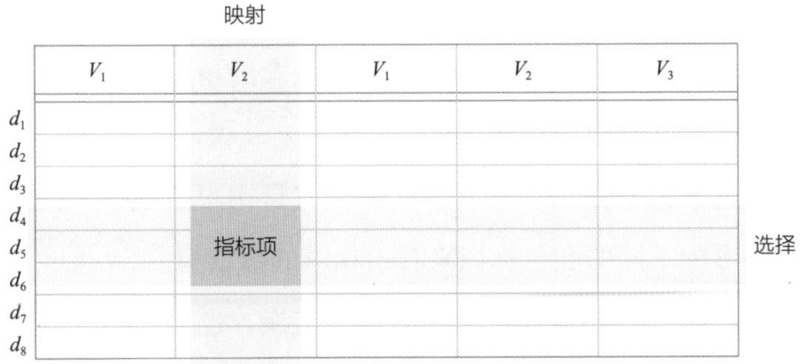

映射

	V_1	V_2	V_1	V_2	V_3
d_1					
d_2					
d_3					
d_4					
d_5		指标项			
d_6					
d_7					
d_8					

选择

图 2.9　映射 + 选择 = 指标项

从图中我们可以看出，指标项数据的规模要远远小于全局数据，甚至可以仅仅是全局中的一个单独数据元素，例如识别参照空间中的值等基本情况。如果指标项是数据分组，那么解决基本问题或全局问题就取决于数据元素是独立数据还是数据块。涉及所有数据元素的指标项通常属于全局问题。

数据粒度。对于不同细化（或抽象）程度的数据结构，指标项的特征就是其粒度。粒度代表着任务的抽象程度。

低精度匹配（模糊匹配）可以用来获取数据的总体情况，可以称之为粗粒度。在粗粒度情况下，任务设计就要集中在数据间的关联性或者总体趋势等基本特征上。

与之相反，高精度匹配（精确匹配）称为细粒度。在细粒度情况下，我们可以获取数据基本特征中体现不出来的各种细节。例如，在平稳的发展趋势中出现的小震荡等。

现在，我们了解了如何在特定粒度下研究数据。接下来介绍一下操作流程。

途径

处理这些数据的方法有很多种。比如，如果我们需要寻找某个特定的数据元素，而且事先知道该数据元素的具体信息，我们就可以根据信息直接查询。但是，如果事先并不清楚具体信息，那么就很难直接找到。在这种情况下，我们就要通过查看数据图形来寻找。所以，直接查询和查看数据图形是适用于不同情况的分析方法。

通常来说，途径代表着分析的方法。从概念的角度来说，途径可以分为可视化途径、人机交互途径和计算机计算途径。

可视化途径：意思是目视查看，实际上就是用眼睛观察。例如，我们可以直观地从图形中不同的颜色标识来看出相应的数据值。

人机交互途径：意思是人机之间的信息交换，也就是用手或者语音来操作系统以获取信息。延续上一个例子，我们可以通过将鼠标光标悬停在数据值上的方式，通过显示精确值的标签来识别数据值。

计算机计算途径：意思是常规的计算机计算，也就是用计算机来得出需要的结果。例如，使用特定算法对同一类型数据进行分析，然后归类分组。

以上每一种途径都有自己的概念和操作方法，在第三、四、五章中我们会分别讨论。

尽管如此，可视化、人机交互和计算这三种途径通常会被协同应用，这样就可以充分发挥出人类的认知能力和计算机的运算能力。让我们来举一个搜索异常值的例子。首先，我们要对数据进行目视观察，选择其中相关的部分。其次，利用计算机分析所选数据与其他数据元素的差异来检查异常值。最后，还要目视检查异常值有没有正常显示出来。

在本节中，我们从分析目标、待分析问题、指标项数据和分析途径等方面对分析任务做出了说明，其中包含了为什么要分析数据、指标项数据是什么、要找的数据在什么位置以及如何实际操作等问题。图 2.10 所示是相关的术语。我们可以用这些术语来制订分析方案，比如通过标签来显示低数值的数据元素组。表 2.4 中所示就是相关的示例。这种任务说明可以用来辅助分析规划或交互式分析。

总之，任务的特征和数据的属性是两个重要的影响因素。它们共同构成了影响可视化数据分析方案的前期基础[15、16]。我们在下一节中还会讨论其他的因素。

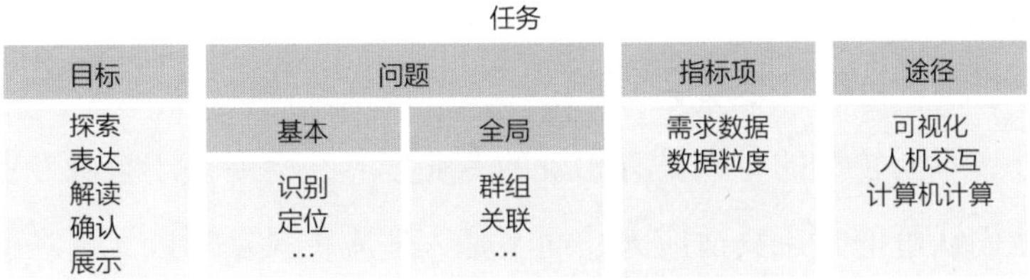

任务

目标	问题		指标项	途径
	基本	全局		
探索 表达 解读 确认 展示	识别 定位 …	群组 关联 …	需求数据 数据粒度	可视化 人机交互 计算机计算

图 2.10　分析任务的目标、问题、指标项和途径

表 2.4　任务示例

目标	问题	指标项	途径
探索	位置	最大值	图形
描述	数据组	最小值	标记
确认	循环周期	元素信息	统计

2.2.3　环境因素：用户和技术

为了提高交互式可视化数据分析的效果和效率，我们还要考虑到分析环境的因素。首先就要确定用户和环境，从这个角度来说，环境包含实际操作者以及构成分析环境的技术层面因素。

有关用户和技术的全面描述已经超出本书范围，所以本节仅作简略介绍。

用户

从用户层面来说，有以下几个相关方面：

人为因素。用户个体的特性是一项重要因素。我们的眼睛能看到什么？我们的四肢能做到什么？交互式可视化数据分析方案的设计必须要围绕人类的能力来开展。比如在操作大型触摸屏时，大多数用户根本没办法十分精确地进行点选。

此外，人和人也都不一样。所以我们在设计时不光要考虑用户的共同特性，还要考虑到他们的个体差异。比如说，在面向色觉缺陷人群时，我们可以通过调整图形颜色来适应他们的视觉能力。

用户的背景及专长。用户个体的认知情况和专长都各不相同。可视化分析专家擅长设计交互式可视化分析方案和定期检查各种数据，但是他们在不熟悉的分析领域可能就会束手无策。

另外，不同领域的专家具有相应的专业素养，会专注于自身专业方面的内容。他们认可的是工具适应人，而不是人适应工具。所以无论在何种情况下，即使是有更好的代替方案，他们在处理问题时还是更倾向于使用自己习惯的方式方法。

而对于普通用户来说，他们就更喜欢简单易操作的交互式图形而不是复杂的可视化分析系统。因此，面向普通用户的系统必须要直观、易懂和易操作。同时也可以利用系统辅助功能对用户进行傻瓜式引导，以此来提高系统整体的易用性。

应用领域。我们只有充分了解应用领域中需要解决的问题，才能开发出合适的分析解决方案。除了解决应用领域问题以外，还需要考虑到应用领域中的某些惯例。比如美国地质调查局（USGS）在地质图中指定了使用颜色的范围，因此，地质特征就只能用这些颜色来表示，其他颜色一概不被接受。

应用领域也严格限制了分析系统的设计。例如，医疗诊断系统在用于临床应用之前，一定会经过严格的测试以保证其已具有了极强的可靠性。

单用户操作和多用户协同。数据分析可以由单个用户独立操作或由多个用户合作执行。在单用户情况下，分析方案可以根据个人的需求和偏好进行调整。然而在多用户协同的情况下，我们就需要考虑更多的方案，还要对这些方案进行灵活地调整，以便符合所有参与者的需求。此外，单用户操作可以专注于用户和计算机之间的沟通，而多用户协同还需要考虑到用户之间的沟通。例如，共享图形和研究讨论等情况。

技术

为了解决在何处分析数据的问题，技术导向层面与以下几个因素有关：

计算资源。使用计算机来分析数据，即代表使用了计算资源。在交互式可视化数据分析中，我们需要资源来创建和渲染图形，最理想的情况是该图形可以同时具备高质量和高帧率。而对于较大的数据，还需要额外的计算资源进行预处理。

根据当前的计算资源和实际分析目标，我们还要在不同的需求之间达到平衡。比如当用户操作系统时，实时的视觉反馈就相当重要。因此，为了提高操作系统时的系统反应速度，可以适当地降低图形的分辨率。诸如此类的情况还有很多，要根据实际情况做出权衡。

显示技术。随着科技的发展，现在已经有了多种显像技术，而且功能和用途也都大不相同。比如手机上用的小型显示屏、大型的百万像素级显示墙，以及高对比度、宽色域的专业制图显示器。

一般来说，各种显示器的区别在于其屏幕尺寸、纵横比、分辨率以及色域色准。物理尺寸在很大程度上决定了显示器是否适用于特定环境。像素和分辨率决定了屏幕能显示多少数据。显示器的纵横比决定了数据的布局。高容积的色域决定了图形的颜色。

输入模式。输入模式也是分析系统的特点之一。它决定了人机交互的方式和输入准确性。通常情况下会使用常规的鼠标和键盘来进行操作。

现代的显示屏已经可以支持触摸操作了。触摸屏的优点是可以实时进行互动，也就是用手直接在屏幕上点选对象。缺点则是点选小尺寸的对象时会不太准确。

在使用大型显示墙时，过大的显示面积使鼠标或触摸操作都不大实用。所以可以利用体感追踪技术或眼球追踪技术来替代鼠标或触摸操作。

正如上文所说，交互式可视化数据分析涉及很多方面。虽然我们逐项都进行了说明，但不同方面间也存在很多互补性。例如，用大型显示墙显示大量的数据时，我们还必须考虑到所需的更多资源，以及用户能否使用符合人体工程学的方式进行便利的操作。再举一个例子，如果我们打算绘制一幅颜色密集的可视化图形，那么首先就得有一台高色域显示器，然后还要避免颜色失真。

从本节中我们可以明确，数据、任务和环境是三个主要的影响因素。它们不仅可以用于设计交互式可视化数据分析方案，还可以确定方案是否符合第 2.1 节中提到的标准，即用户对数据的解读能力和效率，以及资源使用的平衡程度。

简单总结一下：如果想要设计一个直观明了且高效的分析方案，那么首先应该知道要研究哪些数据、要执行哪些任务，以及分析环境是怎么样的。这些问题的答案越全面，越有助于分析方案的设计。

2.2.4 示例

接下来我们将示范如何将数据、任务和环境应用于实践当中。为了使示例更易懂，我们将简单地就其中的数据和环境进行说明，而对分析过程则会着重进行讲解。

数据和环境。示例中会使用气象学时间线，该时间线以时态数据 $T \rightarrow A$ 为例。由气温、气压、风速、日照时长、云量、降水量和降水类型等属性组成的气象数据为多变量数据。具有连续性、离散性和标称的标量是单个值。例如，气温有连续性，日照时数有离散性，而降水类型则是标称。我们要调查超过 23725 天的每日测量值，总计相当于大约 65 年的数据。

简单起见，我们假设由单个用户使用配备了常规显示器和传统鼠标键盘的台式计算机来分析数据。虽然这个示例得到了专注于气候变化领域的气象学专家的帮助，但我们对此不施加任何限制，这也是为了保证示例简单易懂。

任务。现在假设我们的目标是探索数据，更具体地说，我们想要调查数据中是否存在根据季节变化而变化的部分，这就意味着我们要分析一个包含所有数据的天气问题。为了尽量缩小数据范围，我们首先将重点放在三个属性上：日照时长、气温和云量。

根据图 2.11 中所示，我们将借助可视化图形完成这项任务。每一个目标属性都有一张专用图，每张图的 x 轴显示月份，y 轴显示特定属性，每一个点代表月份对应的属性。

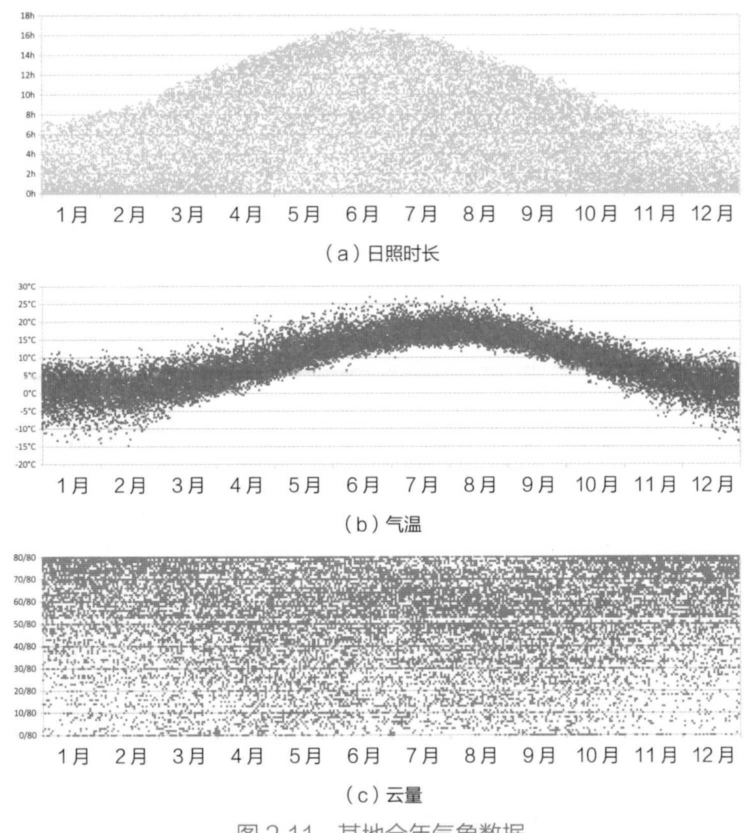

（a）日照时长

（b）气温

（c）云量

图 2.11　某地全年气象数据

请注意，图中的 x 轴仅显示了从 1 月 1 日至 12 月 31 日一整年的数据。也就是说，点的坐标由日期来决定。从这个角度讲，这相当于将几年的数据都反映到某一年的统计中。

因此，这个类型的图形非常适合分析某项气候数据随季节性变化的趋势，而且我们从中可以直观地看出各项信息。图 2.11（a）中，日照时长在 6 月 21 日（夏至）达到最大值，在 12 月 21 日（冬至）达到最低值。

图 2.11（b）中可以看出，气温原则上是随日照时长变化的，但约有一个月的延迟，这被称为季节性滞后效应。虽然到目前为止还没有任何令人兴奋的内容，但图 2.11（a）和图 2.11（b）仍然帮助我们观察到了预期的结果。这充分说明了数据的有效性和图形的表现力。

但是我们还可以发现一些其他内容。请看图 2.11（c），一年当中的日平均云量图（从低云量到高云量分别从 0/80 至 80/80 的递增量来表示）。乍一看分布很平均，其中冬季云量值较高。如果进一步仔细观察，我们会发现图中有一条横向区域，该区域分布的点要比其他地方少。

这能不能说明某种特定的云量值很少出现呢？随着问题的深入，我们的任务也从观察数据中的季节性变化趋势转变为云量值研究。可能大家还在一头雾水：这条线在哪儿呢？请仔细观察 y 轴 50/80 稍微往上一点的位置，就是平均云量值 52/80 附近的这条线。

接下来，我们要确定这个现象到底重不重要，或者它干脆就是一堆数据噪点，而我们却对其做了过多的解读。这意味着我们的任务已经从研究云量值微妙地转变为解释云量现象了。为此，我们研究了云量值的频率分布，即单个值在数据中出现的频率。

我们用可视化数据分析法来分析这个情况。具体将使用直方图，如图 2.12 所示。在直方图中，y 轴代表在目标频率上的单个数据值，x 轴代表从 0 到 80 的共 81 个云量值，每一个云量值对应的高度条就是该云量值的出现频率。通过比较这些高度条，我们发现 52/80 和 12/80 的值比其他值都要少。由此可以证明，我们观察到的结果并不是一个单纯的视觉幻想，而是真实的数据结果。

最后，我们还要证明这是一个有数据支持的发现，而不是随便找个图来敷衍了事。为此，我们要在不同气象站获取类似的云量图，如图 2.12（b）所示。果然不出所料，结果如我们预期的一样。这种情况不仅在 52/80 和 12/80 中再次出现，而且影响范围看起来还覆盖了 2/80、22/80、32/80、42/80 等区域。目前，我们只能对这种现象的成因进行推测。如果想要得出系统的结论，就要对其做进一步研究。这个任务说明了可视化数据分析是一种无具体目标的开放式过程，其中涉及很多不同的分析任务。我们通过上面的例子为大家实际演示了各种影响因素。接下来，我们将继续讨论有关交互式可视化数据分析基本过程的概念。

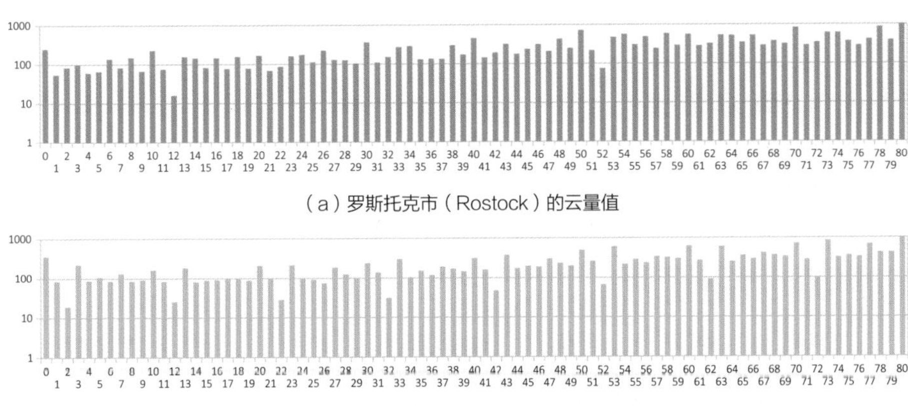

（a）罗斯托克市（Rostock）的云量值

（b）德累斯顿市（Dresden）的云量值

图 2.12　显示云量值的直方图

2.3　流程模型

上一节中，我们重点讨论了设计标准和影响因素。设计标准帮助我们提高分析方案的质量和效率，而影响因素则告诉我们怎样才能获取高质量的分析结果。目前为止，我们依然停留在理论阶段，还没有进展到实际设计分析方案的环节。那么分析方案是怎么做的？看起来是什么样的？怎么操作？在本节中我们会一一为大家解答。

在下文中，我们将说明交互式可视化数据分析过程中不同角色需要承担的不同任务。首先，设计师负责设计数据分析方案。他们需要熟知各种从理论到能够实际应用的分析方案。其次，开发人员负责制造和实现分析方案，把它们变成可运行的系统。开发人员需要制作出能够通过不同步骤将各种功能组合成交互式可视化数据分析系统的设计蓝图。最后，目标用户来进行实际操作。在这一步，用户会希望利用数据分析方案获取信息。以上几点能够帮助我们有效地推广交互式可视化数据分析方案，并且将其应用到实际工作中。

按照上述思路，我们接下来将从方案设计、数据转换和信息生成角度来研究交互式可视化数据分析的抽象模型。

2.3.1　方案设计

设计交互式可视化数据分析方案是一项极具挑战性的工作。其中的关键在于将可视化效果、人机交互和计算机计算合理地组合起来，切实有效地帮助用户执行分析任务。

为了解决这个问题，我们可以直接利用结构完善的设计公式来设计方案，这些设计公式也被称为嵌套模型[17，18]。该模型由四级组成，每一级都包含于上一级，分别代表了从应用领域到解决方案等四步。此处我们使用了嵌套模型的一个变体，该变体经过了略微简单地调整，主要是为了让大家更容易理解，另外也为了与本书中使用的术语保持一致。如图 2.13 所示，详情如下。

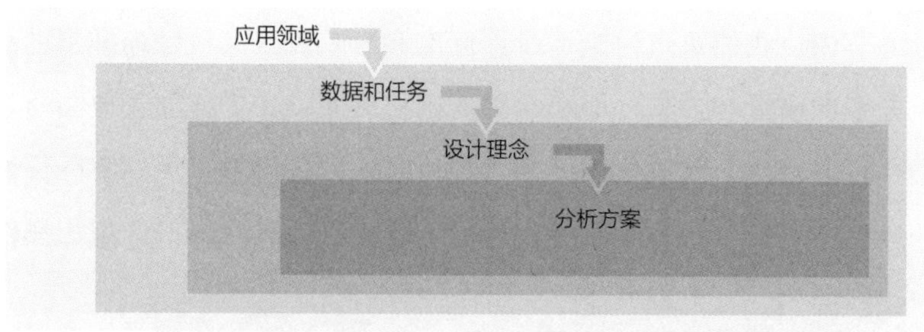

图 2.13　四级嵌套模型显示了设计交互式可视化数据分析方案的步骤[17]

应用领域。首先，设计人员必须要熟悉相关的分析领域。这主要是指用户的个人情况和拥有的专业背景。此外，还要按照第 2.2.3 节提到的考虑数据分析背景。正常的分析流程是怎么样的？利用什么样的途径？工作环境是什么样的？这些问题都可以留给相关领域的专家来解答。

数据和任务。了解了应用的领域以后，接下来就要根据第 2.2.1 和 2.2.2 节中的概念来准备基本数据以及设计任务了。这一步的目的是将工作重心放在基本理论上，而不是相关领域的细节上。例如，我们正在处理的是图形 $T \times R \rightarrow A$，而不是生物医学信号路径。那么这个例子的本质就是将生物医学信号路径转换为观察峰值的出现频率并且通过计算来证实结论。

对于数据和任务的理论说明将为下一步的方案设计做好前期准备。

设计标准。通过以上信息，我们需要给出合适的设计标准。根据前文所述，我们要在可视化图形、人机交互或者计算机计算等手段上想办法。也就是说，设计标准包括了选择自然醒目的图形颜色、易用且人性化的交互系统和高性能的计算机设备。

由于在前一步中已经确定了数据和任务详情，我们就可以使用有过成功先例的分析方案，必要的话也可以对其做出适当改变以便更适用于目标领域。如果所有方案都不适用，那就只能开发新的方案。

在第三章到第五章的内容中，我们会发现可视化图形、人机交互系统和计算途径都具有相当大的设计自由度。这也就意味着为了设计出与数据、任务和环境相匹配的方案，设计人员需要大量的专业知识储备。

分析方案。至此，方案已经设计完毕，以上三步中完成的各部分完成了组装，现在正式进入实施阶段，也就是说，用户可以利用上述部分来执行分析任务了。此外，用户还可以根据算法提供的参数灵活地调整各项属性以达到不同的分析目的。

如上所述，我们可以总结出嵌套模型的几个优势。首先，了解了用户的专业领域，方案设计师就可以围绕用户特点来设计方案，满足用户的需求就是后续设计的重心。其次，了解数据和任务详情是沟通领域专家和方案设计师之间的桥梁，有助于设计师将专业领域的问题转化为数据分析类的问题，从而大大简化了设计难度，同时也能够套用更可靠的专业分析方案。最后，正因为术业有专攻，所以理论和实践分开处理才更加有益。设计师负责了解和开发合适的技术，而开发者则专注于设计高效率的算法。

嵌套模型还有一个优点是有助于测试数据分析方案的有效性。这一点的重要意义在于设计时有可能会出现错误，所以设计师全程都要仔细检查并且验证设计方案。接下来，我们来简要介绍一下不同的方面都有哪些因素会产生影响。

- 领域模糊。即应用领域模糊或者不准确。例如，目标问题跟用户实际要解决的问题大相径庭，或者用户的工作流程和办公环境跟我们理解的有差距。

- 数据和任务错误。即获取了错误的数据和任务。获取的数据和我们的目标数据完全不一样，或设计的任务不适用于目标问题。

- 设计标准偏差。即设计技术不合格。设计出的图形一片混乱，没有任何表现力。人机交互系统不适合用户的办公环境。计算程序不完善，运算结果漏洞百出。

- 方案无法实施。可能因为算法的复杂性以及效率低下的流程造成整体方案根本无法实施，此外，系统资源也可能无法支撑如此大量的内存占用。

我们一定要认识到，如果上一层级出现了错误，那么必然会影响到下一层级。一方面，如果一开始就搞错了应用领域，那么接下来所有的工作都是无用功。但另一方面，如果上一层级正常，而仅是下一层级出现错误，那么纠正下一层级的错误也不会影响到上一层级。比如说，可以通过使用有效的近似值替换计算成本高昂的精确计算，以此来改进分析方案。

总而言之，嵌套模型描述了基本的方案设计过程，以及从应用问题到方案执行过程中的各种影响因素。接下来，我们会仔细研究将数据转换为图形的实际过程。

2.3.2　转换数据

本节中，我们来讨论如何将数据变成可视化的图形。简单来说，就是输入数据，然后输出图形①。但到底应该怎么做呢？把数据转换成图形都需要哪些步骤？

从最抽象的角度来看，我们可以将这个过程视为一种参数转换（以 v 来表示），输入数据和参数，输出的结果以图像形式表现出来[19]：

v：$D \times P \rightarrow I$

通过调用 $I=v(D, P)$，数据 $D \in \mathrm{D}$ 被转换成图形 $I \in \mathrm{I}$，参数 $P \in \mathrm{P}$ 负责控制转换。接下来，我们再深入了解一下 v 的作用以及 D 将要经历的变化。我们可以利用可视化线条[20]和数据状态查询模型[21]来辅助转换，它们可以通过定义不同的数据阶段和不同类型的操作符从概念上对数据到图像的转换过程进行建模。

数据阶段。从比特、字节到图像，数据的存在形式多种多样。为了从特定环境中提取信息，我们要参照四个基本阶段（请注意区分状态和阶段的不同）：

- 数据值。
- 分析概念。
- 可视化概念。
- 图形数据。

通常来说，数据值是一种未经处理的原始数字信息。分析则是为了获得特征充分并且结构完善的数据。这其中包括数据表、细化的层次结构，以及分类或集合等高级成分。可视化是指通过原始的几何图形和相应的可视化特征（如颜色或线条）对数据的可视化外观进行建模。最后，在输出端显示出彩色图形。

① 为了简洁起见，我们统一用图形来指代交互式可视化表达形式。

如图 2.14 所示，方框中显示的是不同的数据阶段。圆圈代表执行数据处理的操作。

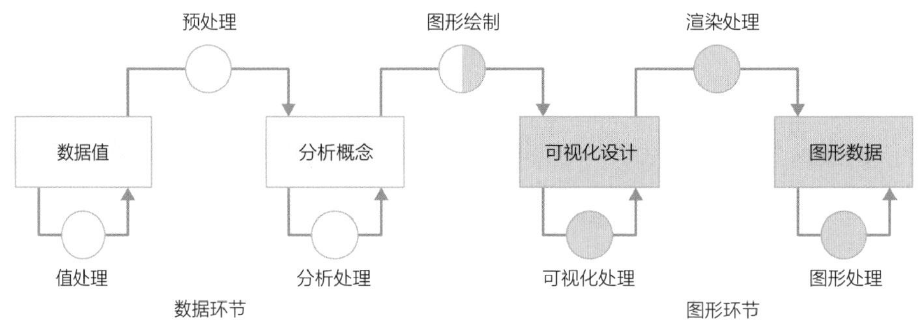

图 2.14 数据环节和图形环节的流程与操作 [22]

操作员输入信息，加工，然后产生结果。图 2.14 中的数据环节有两类操作，一类是转换操作，另一类是环节操作。

转换操作是从一个阶段中获取数据，经过加工以后产生另一个阶段的数据。也就是说，输入的数据类型和产生的数据类型在两个不同的阶段是不同的。数据的转换有三个步骤，分别是预处理、图形绘制和渲染处理，它们构成了可视化图形产生的过程。这个过程中，数据环节将加工结果传递到图形环节，并在图中以不同的颜色显示。例如，在分析气象图形时，我们从雷达数据中提取与气流相关的特征（预处理），然后在地形图模型上赋予颜色（图形绘制），最后在立体投影仪上显示结果（渲染处理）。

在环节操作中，如图中下半部分所示，同一环节输入和产生的数据类型相同。该操作不仅负责处理数据，还负责数据清洗和格式转换。在分析处理阶段，还可以对数据进行深加工。例如，通过衡量不同的指标来确定集的质量，或者根据不同层级的具体情况来组织等级架构。可视化处理负责调节图形的表现力，例如，通过布置视觉元素或改变元素数量来改善图形质量。最后，图形处理环节负责图形的优化及输出。这一环节可以通过对图形的某些部分进行模糊处理以减弱其可视性，或者通过增强其他部分的对比度和亮度来突出重点。

经由不同环节的处理，我们现在可以再回顾一下上文提到的设计公式 v:

$D \times P \rightarrow I$，这是一个由多个相互关联的处理环节所组成的网络，这些处理环节负责将输入的数据进行加工，然后将其转换成另外一种状态，如图 2.15 所示。这是一种很适用于设计交互式可视化数据分析方案的网络。

根据前文所述，参数用于调整和控制数据转换。我们无法从示例中直接看出参数，但它们是操作的基本组成部分。所有的操作都有参数。它们可以通过用户界面手动设置，也可以通过输出端的操作自动设置。确定合理的默认参数也是我们在设计环节中需要做的工作。

请注意，这个模型并非只局限于将单个数据输入转换为单个数据输出。在实际应用中，经常会出现多个数据源的情况，每个数据源也都会包含大量数据，因此我们可以利用组合图形的表现方式来增强理解。在图 2.15 中，可以看出 D 包含两个数据源，而 I 也由两个图形组成。

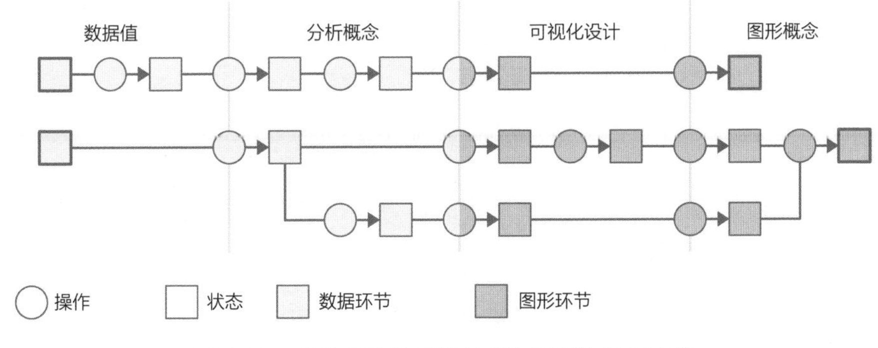

图 2.15 将数据从数据值转换为图形的操作流程

至此，我们已经了解了如何将枯燥的数据分析方案转换为交互式可视化数据分析模型。而从第三章到第五章，我们将继续深入讲解可视化设计、人机交互技术和计算程序。现在，让我们把思路从数据转换方面切换到研究如何使用交互式可视化数据分析方案来获得新的信息。

2.3.3 信息生成

从本质上来说，开发有效的数据分析方案属于一种以人为本的工作，计算机只是负责将数据转换成图形，而最终的结果还是由人类来解读。我们真正关注的是如何通过交互式可视化数据分析来获得信息。这个结果不是突然蹦出来的，而是由各个环节相互配合并且经过各种处理最终得出来的[23]。

我们没办法深入研究人脑的复杂机制，根据现有资料，这些机制尚未完全被破解。但是我们可以研究可视化分析的信息生成模型，它从理论上解释了人和分析方案之间的相互作用[24]。

如图 2.16 所示，左侧独立的方块即代表分析方案。此处的说明有些抽象，但根据前一节所述，我们已经明白了分析方案是由相互关联的数据参数、处理步骤和图形设计组成。

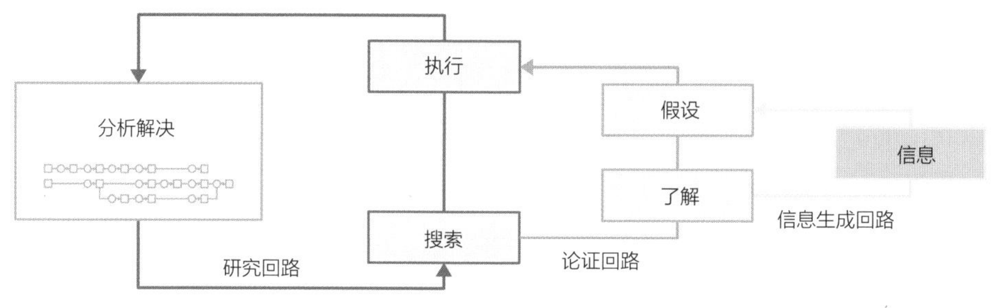

图 2.16 信息生成模型[25]

本节我们将重点讨论模型中用户的部分。请看图 2.16 右侧，用户通过三个回路与分析方案联通。这些回路代表了不同复杂程度下的信息生成。

第一个回路是研究回路，主要目的是用于搜索目标。研究回路的起点从观察已生成的分析方案的输出结果开始。在观察的过程中，系统一旦发现目标信息，就会提示用户执行某些操作。目标信息存在趋势性或重复性，但偶尔也会有某些无效信息触发提示。这里说的操作可以抽象地理解为数据转换过程的调整，包括设计操作流程或改变操作参数。在这个过程中，如果储备了足够多的信息，那么信息就会进入到验证回路中。

第二个回路是验证回路，负责确认分析完毕的数据然后建模。首先解读信息，然后将这些信息转译为适用于目标领域的数据。而要验证的假设也是基于目标领域数据建立起来的。随着积累的信息越来越多，很多新的假设也会随之出现，同时已有的假设就可能会被验证或者推翻，而这取决于能够收集到多少可以被当作佐证的材料。比如可以通过验证计算或者创建图形来检查这些假设是否有效。

第三个回路是信息生成回路，也就是用来生成实质数据的回路。系统经过一系列处理把收集到的信息转换为我们能看得懂的信息。在这一步，需要目标领域的专家来检查信息是否正确，分析结果是否可靠。如果信息出现问题，或者验证结果不理想，那么就要逐步反推，检查每一步处理情况，然后再次进行验证。

研究回路、验证回路和信息生成回路能够让我们清晰地了解如何将可视化的数据转译为准确可靠的信息。而在实际应用中，验证的方式可以自由选择，并不一定要遵循严格的流程。整个分析过程中会不断产生新的信息和问题，所以用户可以在这三个回路中来回切换，根据实际情况酌情处理。比如新信息会催生出新的假设，反过来，推翻已有的假设以后，我们还要再回到研究回路收集信息，然后重新建立新的假设。

通过上述的信息生成模型，我们对交互式可视化数据分析方案背后的流程有了清晰的认识，从设计视角、数据转换视角和信息生成视角三个方面，提供了一个关于建立、实施和使用数据分析方案时人与计算机之间关系的完整流程。本节内容充分表明，开发交互式可视化数据分析方案需要认知科学、可视化技术、人机交互和数据采集等多领域专家共同合作才能取得良好的效果。

2.4　本章总结

可视化数据分析是一项极具挑战性的工作，它要求我们必须全面考虑各种因素。在本节中，我们重点介绍了设计标准、影响因素和流程模型。下面，我们来对本章进行简要总结。

设计标准。我们提出了交互式可视化数据分析解决方案应满足的三个设计标准。表达性标准是指交互式可视化图形必须能够清晰地传递出信息，并且显示出生成信息所需的操作。有效性标准要求分析系统符合人类的视觉和运动习惯，以便用户能够有效地提取信息和执行人机交互。高效性标准则负责衡量方案的效率和成本。

影响因素。为了开发出满足上述标准的分析方案，我们必须考虑下面几个影响因素。第一，我们处理的数据会影响到分析任务。前文曾提过数据的几个特征，那么在数据值的层面，我们用不同的标准来区分数据域会得到不同结果。一个完整的数据集包括数据结构、数据空间（维度和属性分别表示为因变量和自变量）、数据大小和数据范围，另外，还要考虑到用来佐证数据变化用的元数据因素。

另一个重要的影响因素是分析数据时的各项任务。我们将任务分为四个方面：目标、问题、指标项和途径。目标指的是分析任务的目的。问题指的是分析任务中存在的情况。指标项指的是分析任务的重心。途径指的是完成分析任务所用的图形、交互系统、计算方法，或者是这三种的结合体。

最后，用户和技术也是很重要的因素。在用户层面，我们要考虑其个人情况、专业背景、学识程度、专业领域以及工作环境。在技术层面，需要考虑到计算机的性能、显示器的性能和交互设备的功能。

流程模型。在交互式可视化数据分析中，有三个功能型的基本流程：设计流程、转换数据流程和信息生成流程。

设计流程可以按照四个嵌套层级建模，在这四个层级中分别进行应用领域问题的设计、获取抽象数据和任务目标、规划合适的图形、人机交互方案和计算公式，并套入相应的算法中。

转换数据流程显示了数据如何从原始数据格式转换成可视化图形格式。数据依次经过输入数据、分析、可视化和图像数据等步骤处理，其中前两项面向数据层面，后两项面向图形层面。执行系统则负责实质上的数据处理和转换。

最后，我们引入了三个相互交叉的概念回路来显示信息生成流程的模型，这些回路通过处理和验证数据结果，最终产生新的应用领域信息。

本章中，我们介绍了开发交互式可视化数据分析解决方案所需的基本知识。在下一个章节中，我们将详细说明应用于分析目的的可视化图形、人机交互方案和计算方法。

综合文献

MACKINLAY J. Automating the Design of Graphical Presentations of Relational Information. *ACM Transactions on Graphics* 5.2(1986), pp.110–141. doi:10.1145/22949.22950.

VAN WIJK J J. Views on Visualization. In:*IEEE Transactions on Visualization and Computer Graphics* 12.4(2006),pp.421–433.doi:10.1109/TVCG.2006.80.

WARE C. *Information Visualization: Perception for Design*.3rd edition.Morgan Kaufmann,2012.

GUASTELLO S J. *Human Factors Engineering and Ergonomics:A Systems Approach*.2nd edition.CRC Press,2013.

MUNZNER T. *Visualization Analysis and Design*.A K Peters/CRC Press, 2014.

可视化分析

VICENTE K J. *Cognitive Work Analysis: Toward Safe,Productive,and Healthy Computer-Based Work*.CRC Press,1999.

SCHULZ H J, NOCKE T, HEITZLER M, SCHUMANN H. A Design Space of Visualization Tasks. *IEEE Transactions on Visualization and Computer Graphics* 19.12(2013),pp.2366–2375.doi:10.1109/TVCG.2013.120.

BREHMER M M. *Why Visualization? Task Abstraction for Analysis and Design*". PhD thesis.University of British Columbia,2016.

KERRACHER N, KENNEDY J. Constructing and Evaluating Visualisation Task Classifications: Process and Considerations. *Computer Graphics Forum* 36.3(2017),pp.47–59.doi:10.1111/cgf.13167.

LAM H,TORY M, MUNZNER T. Bridging from Goals to Tasks with Design Study Analysis

Reports. *IEEE Transactions on Visualization and Computer Graphics* 24.1(2018),pp.435–445.doi:10.1109/TVCG.2017.2744319.

参考文献

1. TUFTE E R. *The Visual Display of Quantitative Information*. Graphics Press, 1983.

2. HANSEN C D. JOHNSON C R. *The Visualization Handbook*.Elsevier, 2005.

3. TELEA A C. Data Visualization: *Principles and Practice*.2nd edition.A K Peters/CRC Press,2014.

4. HANSEN C D, JOHNSON C R. *The Visualization Handbook*.Elsevier, 2005.

5. PREIM B, BARTZ D. Visualization in Medicine: *Theory, Algorithms, and Applications*. Morgan Kaufmann, 2007.

6. TELEA A C. Data Visualization: *Principles and Practice*.2nd edition.A K Peters/CRC Press, 2014.

7. TOBLER W R. A Computer Movie Simulating Urban Growth in the Detroit Region. *Economic Geography* 46.6(1970),pp.234–240.doi:10.2307/143141.

8. SHEPARD D. A Two-dimensional Interpolation Function for Irregularly-spaced Data. *Proceedings of the 23rd ACM National Conference*.ACM Press,1968,pp.517–524. doi:10.1145/800186.810616.

9. SCHULZ H J, NOCKE T, HEITZLER M, SCHUMANN H. A Systematic View on Data Descriptors for the Visual Analysis of Tabular Data. *Information Visualization* 16.3(2017),pp.232–256.doi:10.1177/1473871616667767.

10. SCHULZ H J, NOCKE T, HEITZLER M, SCHUMANN H. A Design Space of Visualization Tasks. *IEEE Transactions on Visualization and Computer Graphics* 19.12(2013),pp.2366–2375.doi:10.1109/TVCG.2013.120.

11. LAM H, TORY M, MUNZNER T. Bridging from Goals to Tasks with Design Study Analysis Reports. *IEEE Transactions on Visualization and Computer Graphics* 24.1(2018),pp.435–445.doi:10.1109/TVCG.2017.2744319.

12. THOMAS J J, COOK K A. Illuminating the Path: *The Research and Development Agenda for Visual Analytics*.IEEE Computer Society,2005.

13. KERRACHER N, KENNEDY J. Constructing and Evaluating Visualisation Task Classifications: Process and Considerations. *Computer Graphics Forum* 36.3 (2017),pp.47–59.doi:10.1111/cgf.13167.

14. ANDRIENKO N, ANDRIENKO G. *Exploratory Analysis of Spatial and Temporal Data–A Systematic Approach.Springer,2006*.doi:10.1007/3-540-31190-4.

15. KELLER P R, KELLER M M. *Visual Cues: Practical Data Visualization*. IEEE Computer Society,1993.

16. SHNEIDERMAN B. The Eyes Have It: A Task by Data Type Taxonomy for Information Visualizations.In:*Proceedings of the IEEE Symposium on Visual Languages (VL)*.IEEE Computer Society,1996,pp.336–343.doi:10.1109/VL.1996.545307.

17. MUNZNER T. A Nested Model for Visualization Design and Validation. *IEEE Transactions on Visualization and Computer Graphics* 15.6(2009),pp.921–928.doi:10.1109/TVCG.2009.111.

18. MEYER M, SEDLMAIR M, QUINAN P S, MUNZNER T. The Nested Blocks and Guidelines Model. *Information Visualization* 14.3(2015),pp.234–249. doi:10.1177/1473871613510429.

19. JANKUN-KELLY T J,MA K L, GERTZ M. A Model and Framework for Visualization Exploration. *IEEE Transactions on Visualization and Computer Graphics* 13.2(2007),pp.357–369.doi:10.1109/TVCG.2007.28.

20. HABER R B, MCNABB D A. Visualization Idioms: A Conceptual Model for Scientific Visualization Systems. *Visualization in Scientific Computing*. Edited by Nielson G M,Shriver B D and Rosenblum L J. IEEE Computer Society,1990,pp.74–93.

21. CHI E H, RIEDL J T. An Operator Interaction Framework for Visualization Systems. *Proceedings of the IEEE Symposium Information Visualization (InfoVis)*.IEEE Computer Society,1998,pp.63–70.doi:10.1109/INFVIS.1998.729560.

22. CHI E H. A Taxonomy of Visualization Techniques Using the Data State Reference Model. *Proceedings of the IEEE Symposium Information Visualization (InfoVis)*.IEEE Computer Society,2000,pp.69–75.doi: 0.1109/INFVIS.2000.885092.

23. VAN WIJK J J. Views on Visualization. *IEEE Transactions on Visualization and Computer Graphics* 12.4(2006),pp.421–433.doi:10.1109/TVCG.2006.80.

24. SACHA D, STOFFEL A, KWON B C, ELLIS G, KEIM D A. Knowledge Generation

Model for Visual Analytics. *IEEE Transactions on Visualization and Computer Graphics* 20.12(2014),pp.1604–1613.doi:10.1109/TVCG.2014.2346481.

25. SACHA D, STOFFEL A, KWON B C, ELLIS G , KEIM D A. Knowledge Generation Model for Visual Analytics. *IEEE Transactions on Visualization and Computer Graphics* 20.12(2014),pp.1604–1613.doi:10.1109/TVCG.2014.2346481.

第三章 图形的可视化技术详解

本章的核心内容是将数据可视化为图形。理论上讲，有很多方式可以将数据转换为图形。有些图形可以非常清晰明了地将数据表现出来，甚至可以很美观，而有些就显得很蹩脚，根本看不出来任何东西。

这说明图形的绘制非常重要，不同的绘制方法会产生不同的可视化效果以及不同的数据特征[1]：

> 表征效应：不同的对象有不同的表现。（汉拉汉，2009）

图 3.1 中所示就是表征效应。这三张图中显示的都是相同的数据：经诊断患有流感类疾病人数的时间序列。然而，这三张图使用的是不同的绘制技术和不同的参数。图 3.1（a）中用的是一个柱状图。我们从中可以清楚地看出确诊人数时段的一些峰值。随着时间的推移，它似乎没有明显的变化趋势。

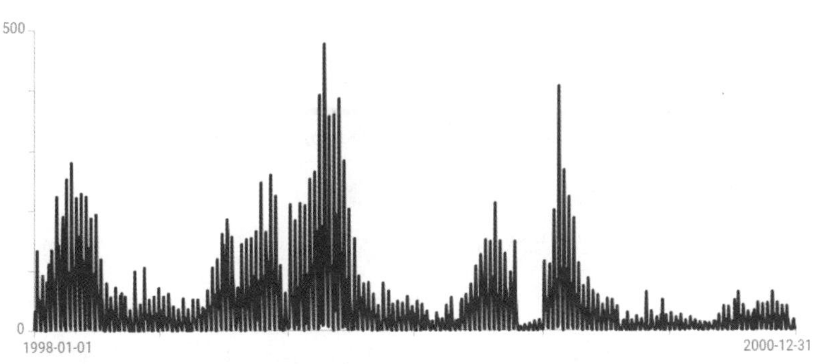

（a）柱状图

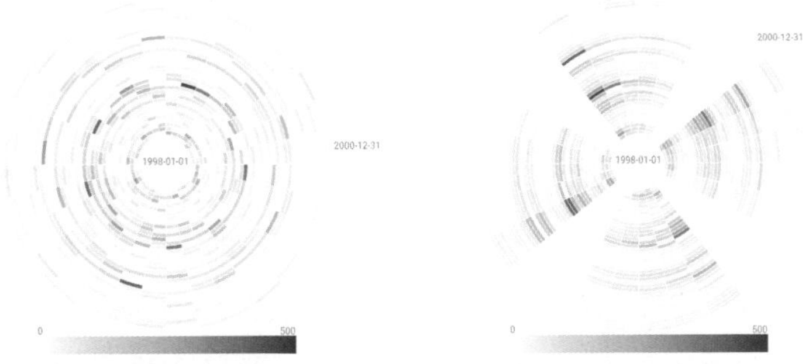

（b）螺旋图（以 32 天为一个周期）　　（c）螺旋图（以 28 天为一个周期）

图 3.1　不同的图形显示不同的内容

但这会是周期性表现吗？为了回答这个问题，我们可以使用一种不同的图形：螺旋图。图 3.1（b）中显示的是以 32 天为一个周期的螺旋图。从这张图中，我们看不出任何周期性循环，那么让我们来试一试不同的参数。在图 3.1（c）中，循环周期改为了 28 天，也就是完整的四个星期。从工作日开始算起，我们能够从中看出某些端倪：周一开始，确诊人数暴增，而到了周末，几乎没有确诊的患者。这种情况根本没法从柱状图中看出来，可另一方面，确诊人数峰值也没法在螺旋图中看出来。

通过这个简单的小例子，我们可以发现图形的设计是多么重要。不同的设计面向不同的信息（例子中的确诊人数峰值要依靠柱状图来表示，而确诊的日期则要依靠螺旋图来表示）。所以，关键在于要选择合适的图形来显示想要表现的信息。

在本章中，我们将重点介绍符合前文所述的兼具表达性、有效性和高效性标准的图形设计方案。为此，我们要从最基本的图形设计方案学起，并且能够将其编译为可视化的数据。在设计图形时一定要注意两个关键点：将数据编译为可视化图形的方式以及如何将图形清晰明了地呈现给用户。在 3.1 节中，我们会介绍图形编译和显示的基本概念。

合适的图形设计可以被看作是一种可视化技术。可视化技术通常会对合适的数据做出一些假设，然后适当调整参数来优化图形的可视化效果。

不同的数据类型需要不同的可视化技术，所以本章将从数据的角度进行说明。首先，我们在第 3.2 节中会讨论多变量数据可视化的基本技术。其次，我们在第 3.3 节和第 3.4 节中会延伸到关于时间数据和地理空间数据的技术，它们分别需要以时间和空间参照系为标准。最后，在第 3.5 节中，我们会研究图形数据和数据元素之间的关系，这就需要用到特殊的可视化技术。

总而言之，我们将一步一步地学习如何从基本的图形设计到多维度数据属性 A 的可视化，再到时间数据 T 和地理空间数据 S 的可视化，乃至它们之间的关系 R，同时还会研究一些各维度数据的不同组合等方面的问题。

3.1　图形的绘制和显示

1967年，雅克·贝尔廷在对制图学中的可视化图形技术进行了大量分析的基础上，提出了用符号和视觉变量表示图形化数据的想法[2, 3]。符号是信息的载体，并且可以根据不同的维度加以区分。其中零维是点，一维是线，二维是区域，三维是实体。符号是可视化图形的基本组成部分。

真实的信息通过视觉变量（如位置、形状或颜色）传递给我们，这些变量控制着符号的图形外观。换句话说，将数据转换为图形也可以理解成绘制原始图像，并根据基础数据值确定其外观。这种图形化数据的概念至今仍然是现代可视化图形的基础。

3.1.1　数据值的绘制

让我们来深入地了解下如何利用视觉变量来绘制图形。视觉变量可以理解为在特定范围内变化的图形属性。变量值的不同变化也会产生不同的感知效果。例如，我们可以看出符号的位置、形状或颜色。视觉变量的概念最初由雅克·贝尔廷提出，后来又经过了多次修订和拓展[4, 5]。图3.2中就是现在常用的视觉变量。

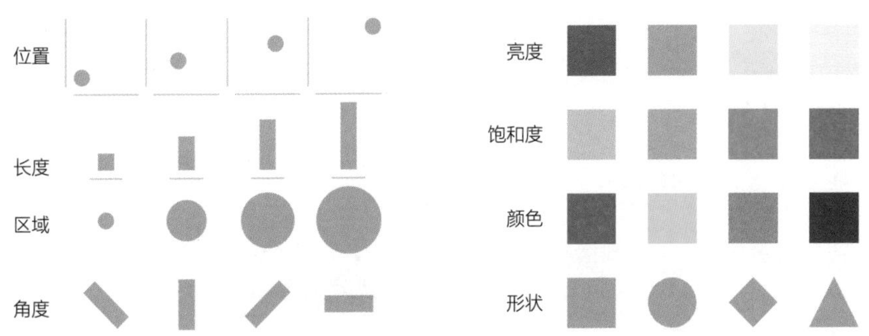

图3.2　常用的视觉变量

我们可以借助视觉变量来组合成不同的可视化效果，也就是数据的图形。在这方面，首先必须解决两个问题：

- 绘制什么？
- 怎么绘制？

绘制什么？

首先，要确定用哪些视觉变量来代表哪些数据变量。根据第 2.2.2 节，我们需要根据当前的分析任务来确定变量的分配。也就是说，先从分析任务来确定相关的数据变量，然后再对应到合适的视觉变量中。那么接下来的问题是，怎么才能知道哪些视觉变量合适？答案就在第 2.2.1 节提到的人类的感知能力和数据域中。

借助对人类认知方面的研究，科研人员发现视觉变量会对定类数据、顺序数据和标量数据产生不同的影响[6, 7]。视觉变量，即允许用户精确分类的变量，适用于对定类数据进行编码。利于可视化效果排序的变量适用于对顺序数据进行编码。能够评估比例或差异的变量适用于对标量数据进行编码。

图 3.3 所示是视觉变量在不同数据中的有效性。有意思的是，一方面，位置编码在任何数据中都是最重要的；而另一方面，这些视觉变量在不同的数据域中起到的效果也都不一样，比如颜色和形状在定类数据中的作用非常重要，但是在顺序数据和标量数据中的作用却比较微弱或者干脆没有。

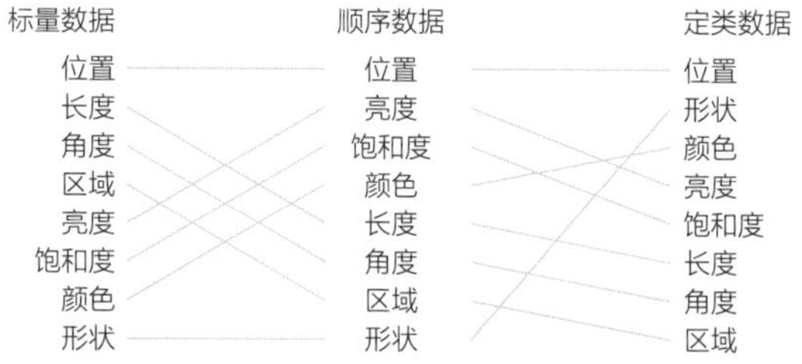

标量数据
位置
长度
角度
区域
亮度
饱和度
颜色
形状

顺序数据
位置
亮度
饱和度
颜色
长度
角度
区域
形状

定类数据
位置
形状
颜色
亮度
饱和度
长度
角度
区域

图 3.3 不同数据类型中视觉变量的影响

怎么绘制？

当我们确定了绘制的图形以后，下一步就要考虑如何将视觉变量和数据相对应。我们在第二章中曾提到过，分析任务和现有的数据都会影响到变量之间的对应。前文中的图 2.8 也向我们说明了不同的颜色用在不同任务中的效果。接下来，我们简单介绍一下绘制任务和数据图形的高级方法。为了简洁起见，我们主要来谈一谈如何选择颜色。

分析任务的意义在于方便用户在显示器上看出数据。为了能使显示效果更清晰，我们在这里使用渐变色的图形。渐变色能够明确地显示出颜色差异与数据中的潜在差异形成的不同效果[8]。在理想情况下，每个数据值都应该有一个清晰可见的颜色。当然，这种理想的情况也取决于显示器的性能和用户的视觉能力。

定位任务指的是确定目标数据的值或者分组在可视范围内的位置。我们可以使用彩色图形，因为彩色图形可以很明确地显示出相关数据。另外还要考虑到用户的视觉能力，所以需要根据人类的普遍视觉能力预设一些可视化标准[9]。例如，相关的数据可以用明亮的颜色来表示，而关系不大的部分则用暗淡的颜色来表示。

另外还有一个重要因素，那就是分析目标对象到底是独立数据还是数据集。对于独立数据来说，渐变色的图形比较合适。而分段颜色的图形则适用于数据集。图 3.4 中是彩色的简明示意图，用于区分和定位独立数据值和数据集值。图 3.5 中的两个彩色图用来表示三年内的每日气温。其中，图 3.5（a）用渐变色的图形来区分数据值，图 3.5（b）用分段图形来定位特定的数据集值，其中的目标数据是三年内温度达到 10℃ ~12℃的天数。我们在这两幅图中可以清晰地发现，使用不同颜色时，图中的表现也各不相同。我们暂时还看不出来其中的工作原理，那么我们将在下面的内容中做详细解释。

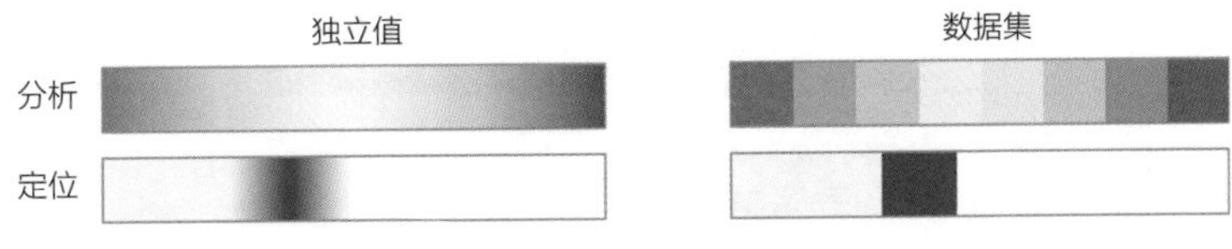

图 3.4　分析和定位独立值和数据集

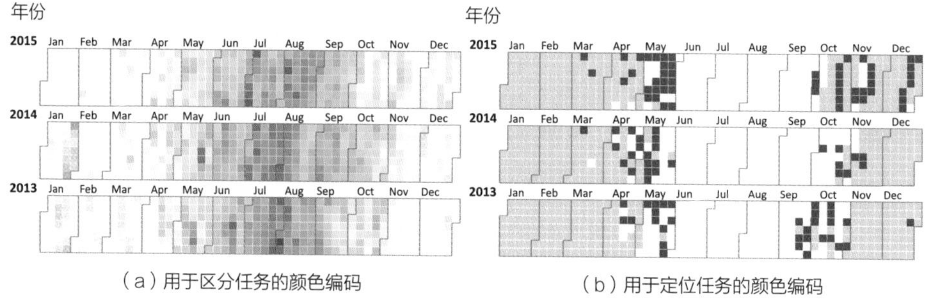

（a）用于区分任务的颜色编码

（b）用于定位任务的颜色编码

图 3.5 将图 3.4 中的颜色应用于气温数据图

通常，最小值到最大值之间的全部数据范围都会对应到视觉变量的整个颜色范围中。下面的公式所代表的柱状图通常用于将视觉变量 v_{val}（基于本示例）指定给某个数据变量 d_{val}。首先，计算出标准数据值 $t \in [0, 1]$：

$$t = \frac{d_{val} - d_{min}}{d_{max} - d_{min}}$$

然后，将标准数据值 t 代入公式，从视觉变量 $[v_{min}, v_{max}]$ 中计算出实际的数据变量 v_{val}：

$$v_{val} = (1-t)v_{min} + tv_{max}$$

图 3.6 中所示为标量变量与渐变色图形的对应规则。注意，对于标量数据来说，首先应该根据其类别和顺序转换为数字，具体公式请参阅 [10]。标量数据和定类数据之间的区别并不是影响绘制图形的唯一因素。接下来，我们用另外的例子说明。

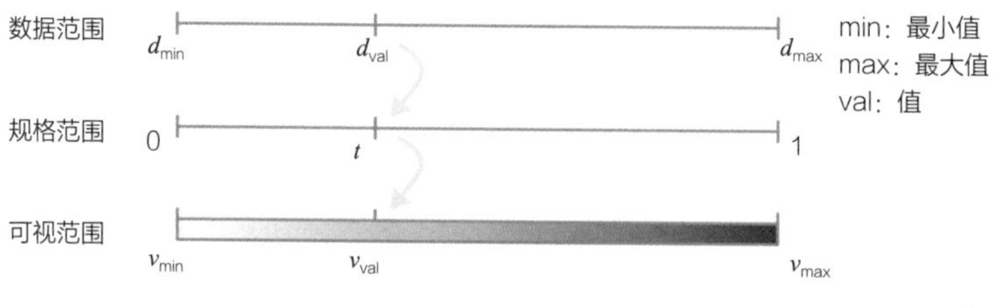

图 3.6 数据变量和视觉变量的基本对应规则

作为第一个基于数据的转换示例，我们参照图 3.7（a）中的标准。在用户解读图形时，即根据图形反推数据时，需要有一个参照的标准。如果只是简单地依据数据的最小值和最大值来反推，会产生过多不必要的解读。从图中可以看出，如果将对应范围 [d_{min}，d_{max}] 乘以 2 或者除以 10，那么就可以让范围更加简单明了[11]。相关具体算法请参阅[12]。

除了数据的最大值与最小值之外，其涵盖的范围大小也会影响到与视觉变量的对应。前文介绍的一些基本对应法可适用于许多情况。然而，对于覆盖多个量级的大型数据值范围，包括最大值和最小值，那么柱状图就爱莫能助了。在这种情况下，我们使用非柱状图来呈现。图 3.7（b）中对比了柱状图和对数转换后的图像。在对数转换后的图像中，t 的计算如下：

$$t = \frac{\log(d_{\upsilon al} - d_{min})}{\log(d_{max} - d_{min})}$$

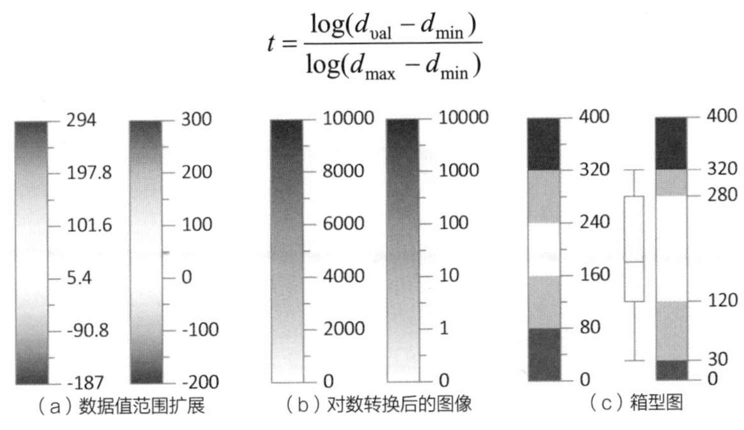

（a）数据值范围扩展　（b）对数转换后的图像　（c）箱型图

图 3.7　各种基于数据的图形

在已经确定了可用值范围的情况下，甚至可以不必使用柱状图或对数转换后的图像。图 3.7（c）所示是箱型图，这种图形与基于数据范围属性而形成的图形相比更为基础。在这个例子中，箱型图中的数据按照内外四等分来粗略分布[13]。所以在这个图形中，用蓝色和红色突出显示了最低和最高的异常值，而正常值用白色表示。

最后一个例子，当我们对比两个数据变量或者分为两步获取的数据时，应该采用哪种图形呢？绘制图形的难点在于平衡两种相互矛盾的需求。一方面，要比较的独立数据集应该是可辨别的，而且数据值应该清晰明确，这就要求我们对每一个要比较的数据集单独进行编码；另一方面，这些数据集必须要有可比性。然而，我们在很多情况下却没办法使用独立编码，相反，为了使相同的数据值显示出同样的视觉效果，也就是说无论这个数据值与哪个数据变量或者时序有关，我们都要使用统一的编码来表示。这就可能会导致图形中的某些局部数据被抹掉。

为了解决这种需求矛盾，我们可以将多个颜色组合成一个专用的比较色域范围[14]。图 3.8 所示是一种用于比较两个数据变量 *A* 和 *B* 的方法。变量 *A* 的值较小，使用绿色表示，而变量 *B* 的值较大，用蓝色表示。浅灰色表示两个变量的共同值。在多色域图形的帮助下，我们不仅可以进行数据的比较，而且独立数据依然可以被区分出来。

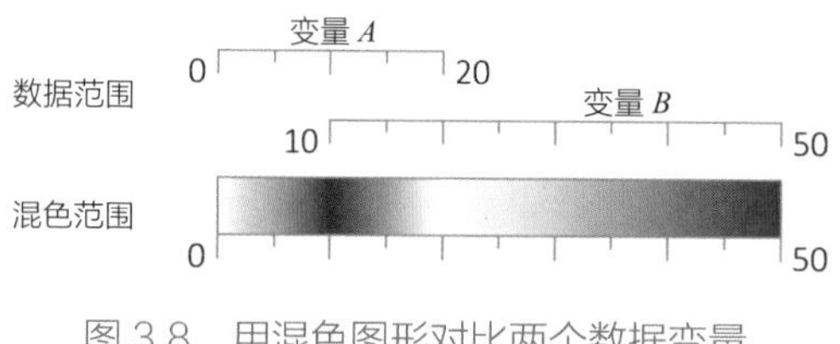

图 3.8　用混色图形对比两个数据变量

总之，我们在决定数据值和视觉变量之间的对应关系时，一定要多方考虑。这里所说的颜色编码方案同样适用于其他视觉变量。有关不同任务和数据特征的颜色编码方案的更多内容，请参阅本章末尾的延伸阅读。在接下来的内容中，我们将会进一步了解如何制定包含多个视觉变量的图形绘制方案。

多视觉变量的使用

1 对 1 的图形绘制属于最基本的方案，也就是单个数据变量对应单个视觉变量。然而，也有可能是单个数据变量对应多个视觉变量。这种方案实现起来有两种途径。1 个数据变量对应 *n* 个视觉变量，那么就可以利用 *n* 个视觉变量来组合成 1 个数据变量。而需要绘制多个数据变量的图形时，那么就需要 *n* 对应 *n*。这里要注意，*n* 对 1 是没有任何意义的，因为颜色是固定的。

1 对 *n* 的图形。通常来说，多个视觉变量是可以对应 1 个数据变量的。

例如，我们可以根据同一个数据值来设定标记的位置、大小和颜色，以便于更清晰地识别数据。

我们有一个比较灵活的方法，那就是当视觉变量 n=2 时，可以利用双色调来表示。采用双色调的目的是实现精确的数据值识别，同时还能保持较低的空间利用率，参照图 3.9 所示。将数据绘制成图形后，效果立刻就会变得直观。通常为了容纳更多数据，那么就必须增加纵向显示面积。而如果把数据转换成彩色图形，就不需要很大的显示面积了，但信息读起来却很困难。在使用渐变色图形时，我们需要花一些时间来确定数据值和颜色是如何对应的。分段颜色的图形只能用来分辨离散值，那么我们就来看看双色图是怎么做的。

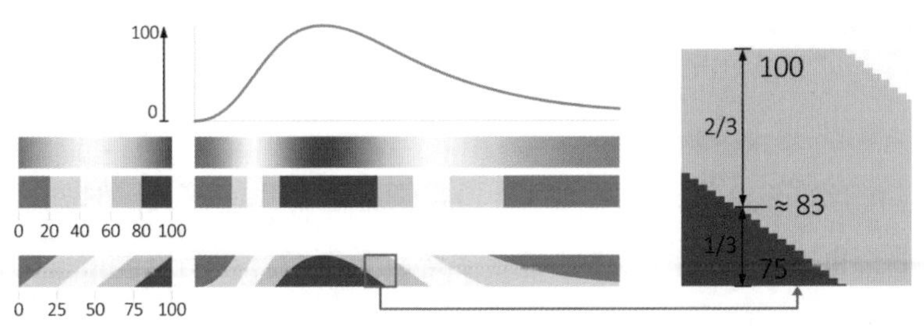

图 3.9 双色图释义 [15]

双色图的基本思路是用两种颜色的长图代表一个数据值，如图 3.9 右侧的放大图所示，在我们的示例中，数据值由两种近似的颜色表示，其中橙色和红色分别表示特定的数据值。这两种颜色让我们一眼就能知道特定数据值在 75~100。然后，我们通过改变颜色的比例来表示准确值，即改变橙色和红色的混合比例。在这个例子中，我们用的是 1/3 的红色和 2/3 的橙色，这代表该数据值占 75~100 范围内的 1/3，即数值在 83 左右。

图 3.10 强调了双色图的几个优点。第一，由于同时使用了颜色和图形长度作为视觉变量，因此节省了显示空间，这使我们能够查看到更多数据。第二，直观的颜色使寻找目标数据变得容易。第三，我们可以非常准确地找到独立数据值。总之，这是一个相当高效的可视化图形。

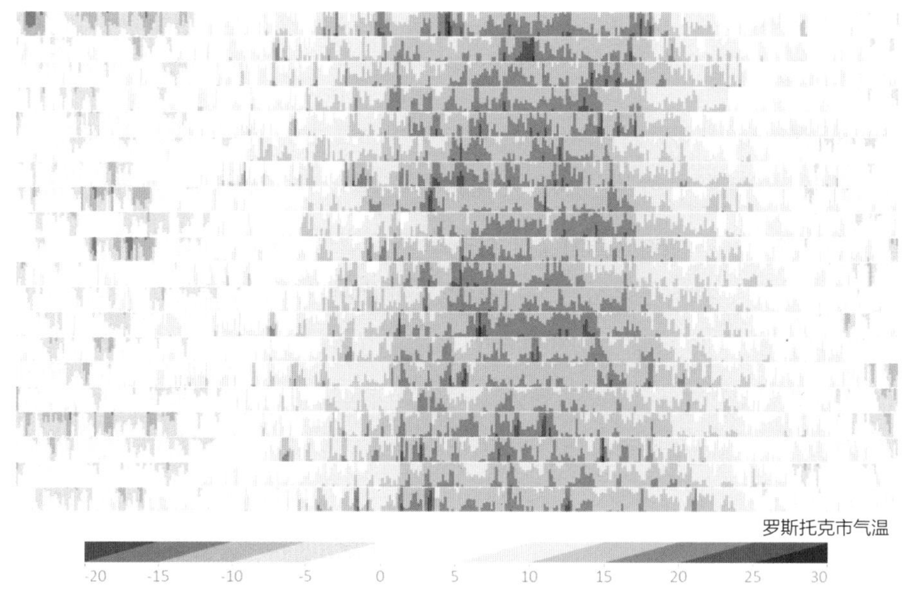

图 3.10　用双色图表示二十年中每日的气温变化

n 对 *n* 的图形。前文曾提到过，通常情况下，我们需要同时处理多个数据值，那么也就意味着图形中会包含多个视觉变量。我们以离散图为例来进行详细讲解。

离散图由二维坐标系组成，表示两个数据变量值的范围。点位于第一象限中，用于绘制数据图形。从概念上讲，数据和位置相交的地方就是点。第一个数据变量的位置相对于水平 x 轴，第二个变量的位置相对于垂直 y 轴。如图 3.11（a）所示。

为了处理其他数据，我们继续引入额外的视觉变量。例如，可以通过改变点的大小来绘制标量数据的变量，如图 3.11(b）所示。对于面积较大的点，也可以使用不同颜色来绘制顺序数据的变量，如图 3.11（c）所示。我们甚至可以考虑用不同的形状来替换点，绘制定类数据的变量，如图 3.11(d）所示。总之，图 3.11 一共显示了五个数据变量：两个代表位置，一个代表区域，一个代表颜色，最后一个代表形状。

随着各种视觉变量的加入，视觉效果也越来越丰富。从理论上来说，我

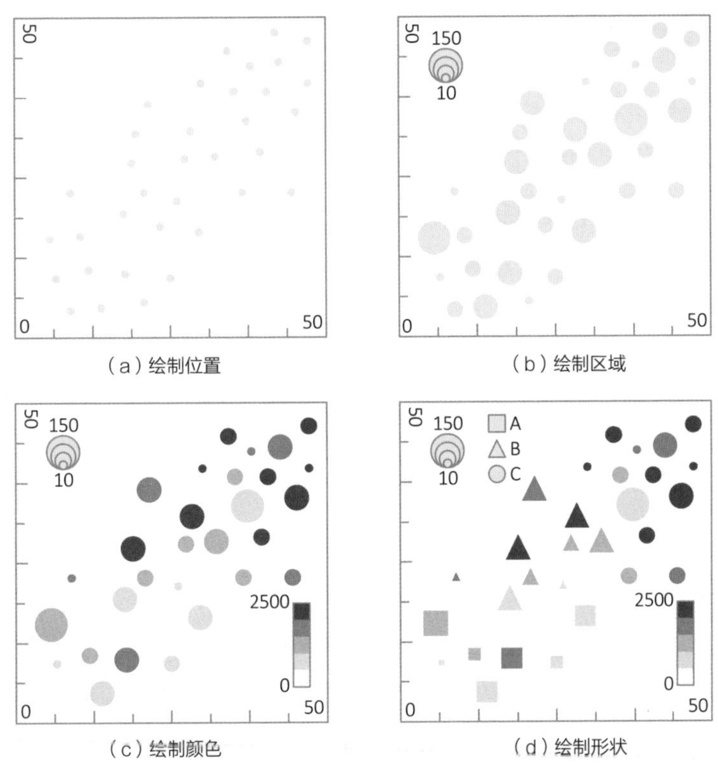

图 3.11　通过位置、区域、颜色和形状绘制图形

们还可以加入更多的视觉变量，比如改变图形的纹理。然而，从实际运行的角度来看，这样做还是有一些局限性。虽然视觉效果越来越丰富，分析的便利程度也越来越高，但是在观察图形时所耗费的眼力和精神也开始随之增加。因此，不要一味地添加各种视觉变量，做到视觉效果和数据表现力之间相互平衡就可以了。在设计图形时，请谨记下面的话[16]：

> 完美并不是添加一切，而是获得一切……（圣埃克苏佩里〈de Saint-Exupéry〉，1939）

事实上，图形的绘制是设计可视化数据分析解决方案中最关键的环节之一，因为它会对表达性、有效性和高效性产生很大影响。然而，一个好的图形只是成功了一半，如何显示它同样也很重要。我们下一节将着重讲解这一点。

3.1.2　图形的显示

视觉编码造就符号，而符号则用来表示数据的图形，也是最终展现在用户面前的成品。现在的问题是，如何将可视化的数据用简单易懂的方式呈现为符号和图形？接下来，我们来讨论设计图形需要考虑的关键问题：图形用二维还是三维来显示？在处理大量数据时，是把所有的数据都显示出来，还是只显示我们的目标数据？如果需要同时显示多个图形，而每个图形都分别表示数据的某个特定视角或者透视图时，该怎么办？

用二维或者三维显示

在设计图形的环节，我们面临的第一个选择就是用二维还是三维来显示带有信息的图形。二维表示平面空间中的两个独立的轴：横向的是 x 轴，纵向的是 y 轴。三维表示非平面空间中，除了 x 轴和 y 轴以外，还有第三个 z 轴。

二维图形和三维图形都有各自不同的优缺点。二维图形更朴素，看起来更简单一些。但另一方面，人类的感知能力更容易自然地适应我们周围的三维世界。此外，坐标 z 轴还可以作为额外信息的载体。然而，三维图形也带来了在二维图形中很少出现甚至不存在的问题，例如图形间的遮挡和元素的透视扭曲。到底二维图形和三维图形哪个更好，迄今尚无定论。我们在使用的时候必须根据具体情况仔细做出决定，并且一定要考虑多个因素，包括要显示的图形数量、分析任务和可用的显示技术等方面。图 3.12 所示是一个附有二维缩略图的三维地形图示例。在第 3.4 节中我们将深入讨论二维和三维的含义。

图 3.12　附有缩略图的三维地形图。

马丁 · 罗利格（Martin　Röhlig）供图

显示所有数据或者目标数据

为了使目标数据易于理解，清晰明确，所以我们在绘制图形时要遵循两个基本点：

1. 传达准确

2. 清晰详实

全图可以让用户纵览全局，了解包括全局图形和数据的属性。细节能让用户研究局部数据情况。对于小型或中型数据，可以在一张图中显示所有数据的概要和详细信息。而对于大数据来说，想要全面显示出来就很困难了。所以在显示大数据时，首先应该考虑整体数据的呈现，细节暂时可以忽略，而显示局部信息时，就必须要确保其完整性，并且只能限定于已被选定的数据。

在处理局部信息时，最基本的指导思想就是区分出目标数据和无关的数据。在具体操作中，可以将目标数据的符号显示详细，而其他无关数据的符号可以简化或者干脆忽略。具体来说，有两种方法可以应用："全局 + 细节"和"焦点 + 背景"[17]。

全局 + 细节。由全局图形和局部图形组成。全局图形中显示的是所有数据的大概情况，局部图形则显示选定数据的详细信息。为了方便起见，通常可以在细节图形中叠加一个缩略的全局图形。或者可以用多个细节图形合并组成一个全局图形。在图 3.12 中，主图形中显示了选定区域的三维地形的细节，而较小的窗口则显示了二维全局图，并突出显示了当前可见区域的细节。

焦点 + 背景。在一个图形中整合全部数据细节，整合的方法有很多种，其中最经典的是放大焦点，缩小背景，然后修饰一下两者的边缘，让过渡更平滑。比如鱼眼畸变就属于这一种[18]。图 3.13 所示的就是鱼眼畸变在 IRIS 数据集表格的图形中的应用。图中可以看出，畸变使得焦点部分中的内容更容易读取，甚至可以显示出文本标签。

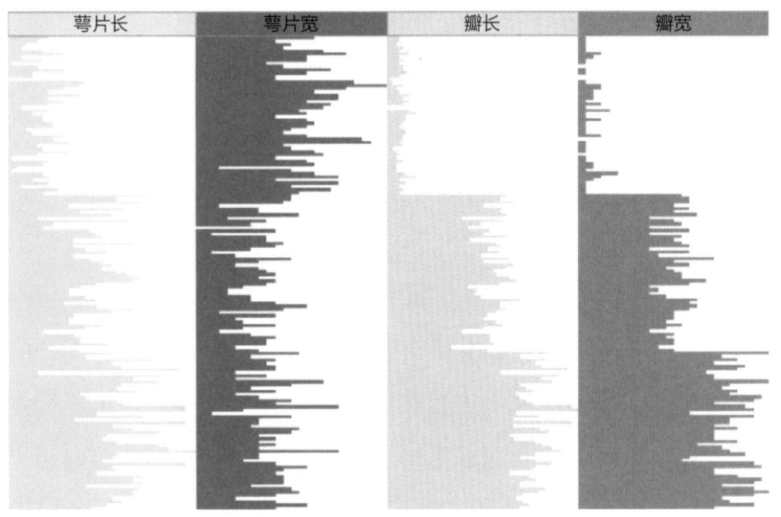

（a）常规图形

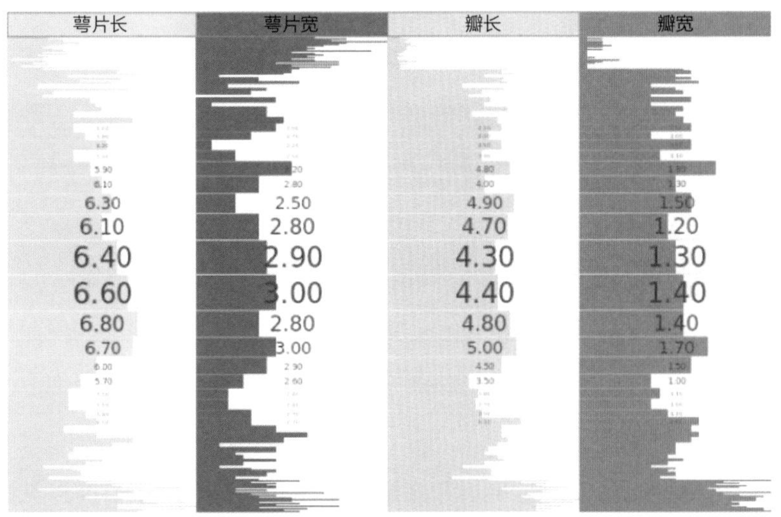

（b）焦点 + 背景畸变图

图 3.13　IRIS 数据集中的鱼眼畸变焦点部分放大能够容纳标签

“全局 + 细节”和“焦点 + 背景”都是能够完美显示大数据的总体情况和细节情况的有效方法。在全局 + 细节的方法中，用户必须在各独立图形之间建立连接。而焦点 + 背景的方法就避免了这个麻烦。然而，在解读信息量比较大的焦点 + 背景图形时，可能事先要多加熟悉，尤其是在涉及畸变部分的情况下。

空间或时间的多图形

当要分析的数据更加复杂时，就没办法在单个图形中一股脑地显示出数据的所有细节。面对这种情况，我们就要同时显示好几个专门的图形，而每一个都只需要显示特定的数据属性。那么，接下来的问题就是，该如何布置这些图形才能给用户传达全局的信息。

这个问题有两个答案：可以横向并排布置，也可以按顺序一个接一个地布置。从理论上说，这种方法可以对应到空间图形或者时间图形中。下面让我们来详细了解一下具体内容。

基于空间排列

以横向并排的方式显示多个多数据的图形通常被称为多视角图形。后来，人们用术语“协同（coordinated）”来说明这种图形并不能独立存在，而是需要配合其他图形综合使用[19]。要特别指出的是，这里的“协同”也意味着如果操作其中一个图形，那么其他的图形也会同步变化。

图 3.14 中所示就是用于转换相同多变量数据的三种不同图形的示例。其中提到的可视化技术的具体细节将在第 3.2 节中为大家说明。我们在本章最后的第 3.5.3 节中将具体讲述如何使用多图形显示信息。

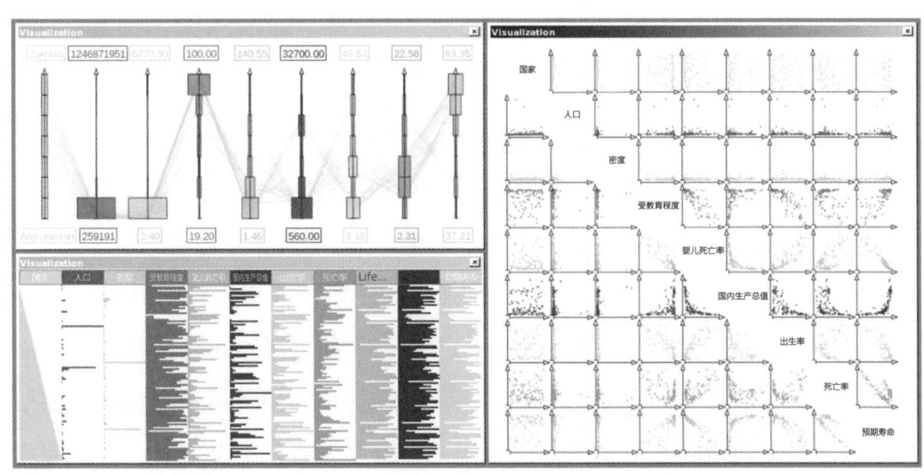

图 3.14　用于分析多元数据的多图形协同

现在我们只讨论图形的空间布置。那么在布置的时候通常有两种方式，一是可以使用经专家设计的固定且有效的位置，二是可以使用由用户自己自由设计安排的位置。这两种方式都各有利弊，而且也都经过验证确实有效。

还有一种比较灵活的方式，就是把某些选项设定限制，然后其他的选项可以由用户来选择。比如在设定图形位置时不允许图形间发生重叠，也就是说，要么完全露出来，要么干脆就不选。这种设定可以通过将可用的屏幕范围划分为多个区域来实现，每个区域中允许包含一个或多个图形。这样一来，虽然允许用户灵活调整图形的大小以及在区域之间来回移动，但总体布局仍被限制在一块整体的区域内，不能发生重叠。

在一个显示器上布置多个图形并不是什么难事。但是，如果在多个显示器上布置图形的话，就非常考验用户的设计水平和空间利用能力了。在这种情况下，我们需要引入一些能够在显示器上自动布置图形的算法来减轻用户的工作量。这个内容我们将在第六章中详细说明。

基于时间顺序排列

另一种图形排列方式是基于时间顺序排列。也就是说，各个图形并不是同时显示，而是一个接一个地显示。具体说来，是根据每一段时间的变化按顺序显示图形，最后的成品效果更像是动画片或者幻灯片。

基于时间顺序排列的图形优点是，每个图形都可以充分完整地显示出来，根本不用劳心费力地分割有限的显示空间。显而易见，基于时间顺序排列特别适合表达数据的时间属性，同时也有利于用户在不同数据属性间切换。

然而，快速、连续地向用户显示图形也存在一些局限性。比如，每一个图形的显示时间都是有限的，所以用户在仓促间可能很难搞清楚所有的信息。尤其是在图形特别多的情况下，用户可能还没来得及消化上一张图的信息，紧接着又切换到下一张图，这样用户很有可能错过很多信息，最后完全跟不上图形的切换。因此，我们就要加入一些交互式的控件，比如暂停、快进、快退等功能来便于用户操作。

本节主要介绍了视觉编码的基本知识，其中包括如何将数据对应到视觉变量，如何将图形显示给用户等方面。现在大家已经了解了可视化图形的大概操作，接下来我们将讨论如何使用视觉变量和添加视觉符号来转换不同类型的数据。我们将从多元数据（多变量数据），也就是具有多个属性的数据开始。

3.2　多元数据的可视化

我们在本章中已经看到了几个单变量的图形示例，这些示例只包含有一个数据的因变量，比如图 3.1 中的柱状图和螺旋图，或图 3.10 中的气温图。然而，在实际操作中，仅有一个因变量是远远不够的，我们还需要分辨出多个甚至所有因变量之间的关系或联系。因此，我们就需要借助多元图形技术来解决这个问题。

多元数据图形主要用于显示数据集的因变量，也就是属性 A。下面我们来介绍多元图形技术的几种基本类型。每种类型都有不同的绘制方案，这些方案遵循它们各自的可视化基本操作原理。我们将要讨论到：

- 基于表格的图形
- 组合双变量图形
- 基于多边形的图形
- 基于符号的图形
- 基于像素的图形
- 嵌套图形

关于时间 T 和空间 S，以及数据元素间的关系 R 等自变量，我们将在本章后面几节中讨论。

3.2.1　基于表格的图形

我们在第 2.2.1 节中提到，多元数据通常会以数据表格的形式存在，其中列代表数据属性，行代表数据元组。具体由表格程序将其转换为电子表格，其中各行各列的数据值以文本形式显示。尽管电子表格非常适合精确读取和编辑数据值，但几乎没法用于理解数据的多元化关系。另外，数据值的文本内容要求每个单元格都要有一定的空间，这就限制了可以显示的数据元组的数量。

在这种情况下，我们可以用一种比较灵活的办法，就是保留电子表格，同时把数据值的文本内容换成图形。这样一来，图形比文本更容易理解，而且尺寸也比洋洋洒洒的许多字要小得多。

根据数据域的属性，我们可以使用不同的图形元素。通常情况下，表格里的单元格会用不同的颜色来表示。对于标量数据，可以将条形图插入单元格，然后根据数据值改变条形图的长度（可以理解为进度条）。也可以将长度和颜色结合使用，具体参考图 3.9 中的双色调图形方案。如图 3.15 所示就是基于双色调图形的示例。图中显示的是 400 辆汽车的七种车辆参数，按照每加仑[①] 汽油能跑的里程（MPG）来排序。

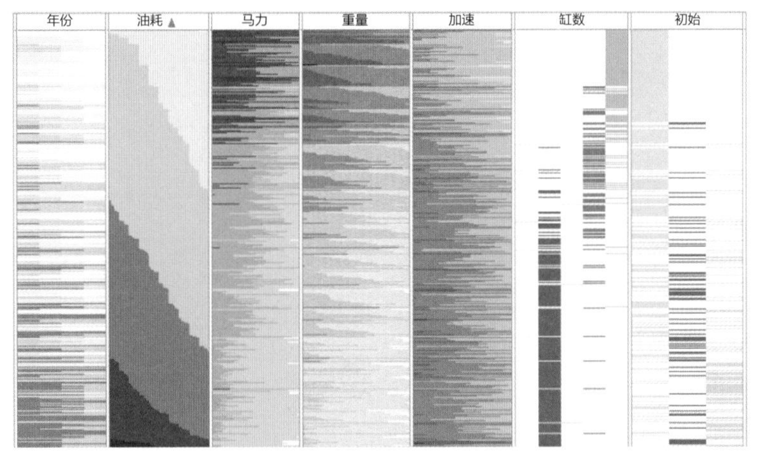

图 3.15　基于双色调彩色表格的车辆数据集图形

我们可以看出，一方面，基于表格的图形能够显示出多变量数据分布的

① 英制单位。1 加仑≈ 4.54 升。——编者注

情况；而另一方面，这个图中却丢失了很多具体细节：也就是说，数据文本内容里并没有精确的数据值。所以我们使用经典的畸变图形表（焦点 + 背景）[20]来解决这个问题。在焦点位置的数据集，畸变会让其所在的单元格放大，然后我们再以文本形式插入精确的数值，表格的其余部分保持不变。图 3.16 所示是 111 个国家和地区的人口数据的图形，已通过鱼眼畸变来放大单元格的高度，并且在焦点和背景之间平滑过渡。

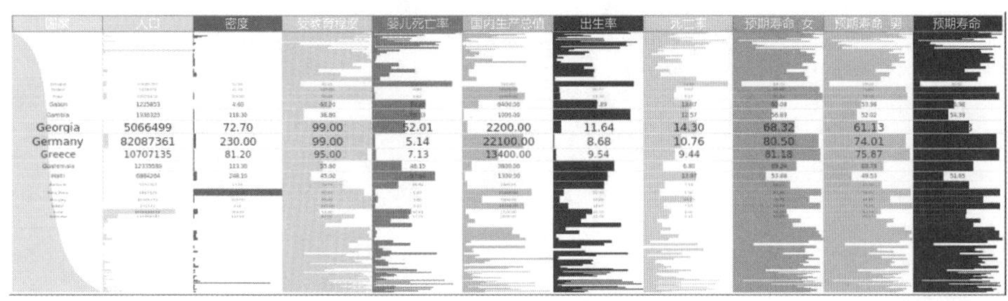

图 3.16 焦点在数据组文本内容上的畸变图形表格

表格图形也和正常的电子表格操作一样，可以根据数据属性值按照行或者列来排序。表格图形虽然在研究单独数据方面很有效果，但在面对多元数据时依旧力不从心。表格里的数据需要按照列来排序，然后由用户默算结果。为了减少工作量，其实可以根据多元数据的相似程度来按照行排列。我们将在第五章中的第 5.4.2 节中对自动分析的部分进行详细说明。

3.2.2 组合双变量图形

组合双变量图形可以用来替代基于表格的图形显示多变量数据。操作方法是为所有的属性对创建双变量图形，(a_i, a_j)：$a_i, a_j \in A$，$i \neq j$，然后将这些双变量图形组合起来用以显示整个数据的全局情况。双变量图形可以按照空间排列，也可以按照图形的时间顺序排列。

空间排列。最早和最广泛使用的组合双变量图形是离散图形矩阵[21]。如图 3.17 所示，对于 m 个属性，矩阵含有 m^2-m 个独立离散图形。每个属性都有 $m-1$ 个与之对应的离散图。每个离散图都由平面坐标系组成，x 轴和 y 轴分别代表两个属性，点代表两个数据属性相交的数据组。位于（i，j）的离散图显示了属性 a_i 和 a_j。位于（j，i）的离散图显示的数据与（i，j）相同，但互换了轴。（i，i）处通常没有离散图，因为将属性 a_i 与自身进行对比没有任何意义。所以，空间通常用来显示 a_i 值的分布，或者干脆只显示数据文本的内容。

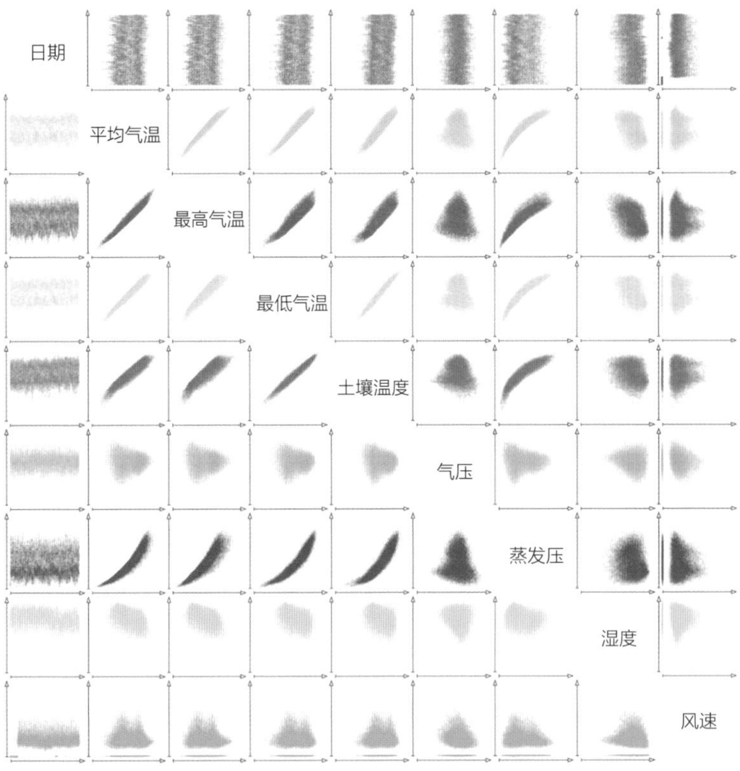

图 3.17 气象数据的 9×9 离散图矩阵用不同的颜色简化数据变量

在实际应用中，可以根据情况重新排列离散图矩阵的行和列。比如，可以将目标属性布置在屏幕左上角，或者将它们并排显示。

时间顺序排列。除了使用空间布局作为矩阵外，还可以将离散图设置为动画或幻灯片演示，称为“盛大旅行”（Grand Tour）[22]。本质是一帧一帧地显示每一个离散图。播放的顺序要仔细选择，这样才能准确清晰地显示出重要信息。

在使用组合双变量图形时，重点在于要意识到每个双变量图形仅能显示数据值的两个属性。因此，双变量图形中显示出的异常值或者关联性并不足以说明发现的信息是否具有多变量特征。为了让用户得出更可靠的结论，我们可以引入更多的机制来实现这一点。

其中一种机制我们称为“涂抹 & 连接”。用户可以在双变量图形中对点进行标记，也就是直接选择数据组。然后选择的点会在所有双变量图形中自动显示为高亮。因此，如果用户在一个图形上标记了一个异常值，并且在其他图形上随之高亮显示的点也是异常值，那么我们就可以认为确实发现了一个多变量的异常值。关于数据值的选择和图形元素高亮的内容请见第四章中的第 4.4 节。

3.2.3　基于多边形的图形

组合双变量图形有一个弊端，就是用户需要靠想象来把各个图形联系起来。也就是说，当用户的视线从一个双变量图形转移到另一个双变量图形时，必须要紧紧跟随所选择的点，这样才不会丢失元素，才能完整地解读数据组。

这个问题我们可以用基于多边形的图形来解决。其中心思想是画出 m 个轴，每一个轴都对应一个数据属性，再画出 n 个多边形，每一个多边形都对应一个数据组。m 个变量数据组的多边形构造请看图 3.18。数据组的每个属性值则需要在相应的轴上计算出位置。最后，我们将计算出的 m 个位置连接起来，就形成了代表整个数据组的多边形。

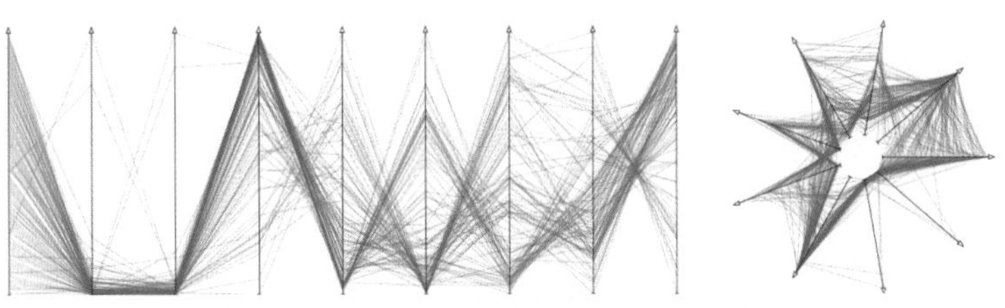

图 3.18　分别呈平行轴和星形轴排列的多边形图形

剩下的问题就是如何在屏幕上布置轴的位置。平行坐标图，顾名思义，就是将其坐标轴平行排列[23]。但是在雷达图中，轴并非平行排列，而是从一个中心点向周边做星形辐射。图 3.18 所示是相同多变量数据的平行轴和星形轴排列。除了以上两种排列以外，也可以使用三维排列的方式，在第 3.3 节中，我们将会看到专门用于时间数据的排列。

值得一提的是，多边形图形中轴的顺序很重要，这是因为数据中的模型可以通过相邻轴之间的区域进行解读。现在我们来看一看由多边形图形组成的一些可视化图形，具体请参照图 3.19 中的几种不同的平行轴图形示例。第一组轴显示出了完全相关性。第二组轴显示出了不完全相关性。第三组和第四组轴分别显示有波峰和波谷。最后，最右侧的一组轴存在局部异常。那么，如果将相同的数据转换为单个离散图时会发生什么呢？如果读者对此有兴趣，并且已经得出了结论，那么可以对照图 3.20 检查。

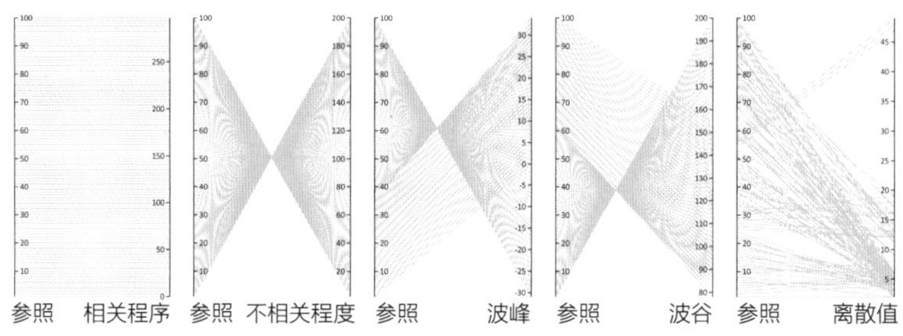

图 3.19 平行轴图形

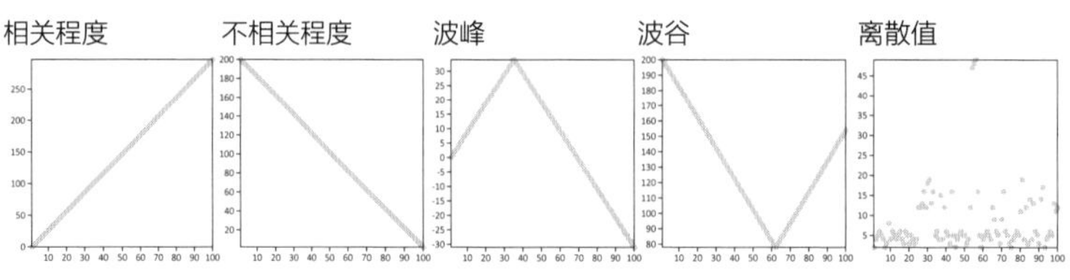

图 3.20 平行轴图形的数据被转换为离散图

基于轴的图形

我们仔细研究一下离散图、离散图矩阵和平行坐标图，很明显它们都有一个隐藏的共同点：它们都位于数据点对应的轴上[24]。其实很多其他类型的图也都具备这种特征[25]。因此，基于轴的图形是一个普遍应用的概念，适用于广泛的多元数据分析。

然而它的问题在于，由于数据相同的元组会被对应到同一个位置，这就导致了图形重叠。我们通常无法直接判断一个区间（或通常所说的点或像素）能够代表多少元组。所以我们可以使用透明功能来解决这个问题，或者加入其他的视觉元素来代表数据值的重复率，比如说利用直方图。以图 3.21 为例，直方图可以很轻松地添加在离散图或者平行轴中。在第五章中，我们再讨论如何通过自动计算来减少图形元素的过度添加和布局混乱的问题。

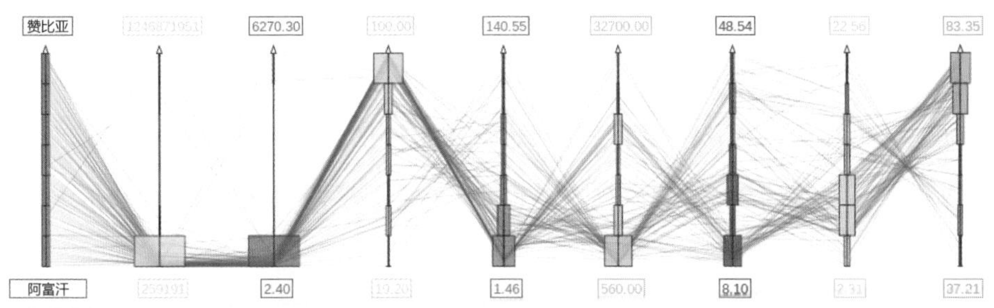

图 3.21　结合使用平行坐标图与直方图来显示的人口统计数据

3.2.4　基于符号的图形

前文中提到，基于轴的图形主要用于强调两个属性之间的关系，那么反过来，基于符号的图形则是用于强调独立的数据元素。也就是说，当数据元素本身就被转换为一个独立的图形时，我们称为符号。每一个符号都代表一个多元数据元素，更准确地说，它代表的是与数据元素相关联的属性。设计符号需要以下三步：

1. 符号的设计
2. 属性与符号对应
3. 符号放置

符号的设计

符号的设计比较复杂[26]，主要的难点在于每个符号的空间有限，但是还要容纳好几种数据属性，这就要考验设计师的设计能力了。

我们先来看看这几个问题：符号中打算容纳几个数据属性？每个属性要显示多少数据值？采用哪些视觉变量？视觉编码如何组合？整个符号怎么安排？

在搞定这些问题之前，首先要保证设计出的符号必须完整明了，而且当好几个符号在一起出现时，要能很清晰地将它们区分开。只有这样，用户才能够将每一个符号作为单独的数据元素来解读并且与其他符号作对比。

图 3.22 所示是一组典型的符号设计。图 3.22（a）是一组彩色方块，每一个方块代表一个数据属性。图 3.22(b）是一组线条，根据不同的长度、粗细、颜色和角度来代表数据。图 3.22（c）是切尔诺夫（Chernoff）笑脸，通过模仿人类表情来表达数据，比如通过嘴巴、眼睛还有鼻子的形状和大小。

（a）方块符号　（b）线条符号　（c）切尔诺夫笑脸符号

图 3.22　典型的符号设计

属性与符号的对应

在这一步中，我们需要仔细给符号和数据配对，也就是要决定好哪个符号指定给哪个数据的问题。我们在前文第 3.1.1 节中曾简单谈到过配对的问题。对符号来说，有一个方面尤其值得注意：通常，由于符号的空间极其有限，没办法容纳很多数据，所以很多时候需要减少数据值的范围。用连续性属性举例来说，可以先将它离散为几个值，然后再逐一对应到符号中。

如图 3.23，我们用符号图形来表达影响玉米收获的各种因素。这个图形的核心是三幅玉米的图片，分别为：长势良好的玉米、长势一般的玉米和长势不好的玉米。这三张图片代表着三个顺序：良好、一般和不好。我们取玉米图片的中段来分别表示这几种不同的数据值。请注意，任何我们想要对应到玉米图片中的数据，首先要与符号中已有的内容相符。这一点要在数据分类时提前安排妥当。

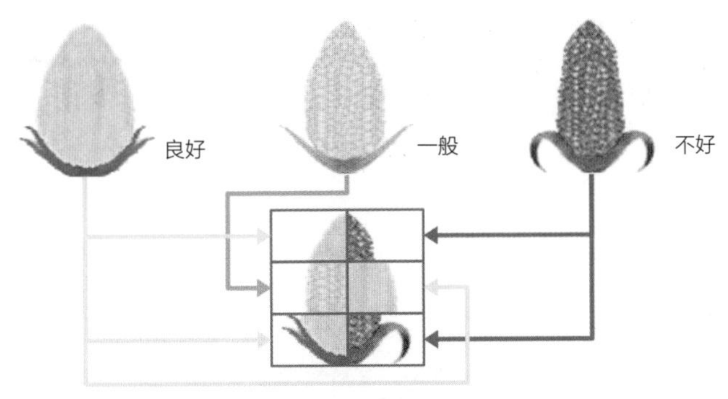

图 3.23　用玉米图片表示六种顺序数据

符号的放置

最后，符号的放置也特别重要。通常来说，符号可以放置在方块或者网格中。图 3.24（a）所示是一个关于细菌对八种抗生素所产生的耐药性的数据示例。图中网格的小方块显示黑色（存在耐药性）和白色（不存在耐药性）两种数据属性。这种图形非常适用于对数据进行总体了解，并且能看出数据的发展趋势，比如从网格中可以看出细菌对哪些药物完全不存在耐药性（全部为白色方块）或者存在一定的耐药性（含有 T 形黑色方块）。

在实际应用中，符号完全可以根据不同的数据自由放置。比如，可以根据数据元素的不同归类来分别放置符号。如果数据与空间有关，那么就可以利用符号来表示这些关系。图 3.24（b）所示就是在地图上放置玉米符号的例子。我们在第 3.4 节中会深入讨论如何使用符号来表示与空间有关的数据。

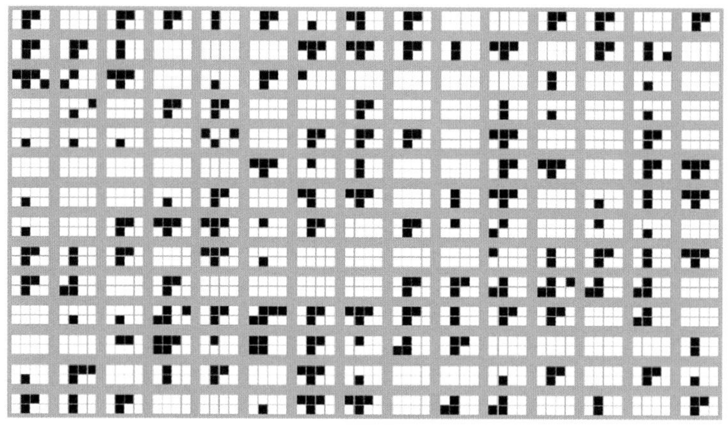

（a）网格方块图形[27]

（b）地图上的玉米符号[28]

图 3.24　不同的符号放置方法

3.2.5　基于像素的图形

与基于符号的图形比起来，基于像素的图形可谓简化到极致。具体操作非常简单，就是创建一个图形，图形中的每一个像素都代表一个数据值，不同的像素颜色也不同。虽然看起来很简单，但其中也有很多复杂情况。像素非常小，甚至远远小于网格中的方块，整个图形中的像素能够显示上百万个数据值。

在设计之前，我们要解决以下三个问题：

- 独立数据怎么对应到彩色像素？
- 多属性数据的像素放在哪儿？
- 像素怎么布置？

第一个问题尤其重要。像素是显示器上最小的显示单位，甚至小到我们连单个像素的颜色都看不出来，而能看到的都是已经连成片的像素。所以，我们所看到的像素其实都受到成片像素间对比效果的影响。从这方面可以看出，基于像素的图形应该具备清晰、可分辨的颜色。

第二个问题是表示数据属性的像素该放在哪儿。通常，我们可以在屏幕上划分区域，每一片区域都表示一种属性。图 3.25 所示就是显示 6 种天气情况的气象数据。每一种天气情况都对应一个单独的矩形区域，内部用彩色像素填充。

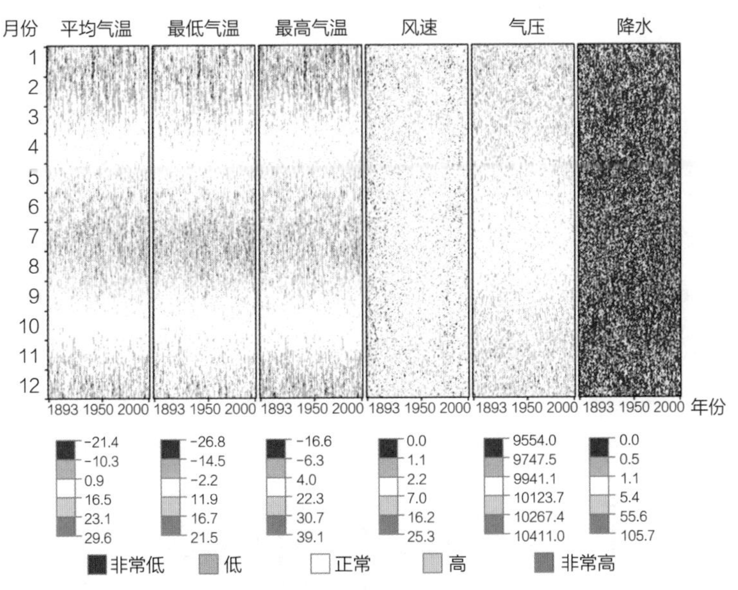

图 3.25　基于像素的图形

显示了德国波茨坦市一百多年来记录的六种天气情况的每日数据

最后，第三个问题是关于像素在一个区域内如何布置。常用的有下面这些布置方式：

- 数据导向式：像素的布置方式与数据集中出现的数据组的布置方式相同。
- 预置式：像素的排列顺序根据数据集的自变量决定。比如，根据时间顺序排列像素以体现时间变量产生的影响。
- 属性导向式：像素根据特定属性的数值来布置。这种布置方式的优点在于可以显示出数据的多元性。
- 查询式：像素根据其关联的数据组与查询标准的差异来布置。这种情况下，符合（查询内容）程度高的数据值就被排列（显示）在前面。

前文中的图 3.25 就使用了基于时间变量的预置式方法。从中可以清晰地看出，前三种天气情况受季节变化的影响程度较强。第四、第五种天气情况也表现出了受季节变化的影响，但程度不太强。最后一种天气情况看起来则与时间无关。

显然，尽管在细节方面没那么详细，但是用像素作为信息的载体还是非常适合于概括多变量数据。对于细节问题，我们可以使用技术蓝图中广泛运用的图形分解来解决。其基本原理是将整体拆分为各个小部分，每一部分都可以放大显示，并且加入详细的注释以及复杂的细节。如图 3.26 所示，图形分解的概念也可以应用于基于像素的图形[29]。在这个示例中，用户选择的随时间递增而变化的像素被逐步拆分成多块。分步式的拆分过程显示了图形的一系列“爆炸”式展开，最后将紧凑而密集的像素图形转换为日历式的图形。至此，所有详细信息一览无余。

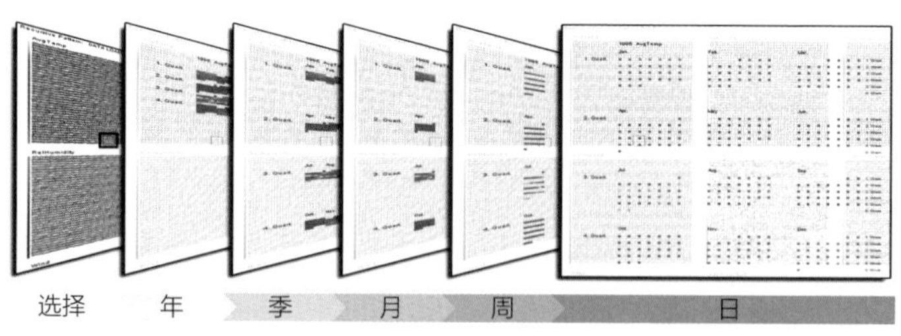

图 3.26　随着时间递增而逐步拆分的基于像素的图形

3.2.6 嵌套图形

在上个示例图 3.26 中，像素出现了一种递进嵌套式的布置，而迄今为止我们提到的可视化图形都是平面图形。嵌套式图形的基本概念是将其属性空间划分为子集合，并在图形上对子集合进行空间嵌套。操作分为如下两步：

1. 归类属性子集合和确定嵌套顺序
2. 在子集合中嵌套子集合

归类属性子集合和确定嵌套顺序

在最开始，我们要先考虑三个方面：首先，属性的数据域必须要支持嵌套。嵌套图形所需的定类数据域、顺序数据域和离散数据域必须要保证规模小，否则就会失败。

其次，必须预先指定属性子集合，而且所有的属性子集合必须规格相同。通常，每个子集合的属性不能超过三个。需要注意的是，不同的子集合会导致不同的视觉效果，而不同的视觉效果又会显示出数据的不同方面。

最后，必须预先指定子集合的嵌套顺序。换句话说，必须预先说明哪个子集合应该嵌套到哪个子集合中。因为嵌套顺序决定了哪些属性在可视化图形是主要角色，哪些是次要角色。通常，嵌套结构不会很复杂，最多不超过四层。因为嵌套得越复杂，用户就越难以解读图形信息。

在子集合中嵌套子集合

当属性子集合和它们的嵌套顺序设定完毕以后，那下一个问题就是如何在显示屏上显示出嵌套的图形。通常，嵌入的方式取决于属性子集合的大小。对于不同属性量级的子集合，嵌套方案也不一样。

马赛克图适用于只有一个元素的子集合，例如（a_1）、（a_2）等。第一步，将显示区域沿垂直方向拆分为矩形[①]。矩形的数量取决于 a_1 域中不同值的数

① 实际上，可以从任意方向进行拆分。关键是在拆分显示区域时，水平与垂直方向之间的交替。——译者注

量，矩形的大小表示 a_1 范围内值的频率。第二步，根据 a_2 的域，将每个矩形沿水平方向拆分。然后继续按照嵌套顺序中的其他属性，沿着水平和垂直两个方向拆分矩形。最后，马赛克图中的矩形就形成了数据值的分布情况。图 3.27 所示是泰坦尼克号事故中幸存乘客的舱室等级和性别分布统计情况。

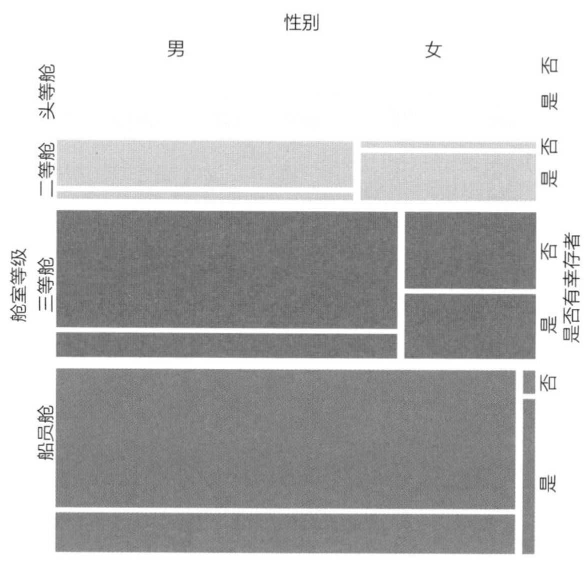

图 3.27　泰坦尼克号事故幸存者的统计情况的马赛克图形

当嵌套顺序是由属性对（a_1，a_2）、（a_3，a_4）组成的，那么就我们可以使用维度叠加的嵌入方案 [30]。其基本概念是在网格中嵌套网格。首先，将显示区域划分为 $|a_1| \times |a_2|$ 的单元格，所有的单元格大小一致，其中 $|a_i|$ 表示 a_i 域中不同值的数量。其次，将每个单元格细分为一个维度为 $|a_3| \times |a_4|$ 的新单元格。然后继续为所有单元格都做如此操作。我们的目的是将多变量数据转换成图形，所以还要根据每个单元格中相应的数据组的频率为单元格赋予颜色。

图 3.28 就是一个维度叠加的例子。图中显示的是和前文所述相同的细菌对抗生素产生耐药性的统计。数据由存在耐药性或不存在耐药性这两个维度的属性组成。从图中我们可以轻易地看出大多数单元格都是空的（即单元格中的数字为“0”），这意味着并不存在代表耐药性的数据元组，另外也能看出红色所代表的频率值组合和左上角的高频率耐药性符号，这表示细菌对这

种抗生素完全没有耐药性。

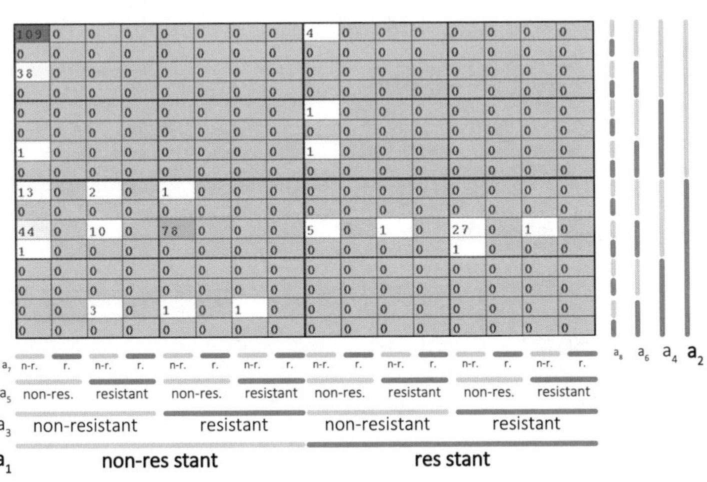

图 3.28　八个二维数据属性的维度叠加[31]

通过嵌套图形和维度叠加，我们分别介绍了有一种和两种属性的数据子集合的绘制方案。如果子集合中存在三个维度，那么可以使用“世界中的世界（Worlds-within-Worlds）”的方式将数据嵌入三维图形中[32]。三个维度的嵌套顺序可以如下所示：（a_1，a_2，a_3）、（a_4，a_5，a_6）……第一个子集合的三个属性定义了三维坐标系的三个轴。在这个三维坐标系中，由用户指定一个点，该点作为嵌入代表第二个属性子集合的新三维坐标系的原点。按照以上操作，继续将代表其余属性子集合的三维坐标系依次嵌入。

最后一个是预先指定的坐标系，该坐标系用于显示嵌套顺序中最后一组属性的实际数据值。换句话说，只有指定的属性子集合的值能够直接看到，而其余属性的值则在嵌套过程中体现。因此，“世界中的世界”只能显示坐标原点代表的数据部分。

根据前文所述，我们看到多变量数据的嵌套方法极为强大。然而可视化图形的绘制远远没有那么简单，我们还是需要一些练习才能够真正理解它。

小结

通过对嵌套法的研究，我们对多元数据转化为图形简要总结如下：

- 基于表格的图形将普遍的电子表格转化为了图形。通过对表格的行进行排序，我们可以看出多维度数据的相关性、异常值和相似性。利用焦点+背景的方式可以分辨出单独的数据值。
- 组合双变量图形适用于表达二维度数据值的分布、双变量的关联性、相似性和离散值。它可以通过连接与涂抹功能来探索多维度关系，还可以使用视觉元素来表示数据的频率。
- 基于多边形的图形可以将数据元素显示为跨轴的多边形，主要用于探索两个相邻轴之间值的分布情况。在分析数据中所有的双变量关系时，都要重新排列轴。数据频率可以通过嵌入直方图来读取。
- 基于符号的图形可以将数据组转换为符号。其目的是仅显示数据的总体情况，而细节则可以忽略。因此，符号有助于大概估计和比较数据元素间的属性。另外，符号也适用于空间参照系中的数据转化。
- 基于像素的图形是通过单个赋予颜色的像素来对每个数据值进行转化。由于像素的尺寸非常小，所以也非常节省空间，即便是非常大的数据组也可以转化成图形。但缺点在于很难显示数据细节。关于这一点，可以整合其他的交互方法和多图形设计方案来解决。
- 嵌套图形的本质就是在显示区域内按照属性或变量逐步嵌套属性子集合，非常适合显示数据中不同值组合的频率。但是，嵌套图形解读起来并不是很容易，特别是嵌套层次较多的时候。

根据本章开头讨论的基本图形设计方案，我们可以得出以下结论。面对多维度数据时，通常情况下会使用二维平面布局。虽然前文介绍了很多三维空间布局的技术，如“世界中的世界”技术，也有生成动画图片序列的技术，如“盛大旅行”。但一般来说，二维空间布局的应用场景要比三维空间布局广泛得多。

在这一点上，我们可以进一步得出结论，就是数据的可视化需要通过完善便利的人机交互来实现充分利用视觉效果的力量。例如，人机交互可以让我们根据需要选择数据，或者通过重新布局来探索其他信息。人机互动的重要性无可比拟，我们将在第四章深入讨论。

另外，我们在前文中曾提到，某些图形转化方法只能应用于数据域中的值不是太多的情况下。我们还简单地说过，当有很多数据元素需要转化时，会面临过度绘制的问题。那么，在这种情况下，我们需要通过额外的计算来压缩数据，使其变小，然后才能够将其转换为真正可以读取的图形。关于这一点，我们将在第五章进行深入的讨论。

总而言之，这一节中关于多元数据可视化的重点是因变量，也就是属性 A。在接下来的两节中，我们会深入了解自变量时间 T 和空间 S 的相关知识。

3.3　时间数据的可视化

时间是一种比较特殊的维度，世间万物都随着时间的变化而变化。因此，我们面对的绝大部分数据都与时间变化紧密相关。本节中，我们将引入时间变量 T 来完善可视化方案。换句话说，我们将研究如何将时间和时间类数据可视化，这里的时间类数据可以理解为数据属性中与时间有关的部分 $T \rightarrow A$。接下来我们会看到，与时间有关的数据和时序都非常特殊，所以需要依靠专门的方式对其进行可视化转换。

3.3.1　时间和时间数据

时间不仅仅是一种数据属性，在转化与时间相关的数据时，有几个属性需要考虑到。我们先来简单地了解一下时间和时间数据。

时间的特征

多年以来，哲学家们一直都在思考什么是时间。在本书中，我们思考的是如何对时态数据进行可视化转换。

在对时间展开研究之前，我们先来说一个更普遍的方面：与前文第 2.2.1 节中的内容类似，时间域可以分为顺序、离散和连续。在顺序时间中，仅有等式和偏序的关系。在离散时间中，存在时间域和整数集合之间的对应关系，从中可以取得时间差的数据。连续时间可以对应到实数集合，所以会特别密集，通常会使数据处理和可视化的过程变得比较复杂。

下面我们进入主题，对时间进行深入研究。其中主要有四个方面：基元、排列、粒度和结构。

基元

我们首先来研究时间基元。时间基元可以被看作是一个锚点，在某些事件或现象发生时负责记录下准确的时间线位置。时间基元有两种：瞬时和间隔。

瞬时是指时间中的一个单独的点。我们认为瞬时并不具有时间范围。例如 19:30 这个时间点就属于瞬时，那么可以把它当作一个为了做某些事情而设置的特定时间。延伸到生活当中，就可以说我们和朋友约好在 19:30 去餐厅吃饭。

间隔是指一定范围内的时间。明确的定义则是由间隔的开始和结束两个瞬时之间的范围，或者是开始的瞬时 + 持续的时间内的范围。比如说，我们在日历备忘录上写下来约定的时间后，后面还要再加上 2 小时的时间，也就是说整个吃饭的时间是从 19:30 到 21:30。

请注意，由于瞬时和间隔会存在截然不同的关系，所以一定要区分清楚时间基元。如图 3.29 所示，在日常生活中，时间基元的用处很多，尤其是间隔[33]。因为对时间关系的理解会影响到对目标的分析，所以在设计图形或视觉效果时，一定要让用户能够清晰地发现元素中的时间关系。

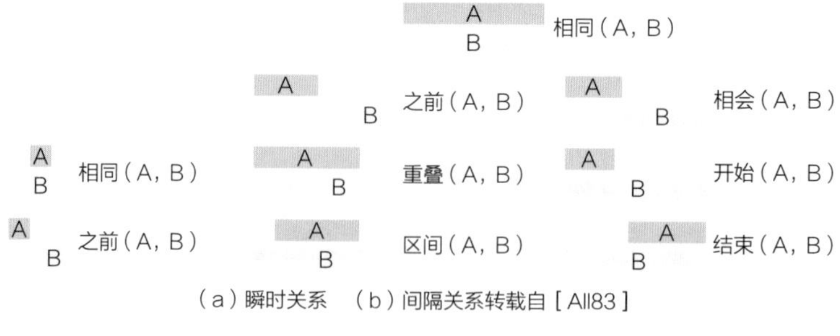

（a）瞬时关系　（b）间隔关系转载自［All83］

图 3.29　瞬时和间隔所代表的时间关系

排列

时间的排列从根本上解释了基元在时间中的排列方式，这种排列可以是线性的，也可以是循环的。

与我们对过去、现在和未来的认知一样，时间可以被看作是时间基元的线性排列。在时间的线性排列中，我们可以准确地将一个时间基元放置在另一个时间基元的前面或者后面。另外，我们还可以对已经过去的时间多少进行量化。

循环排列基于时间基元。许多现象都遵循地球上的自然周期，比如四季轮回或者日复一日。在时间循环中，任意时间基元的前面和后面都会同时存在其他时间基元。比如夏天过去之后会有秋天、冬天，但是冬天过去之后也会迎来春天、夏天。我们在分析数据时的一个常见任务就是确定数据中是否存在循环周期。

粒度

有些时候，时间的计量单位会尽可能地追求越精确越好。如果只有最小单位的话，那么我们就可以说时间域内只有一个粒度。而且时间的粒度也与时间数据的大小密切相关，粒度越大，最后得出的数据也越大。比如用亚秒级粒度得出的模拟数据就是一个典型的例子。

在有些应用场景下，可以考虑采用多时间粒度，然后将其中比较小的粒度转换为较大的粒度。比如人工历法就是这样一种例子。它们可以被看作是用于多维度数据分析的天然架构。我们现在可以发现，用较小的时间粒度研究时态数据可以发现其中的微妙细节，而用较大的时间粒度则可以看出该时态数据的大概情况和总体变化趋势。

结构

时间的结构也很重要[34]。在我们的正常认知中，时间是有序变化的。沿着一条时间线，事情一件接着一件地发生，而且这个流程不可逆，也就是说，已经发生的事情无法改变或者撤销。

比如说，在做计划或者预测的时候，如果没办法知道确切的时间数据的话，就会出现若干个时间结构的分支。每一个分支都代表一个变化趋势，而最终只有一个会成为现实。

如果多条时间分支共同存在，那么我们就称为多视角。这种情况适用于分析各条分支的观察者的观点，而每个观察者都会对所观察到的信息产生自己的观点。

很明显，正因为需要对更多信息进行可视化转换，所以分支时间和多视角的转换要比有序时间需要更多的资源。而且不同时间结构中自带的不确定性也要被考虑到。

我们已经知道了时间并不只是简单的连续瞬时线性序列。瞬时或间隔，线性时间或循环时间，单个粒度或多个粒度，有序时间、分支时间或并行时间等不同情况都会产生不同结果。在设计时间和时间数据的可视化图形时，以上这些方面都需要考虑到。图 3.30 所示就是各维度的示意图。

以上为时间的简单介绍，接下来我们将研究如何将数据和时间联系到一起。

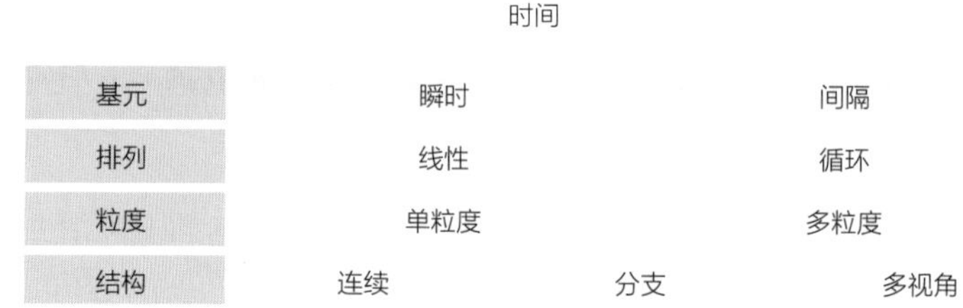

图 3.30　可视化时态数据时需要考虑到的各种时间维度

时间数据的特征

时间数据，顾名思义就是与时间有关的数据。某个数据是不是时间数据取决于数据值是否随着时间 T 变化，也就是说，数据值随着 T 变化的数据，我们就可以认为它是时间数据。如果一个数据集作为一个整体随着时间的推移而变化，也就是说，随着时间的变化它产生了多个版本的数据，那么这些数据就会被称为动态数据。如果这个数据集是固定不变的，也就是说只有唯一的值，则称为静态数据。我们根据以上的定义对不同类型的数据进行分类。

静态非时间数据。不随时间产生变化。比如 IRIS 数据集就是一种典型的不依赖时间的数据集。

静态时间数据。可以被看作是追溯历史的视角，它反映了某种情况在一段时间内的演变过程。常见的时间序列就是一个典型的例子。它包含时变数据值，但数据集本身在创建后不会改变。

动态非时间数据。数据随着时间变化，但只有一个时间记录。换句话说，虽然数据流是连续的，但没办法追溯。这类数据通常应用于监控方面，比如在控制室监控某些设备的实时运行状态。

动态时间数据。数据的值和数据集的状态随着时间变化。这种依赖于时间的数据一直在变化，同时也能够追溯。比如气象数据中的各种结果都随着时间变化，而且随着新的测量数据的出现而规律性地更新结果。图 3.31 所示就是不同类型的数据与时间关系的说明。非时间数据可以用前一节中的多元数据的通用技术进行可视化转化。动态数据要求可视化图形要随着数据变化，如果还要保存历史记录（动态、时态数据），那么就会产生大量需要处理的数据，所以只有一部分时间记录能够转换为图形。

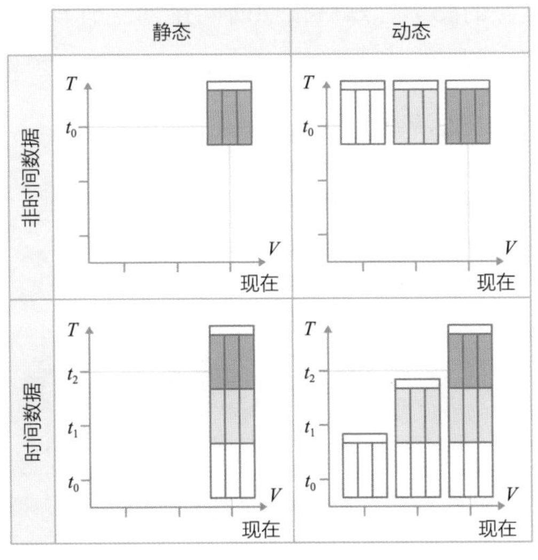

图 3.31　与时间有关的数据类型[35]

值得一提的是，相关数据和不同类型的时间数据组合等表述方式会受数据库的术语影响[35]。在可视化数据分析领域中，这些术语还没得到广泛认可。因此，业界可能会使用一系列替代术语，如时变数据、时间序列数据或动态数据等，但大多数情况下，这些数据从根本上来说就是时间数据。

这一类的数据通常都与应用领域相关，所以接下来，我们将要重点讨论如何将静态和时间数据进行可视化转换。

3.3.2　可视化技术

一般来说，任何视觉变量都可以用于时间及其相关的时间数据的可视化转换，比如第 3.1 节中提到的变量就非常合适。时间数据可视化技术的一个关键特征就是可视化图形的效果可以是静态或者动态的。

静态图形不会随时间而变化，它会保持一个状态并且可以从中概览整个时间轴。最常见的绘制方案就是将时间数据对应到空间中，这意味着我们需要在空间中找到合适的位置来对应时间数据。静态时间图形的一个突出例子就是“小倍数”（small multiples）[36]。其基本原理是将数据转换为一系列小尺寸、高密度、不重叠的图形，然后按照时间排列。所有的图形大小相同，使用相同的视觉元素，但显示的都是不同时间基元的数据。图 3.32 中就是小而多图形，我们从中可以很清楚地看出其综合变化情况。

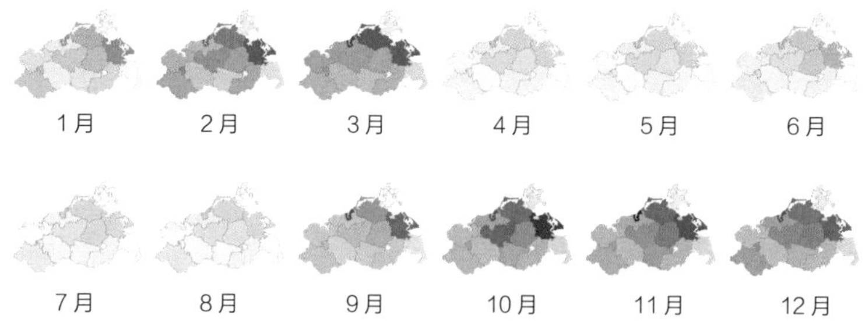

图 3.32　用小而多图形显示确诊患有上呼吸道疾病的人数

与静态图形不同，动态图形会随时间而变化。这属于一种时间和时间的对应，更准确地说，是数据中的时间到演示时间（或当前时间）的对应。换句话说，时间数据就像是按顺序放映的幻灯片。动态图形非常适用于展示数据随着时间推移而产生的变化。然而，在展示过程中，每一幅图形都只有一个短瞬的时间停留，然后就会被下一幅图形覆盖，这就迫使用户需要目不转睛地盯着数据，并且还要时刻注意细节，所以获取信息的难度大增。因而在实际应用中，我们还要给动态图形加上暂停、回放、加速和减速等功能来增强用户体验。

以上是静态和动态图形之间的基本区别，接下来我们将介绍时间和时间数据的具体可视化技术。由于时间和时间数据在许多应用领域中都扮演着重要角色，因此其可视化技术也很普遍。更多的研究内容请参阅文献[37]。由于本书为传统纸媒，且篇幅有限，所以仅选取几个静态图形的示例以供说明。尽管如此，为了尽可能地覆盖到更多的技术，我们还是按照前文所述的各个重要方面都安排了对应的示例。我们首先来讨论瞬时和间隔的可视化技术，然后是线性时间和循环时间的可视化技术，最后是多粒度和时间结构的应用。

瞬时数据和间隔数据的可视化技术

时态数据可视化技术的一个关键方面在于我们要处理的是瞬时数据还是间隔数据。瞬时实际上就是一个只包含一条时间信息的点。间隔实际上是一段包含两条时间信息（开始和结束时间，或开始和持续时间）的时间范围。接下来我们来看两种可视化技术，一种适用于瞬时时间，另一种适用于间隔时间。

时间轮

在前一节所述多元数据的可视化技术中，我们介绍了基于多边形的图形，其中涉及辐射轴和平行轴等轴的用法。时间轮就是一种基于轴的技术，尤其适用于多元时间数据[38]。如图 3.33 所示，时间轮有一个中心时间轴，各种属性轴围绕该时间轴向外辐射。

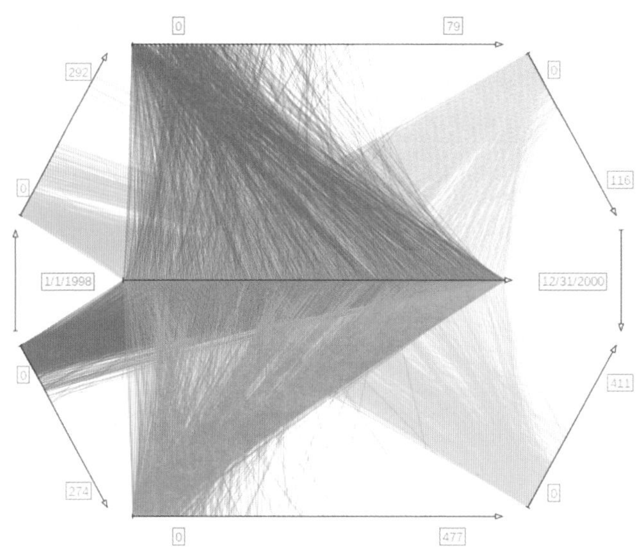

图 3.33　表示患者确诊情况的时间轮图形

实际的数据图形是通过将时间轴的一个瞬时时间连接到属性轴上来绘制的。也就是说，时间和属性值（可能是连续的）会被对应到关联的轴上，并在它们之间画出一条线。因此，时间轮是由根据各个轴上起点和终点之间的线组合而成。

图 3.33 中的时间轮显示了确诊患有某些疾病的人数的时间数据。时间轴上的日期是瞬时时间，每个属性轴显示不同的确诊疾病。从图中可以看出，最上面和最下面的轴可以通过时间来解读。以中间的时间轴为原点旋转属性轴，可以将任意一对属性转入该焦点位置。通过以上描述可知，时间轮在预先设定的时间范围内显示出了偏低值，但在某些日期里也有确诊的人数特别多的情况出现。

三角图形

三角图形专门用于显示时间间隔[39]。它有两个坐标轴，其中 x 轴代表时间，y 轴代表持续的时间。坐标轴上的点左右连接两条粗线，其中点代表间隔，两条粗线的左右端对应在时间轴上的位置就是间隔开始和结束的时间，点对应在 y 轴上的值就代表间隔的持续时间，如图 3.34 所示。

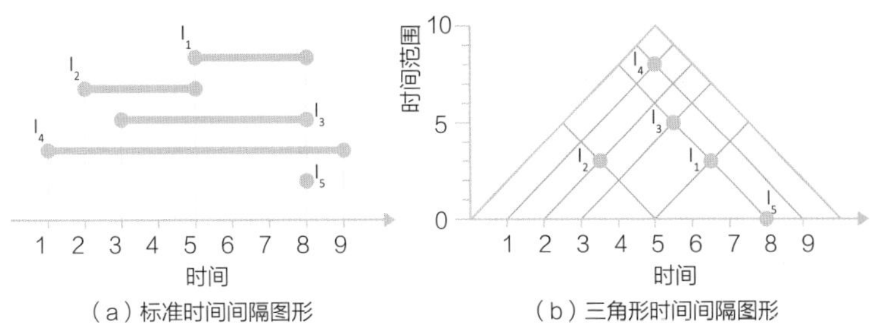

图 3.34　标准时间间隔图形和三角形时间间隔图形对比[40]

三角图形的优势在于能够为所有可能的时间间隔生成易于读取的图形，所以尤其适用于涉及多个时间间隔的情况。甚至还能有空余部分容纳其他与时间间隔相关的数据。在实际操作中，我们可以根据某些属性值调整点的大小和颜色。但是请注意，三角模型在多元属性的应用中效果有限。

线性时间数据和循环时间数据的可视化技术

线性时间图形和循环时间图形可以分别用来应对不同的分析目标。线性图形可以用来表示时间变化趋势，而循环图形可以用来表示循环模式。下面的三种示例显示的是三种可视化技术，第一种是线性时间轴，第二种是循环时间轴，第三种是线性时间和循环时间结合的技术。

流式图

流式图是一种将时间线性排列的多元时间数据可视化的技术。与前两个示例一样，时间沿 x 轴从左到右排列。多变量数据的属性被转换为相互叠加的流式图，每个属性都对应一个流式图。最终呈现出的结果就是沿水平轴变化的流式图。也就是说，流式图在特定的 x 轴位置对应 y 轴位置的坐标量度代表相应时间的基础数据值。这里有很多种方案可用于流式图的排列和叠加。

如图 3.35 所示，流式图能够明确地展示出数据演化的过程。另外，流式图本身还具有一定的艺术感，所以比较受欢迎[41]。但是，它还有一个缺点，就是单个流式图比较难理解。我们虽然能直观地通过流式图的高度看出其宽度，但实际上的宽度是相对于 y 轴来计算的，而不是等同于该流式图的起伏程度。

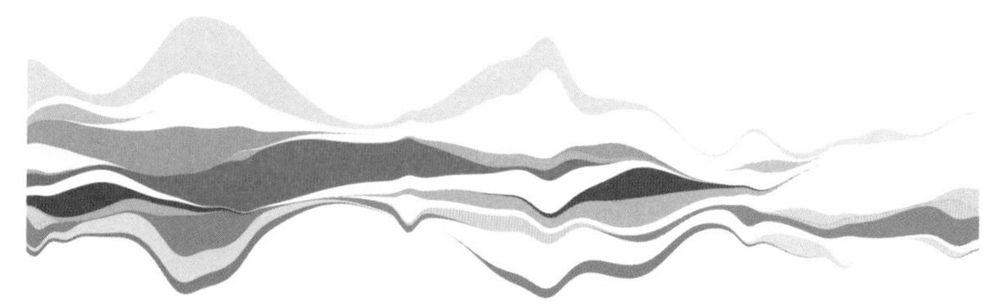

图 3.35 用流式图表示随机生成的数据

螺旋图

假设我们的任务目的是分析周期性时间因素，那么就可以通过螺旋图[42]来实现。螺旋图的基本概念是将时间轴转换成螺旋状，沿着螺旋来显示与时间相关的数据值。螺旋的长度决定了每个螺旋循环能显示多少个数据值，值可以用不同的图形元素来表示，比如不同的颜色或者不同长度的线条。

本章开头的图 3.1 就是一个典型的彩色螺旋图。另外，图 3.36 也是一个螺旋图。图中显示了用深浅不一的色调绘制的四年中每日气温数据。它很清晰地反映了冬季气温较低（蓝色和绿色）和夏季气温较高（红色和橙色）之间循环往复的季节变化。

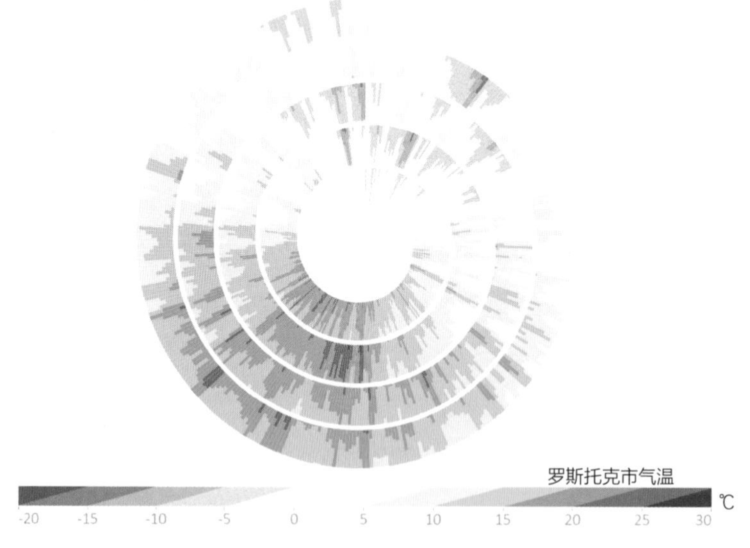

图 3.36 罗斯托克市四年内的每日气温螺旋图

只有在螺旋的长度和数据中的循环长度相匹配时才能看出螺旋的特征，尤其是在数据的循环周期不确定时。所以一定要允许用户自由操作搜索合适的循环周期长度。我们将在第六章高级可视化分析方法中的第 6.2 节里详细说明如何在用户操作时进行引导。

除了循环模型以外，螺旋图还可以展示数据的线性变化。通过观察从螺旋的中心到最外圈的线，我们可以看出数据是如何从一个周期演变到下一个周期的。在图 3.36 中的例子中，我们可以很容易地将已经过去的夏季和冬季（内圈）与今年的季节（外圈）进行比较。

循环图

循环图是一种专门为时间数据中的线性和周期部分的组合图形而设计的技术[43]。其基本思想是用折线图显示周期部分，其中嵌入几个较小的图形显示线性部分。因此，循环图也属于嵌套图形的一种。

图 3.37 所示是标准线性图和循环图的对比。上方是标准线性图，下方是循环图。两张图中 x 轴都显示的是星期，虚线显示的是每天的平均值，然后形成以星期为单位的周期性变化表示，一星期内的每一天都会在主视图中

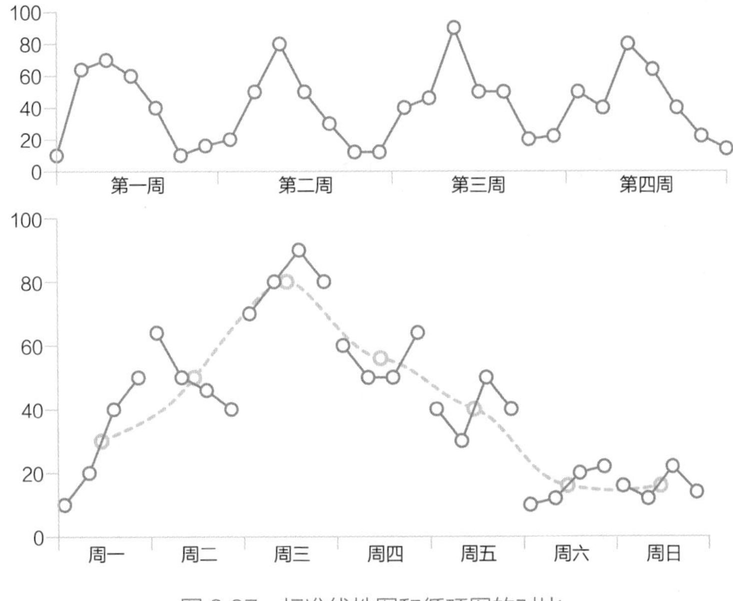

图 3.37　标准线性图和循环图的对比

显示为一个较小的图形，而每一个较小的图形都代表了四个星期内的线性变化。

循环图可以让我们一目了然地看出某些无法从标准的线形图中获取的信息。例如，我们从图中可以很简单地看出，周六和周日的数据值通常较低，周一的数据值有所增加，而周二的数据值则有下降。

粒度

我们前面的几个示例是以天为粒度对时间数据进行了可视化转换。然而，时间数据中还有许多不同单位的粒度，例如：年、季度、月、周、日、小时、分钟、秒，甚至更小的时间单位如毫秒和微秒等。接下来，我们来看一种通过多个粒度创建时间数据多维度图形的方法。

基于聚类和日历的图形

为了了解某些资源（如人力资源、能源、运算资源等）在单位时间内的使用速度，我们可以获取它们的消耗量数据并且将其转化为图形。这些数据的时间单位粒度通常比较高，比如采用分钟或小时来计量。因此，数据的规模可能会变得很大，给分析带来很重的工作量。

基于聚类和日历的可视化方法通过多粒度图形解决了这个问题[44]。该方法首先使用线性图来统计日常的消耗。如图 3.38 的右半部分所示，沿 x 轴变化的线性图以小时为粒度。y 轴代表资源消耗，在我们的例子中，资源指的是员工数量。该图形显示的是一天中的数据变化图形。那么，每天都是一样的情况吗？或者每年中会有几天存在特殊的情况？

首先我们要知道，数据是可以叠加的。具体的数据叠加细节我们将在第五章的第 5.4.2 节中深入讨论。目前，我们只需要根据相似的每日资源消耗曲线来对天进行分组，然后使用图 3.38 左半部分中的日历图形来组成叠加图形。换句话说，日历中的日期是根据某一天所属的叠加图形赋予相应的颜色。通过日历图形和线性图的组合，用户可以从中清晰地看出工作日的图形（橙色）以及非工作日的图形，例如每个星期五（绿色），还有每年中其他的非工作日，例如 12 月 5 日（红色）和 12 月 31 日（紫色）。

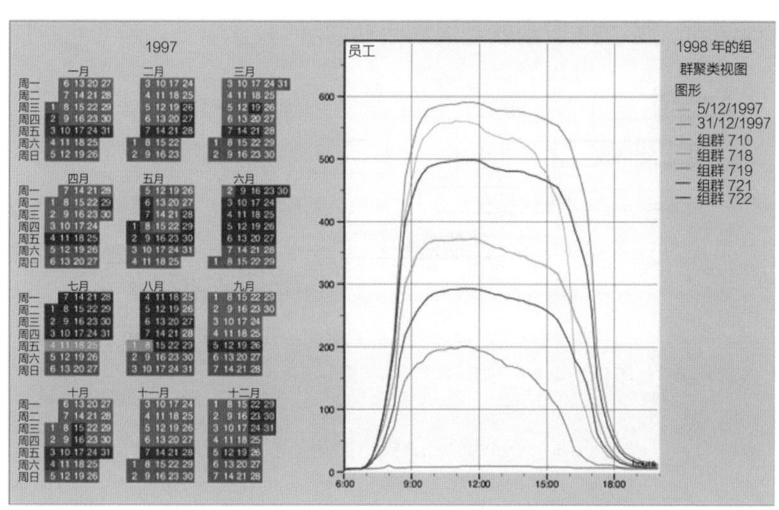

图 3.38　基于叠加图和日历图的时间数据图形

利用分支结构可视化时间数据

最后一点，也是比较重要的一点——时间的结构。前面提到的所有例子都预先设定了时间的顺序结构，也就是说，其中的数据值都是唯一的。因为事情正在发生（或已经发生）的时间可能会有变化，所以不同分支的时间和视角也都不一样。接下来，我们来看一种能够在不确定时间数据的情况下将时间变量结构可视化的方法。

色带

我们在规划日程时，通常会遇到不确定活动开始和结束时间的情况，而色带就可以用在这种情况下。该方法可以清晰地表达出各种不确定情况之间的关联[45]。所以我们可以用一条色带来表示活动的最早和最晚的开始时间、最早和最晚的结束时间以及最长和最短的持续时间等六条时间信息。图 3.39 中右侧上方就是详细的符号图示。

在实际规划中，可以在日历表中放置多个符号来表示多个同时或者分别进行的活动。各个活动之间的相关性可以通过连接线来指示。更详细地说，如果其中一项活动结束后才能开始另一项活动，那么就用色带将这两项活动连接起来。色带并不是一直固定不变的，它可以随着时间变化拆分或者重新连接其他活动。图 3.39 所示就是规划活动的示例。

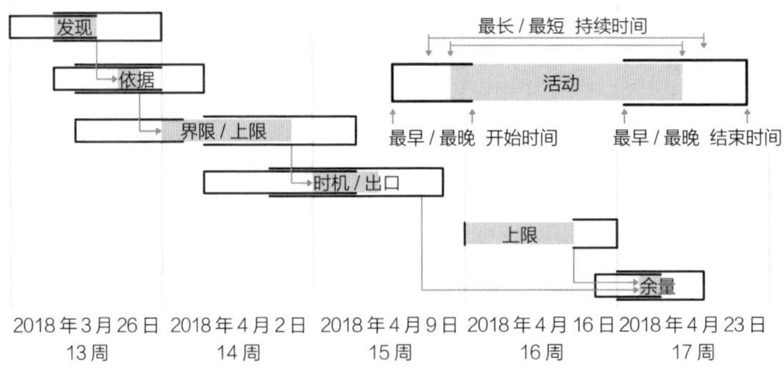

图 3.39　在不确定日程安排的情况下进行规划

请注意，色带主要用于不确定性时间结构的可视化转换，而不适用于分支时间结构相关的时间数据。实际上，将分支时间结构和多时间数据一起进行可视化转换是一个十分复杂的问题，我们对此将深入研究。

色带是我们针对时间和时态数据的可视化转换技术系列中的最后一个示例。由于本书篇幅有限，所以只能涵盖时间和时间数据领域的一小部分内容，更多示例和概念请使用 TimeViz Browser 工具。

TimeViz Browser 工具

业界有很多种方法来对时间和时间数据进行可视化转化，但问题在于如何能够让用户找到符合其特定需求的方法。面对这种情况，我们接下来了解一下 TimeViz Browser 工具。

TimeViz Browser 是一种带有搜索和筛选功能的可视化方案检索工具，它为用户提供了丰富的预置方案，并且包含了数百种可视化方案供从业者和研究人员搜索、研究和比较。它能够允许用户根据自己的实际需求来获取满意的可视化解决方案。

图 3.40 所示是 TimeViz Browser 的运行界面。主界面中显示了各种可视化技术的缩略图和简介。点选其中任意一种技术，就会弹出详情图，其中包括了技术简介、大示意图和相关文献列表。左侧列表栏里是各种筛选条件，比如瞬时或者间隔、线性或循环时间等条件。在用户选择了所需要的条件以

后，右侧就会只显示出符合该筛选条件的方案，而其他方案则不会显示。

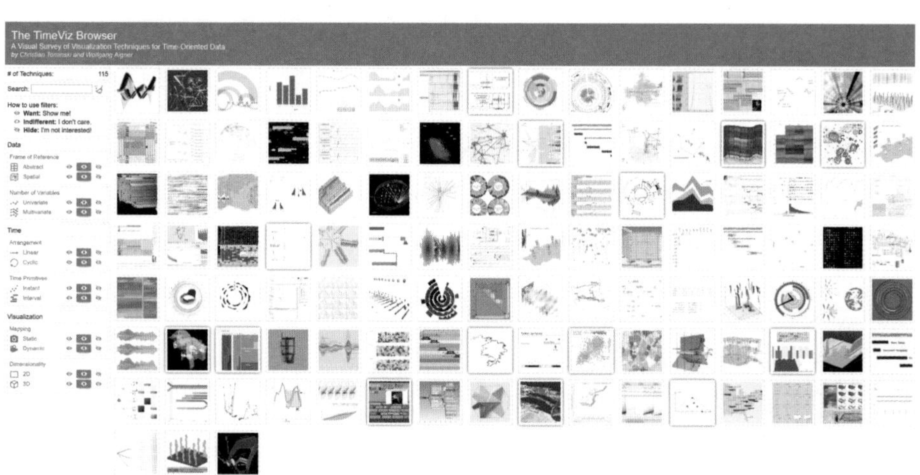

图 3.40　TimeViz Browser 提供了数百种有关时间以及时间数据的可视化方案的图解

在此要着重介绍 TimeViz Browser 的筛选功能里通常会被忽略的条件，就是数据是否具有空间性。换句话说，数据除了时间性，在地理空间方面还可能存在与空间的依赖性，即 $S \rightarrow A$。我们在下一节将深入了解“空间”和“时态—空间”的可视化方案。

3.4　地理空间数据的可视化

与时间数据类似，地理空间数据在辅助解读数据方面也扮演了重要的角色。在传感技术高速发展的今天，我们可以很直接地说，现如今我们收集的大部分数据都具有地理空间属性。

在本节中，我们将使用地理空间坐标来对数据进行可视化转换。我们的主要研究方向是基于地理空间的数据属性之间的关联，即 $S \rightarrow A$。与这种关联紧密相关的是第 2.2.2 节中讨论的两个分析问题：预设位置的值是什么（识别任务），以及预设值的位置在哪里（定位任务）？

在正式开始研究这些问题的可视化方案之前，我们先来了解一下什么是地理空间和地理空间数据。

3.4.1　地理空间和地理空间数据

地理空间数据是指在地理空间中标记位置的数据。最典型的地理空间数据就是天气数据，其中包括了温度、降水、风速和风向等气象数据。另外，我们周边的地理空间数据还包括交通数据和人口统计数据。下面我们来讨论在对地理空间数据进行可视化转换的时候需要注意的事项。

地理空间的特征

地理空间的特殊之处在于它覆盖了整个地球的各个角落。本书中我们只研究其中的两个重要属性：维度和尺度。

维度

地理空间用三维坐标来表示，具体就是位置坐标。地理位置含有三个坐标：纬度、经度和海拔。纬度是赤道和两极之间的角度。赤道的纬度为 0°，北极的纬度为 +90°，南极的纬度为 −90°。经度是相对于格林威治本初子午线的角度。向东的角度为正，而向西的角度为负。经度的最大绝对值为 180°。因为地球表面并不是完全平整的，所以用海拔来表示地面某个地点高出海平面的垂直距离。

在实际应用中，纬度和经度这两个坐标特别适用于地理空间数据的可视化分析。例如，天气预报的可视化图形通常含有纬度和经度数据。然而在有些领域中，海拔就很重要了。比如空中航线交通的规划和分析就是这样一个例子。

尺度

从尺度方面来说，地理空间具有连续性，而且分辨率无限大。数据的收集、处理和可视化等环节的关键在于预先通过特定的尺度来定义空间单位。在某些最简单的情况下，空间单位就是特定空间尺度上的一个点。然而，空间单位也可以在多个尺度上以复杂形态出现，比如省份、市县以及其他行政区划。在这种情况下，空间单位就是一种具有层次的结构（类似于上一节中的时间粒度）。图 3.41 中所示是一个典型的特定尺度上的特定空间单元。

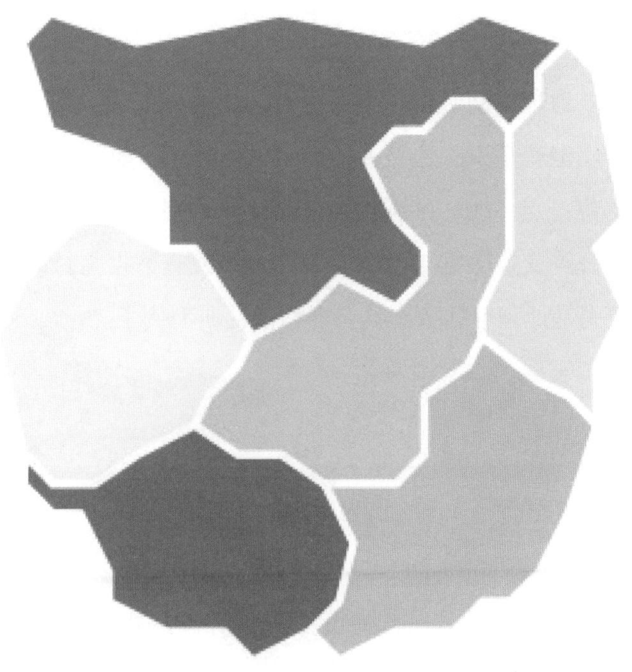

图 3.41 不同尺度的空间区域

空间尺度会对可视化数据分析结果产生明显的影响。在一个尺度中存在的关系可能并不存在于另一个尺度[46]，所以重点在于要预先确定分析目标的尺度。比如研究特定十字路口的交通情况的时候，需要的就是与两个区域之间主要交通路线不同的空间分辨率。

通常情况下，找到能与分析任务适配的空间尺度需要不断地尝试，有时候甚至还要通过归类或者细分空间单位来创建更细化的尺度。然后通过诸如平均值、相加或者计数等函数从原始尺度计算出其他尺度。为了创建更高精细化的尺度，就需要规划出合理的数据分布方案，将各类数据分配给新划分的子区域。在实际应用中，为了使数据分布和尺度的规格更加符合要求，我们需要掌握更全面的背景信息。

维度和空间尺度都是地理空间的重要特征。它们对可视化数据分析的结果有着决定性的影响。接下来，让我们深入地了解地理空间数据的特征。

地理空间数据的特征

顾名思义，地理空间数据（也称为空间数据或地理数据）就是与地理空间有关的数据。也就是说，这是一种空间单位数据。如图 3.42 所示，有四种类型的空间单位：点、线、区域和容量。比如，测量站测量到的数据与站点的位置有关，公路交通数据与道路有关，人口普查数据与行政区域有关，雷暴等天气现象则是地理空间数据具有容积值的典型例子。

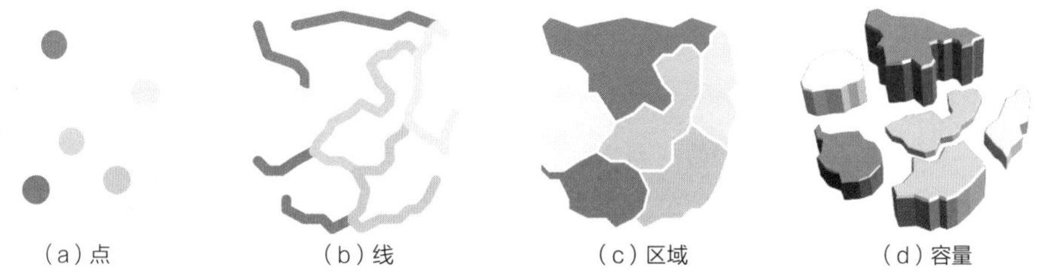

图 3.42 地理空间数据涉及的四种空间单位

地理空间数据的最主要特征就是数据与地理空间中的空间单位之间存在关联。地理学家和制图学家沃尔多 · R. 托布勒（Waldo R. Tobler）[47] 提出的地理学第一定律充分地解释了这个关系：

> ……万物之间皆有关系，但是与近处的关系要比与远处的关系更加紧密（沃尔多 · R. 托布勒，1970）。

这条定律对地理空间的可视化转换具有非常直接的影响，因为其中的第一部分就提到了地理空间数据的内容添加以及推断。第二部分则是对近点数据点和远点数据点的权重解读。从图形上来说，地理空间数据的可视化图形可以覆盖到特定的邻近区域。如第二章中第 2.2.1 节内容所说，数据的范围决定了数据可能覆盖的区域。

综上所述，我们已经了解了地理空间和地理空间数据的具体特征。除了上述内容，第 2.2.1 中提到的多元数据特征也属于这种情况。接下来，我们来看一看地理空间数据的可视化方案。

3.4.2　通用型可视化方案

地理空间数据的可视化转换本质上就是将与地理空间 S 相关的单变量或多变量数据属性 A 进行可视化转换，所以我们要研究的实际上是 $S \times A$。如果数据中含有额外的时间维度 T，那么也可以将 T 进行可视化转换，然后研究目标就变成了 $S \times T \times A$。而地理空间数据可视化的先决条件是地理空间图形。

地理空间图形

地理空间图形通常以二维地图的形式出现。地图的用处十分广泛，可以使我们了解世界、自然或各种人为现象。地图学是专门研究地图投影（绘制）的学科。地图学文献为地图的绘制提供了广泛的设计理念、制作指南和通用惯例[48]。比如说用蓝色表示水，用绿色表示低海拔地区，用棕色表示山脉，用白色表示冰雪。

绘制地图的第一步就是将地理坐标放在平面画布上。放置坐标的方法有很多种，有一些方法的历史甚至十分久远。无论哪种方法，我们都必须要面对一个问题，就是图中需要含有哪些属性（比如面积、形状、方向和距离等），这就需要我们按需选择。比如提尔的马瑞努斯（Marinus of Tyre）提出的侧重距离的等距投影。还有 1569 年发明的著名的墨卡托（Mercator）投影，它保留了角度和形状。即使到了现代，新的方案也层出不穷，比如汤姆·帕特森（Tom Patterson）在 2011 年设计出的仿真地球投影（Natural Earth projection）。图 3.43 中就是这三种投影的图示。还有一种比较有意思的投影叫作多面体投影，它通过切割和折叠多面体而产生的许多面把地球展开[49, 50]。图 3.44 中就是多面体投影下的地球。

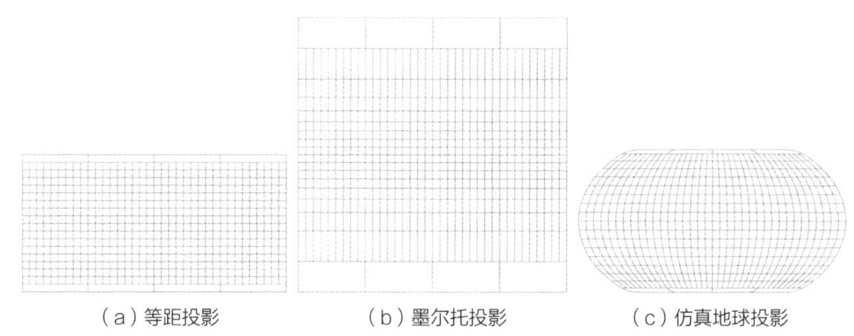

图 3.43　不同的投影使用不同的地理空间图形

图 3.44　地球的多面体投影

绘制地图的另一个重要步骤是制定制图标准。这一步解决了前文提到的空间尺度问题。制图标准指的是以较低的空间特征细节来降低整个图形的复杂性。其难点在于降低细节的同时还要保留几何特征（图形）和基本数据特征（含义）。图 3.45 所示是和前文一样的德国的梅克伦堡–前波美拉尼亚州地图，但是细节程度不同。它使用了维斯威灵格（Visvalingam）和怀亚特（Whyatt）[51] 提出的经典线性综合算法对地图数据进行了缩减。当数据大小减少到 50% 时，地图的视觉效果几乎与原始数据相同。而在减少到 10% 时，地图的细节有相当明显的下降，但仍然可以看出主要特征。

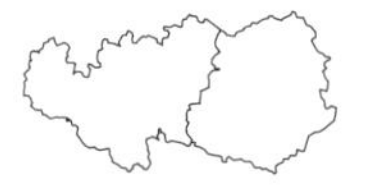

（a）原始数据 100%

（b）原始数据精简到 50%

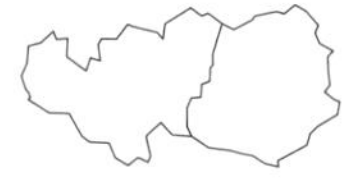

（c）原始数据精简到 10%

图 3.45　不同细节程度的地图

虽然通常情况下二维平面地图已经足够强大了，但也有一些场景需要忠实地反映出地理空间的三维特征。时至今日，我们已经有了先进的地形渲染技术，可以创建出几乎与实物一样逼真的地球表面三维图像。地形渲染本身是一个复杂的技术，涉及多个步骤，包括生成三维网格、定义和选择合适的分辨率、硬件加速着色和纹理效果处理，以及高级后期处理。本书不对地形渲染技术做深入介绍，有兴趣的读者请自行参阅相关文献[52]。

图 3.46 所示是皮吉特湾（Puget Sound）的三维渲染图。在图右侧的标识中，不同的颜色对应不同的海拔。在接下来的内容中，我们会为读者展示更多地理空间数据的三维图形示例。在此之前，我们先来介绍地理空间数据的基本可视化方案。

图 3.46　皮吉特湾的三维渲染图，史蒂夫 · 杜贝尔供图

地理空间数据的可视化

地理空间数据的可视化转换的根本目的是传达地理空间 *S* 和数据属性 *A* 之间的关系。我们将重点研究两个关键问题：第一，如何将 *S* 和 *A* 进行可视化组合？第二，用二维图形还是用三维图形绘制 *S* 和 *A*？

直接和间接可视化

S 和 *A* 的可视化组合有两种基本方案。我们可以在地理空间图形中直接显示地理空间数据，这种方式我们称为直接可视化。或者用分开的图形来表示地理空间数据和地理空间，它们之间通过视觉线索符号连接，这种方式我们称为间接可视化。

直接可视化

在直接可视化图形中，地理空间数据直接嵌入地理空间的可视化图形。分级统计图就是其中一个例子，图中地理空间的空间单位根据相关数据赋予颜色。虽然分级统计图表现直观且易于理解，但是通常只能表达一个或两个地理空间属性。

如第 3.2.4 节所述，多元地理空间的关系可以通过在地图上直接放置符号来表示。所以，确定合适的符号位置就显得十分重要。在理想情况下，符号应该直接放置于对应的空间单位上。同时，符号既不能相互重叠，也不能遮挡重要的地理特征。以上这些要求使得符号的放置方法极为重要，所以很多时候我们需要用复杂的优化算法来解决这个问题[53]。图 3.47 分别为流式图符号的直接放置和重叠优化放置。

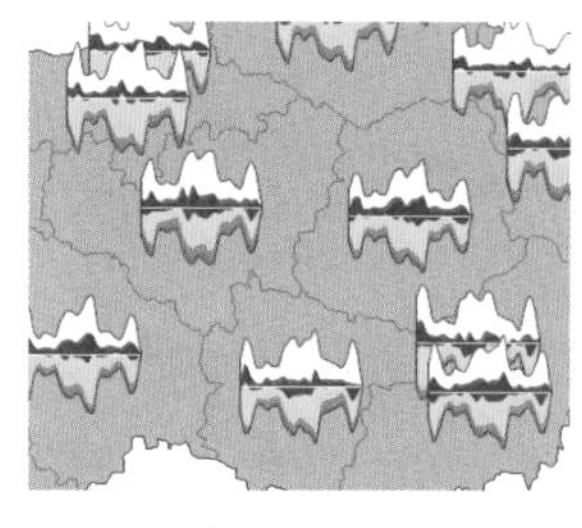

（a）直接放置

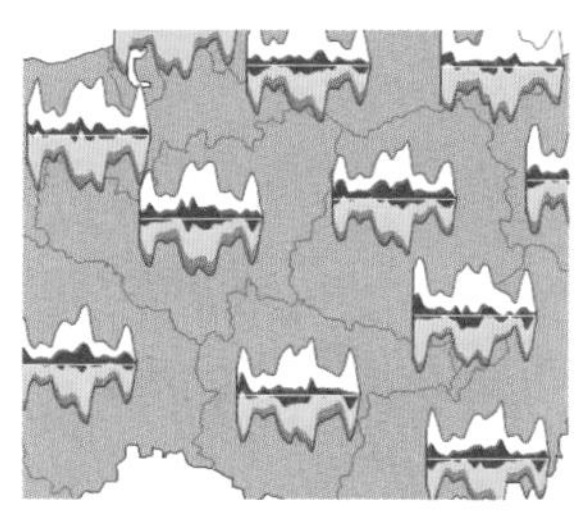

（b）重叠优化放置

图 3.47　避免符号重叠

综上所述，直接可视化使我们能够轻松地找出具有特定数据值的位置并且读取数据。然而，随着空间单位和数据值数量的增加，而地图的位置又有限，无法容纳大量数据，所以直接可视化的效果就会越来越差。这时候我们就要用到间接可视化的操作方案了。

间接可视化

间接可视化图形中，地理空间图和地理空间数据分别在不同的图形中表示，它们之间用视觉线索符号来连接。例如，图 3.48（a）显示了热力图和折线图。在热力图中，我们为整个地理空间中的单个属性赋予颜色。而折线图中则显示了所有数据元组的五个属性。地理空间和多变量数据之间仅能对应到一个位置，该位置在图中用十字线表示，相关数据元组在折线图中以红色高亮来显示。

如果想要增加地理空间和多变量数据之间的对应位置，可以使用地理空间探针。通过探针可以实现地图和地理空间数据的灵活组合。用户可以在地理空间图上放置多个探针，然后为每个探针都创建一个只显示探针周围空间数据的单独图形。探针的空间位置和空间数据视图通过视觉符号连接。图 3.48（b）所示就是基于探针的可视化图形。

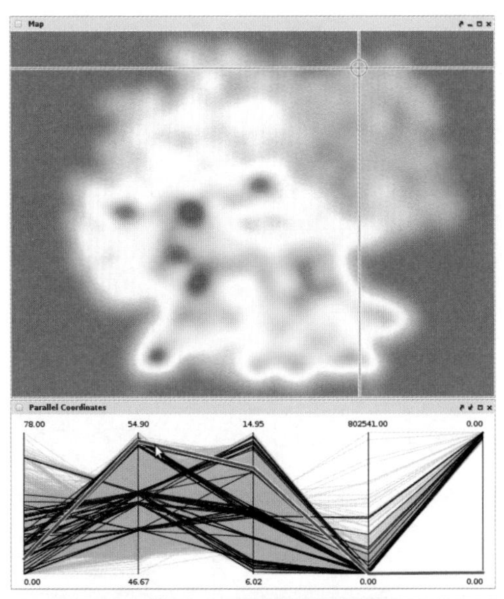

（a）单变量热力图和多变量折线图

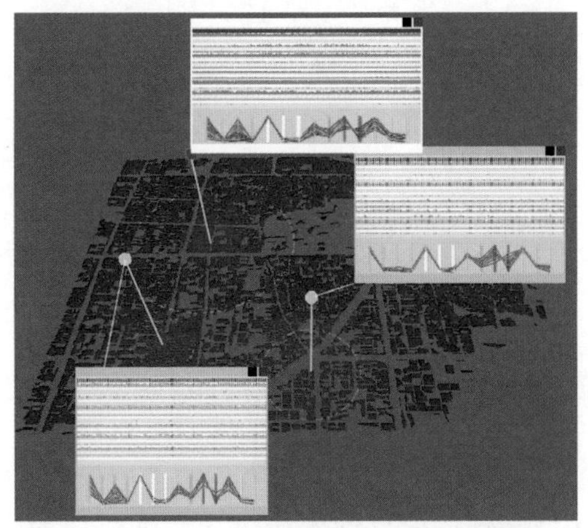

（b）基于探针的可变图形，托马斯 · 布奇维茨供图

图 3.48　地理空间数据的间接可视化

间接可视化的一个主要优点在于它可以显示更多的地理空间数据。然而，用户必须要默记两个或多个图形之间的数据关联。

二维视图和三维视图

我们已经在第 3.1.2 节中讨论了二维图形或三维图形的常规设计方案。当设计地理空间数据的图形时，还要考虑到地理空间数据 A 和地理空间 S[54]，所以设计方案要复杂得多。

如图 3.49 所示，竖向排列对比了地理空间数据的二维图形和三维图形之间的差异，而横向排列显示了地理空间（地图或地形）的二维图形和三维图形。那么二维和三维的四种可能组合方案如下。

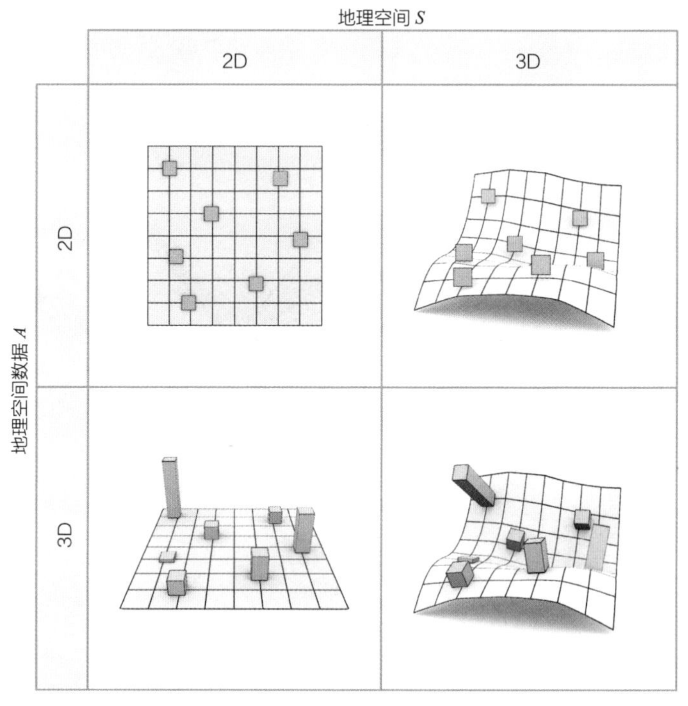

图 3.49　地理空间数据和地理空间的二维图形和三维图形组合

二维图形上显示二维数据

二维图形上显示二维数据是现在使用的标准化地理图形方案。大部分地理图形都属于这一种，包括分级统计图、等高线地图、点位图、流式图、卡通图和符号图等。如图 3.47 所示，平面图的直观性使得各种信息更容易解读。

三维图形上显示二维数据

该方案中，二维和三维成分组合显示。用三维地形渲染出整个地理空间，而地理空间数据则通过二维标识或二维文字标签放置到三维地形上，如图 3.46 所示就是研究数据与特定景观特征（如山脉或山谷）之间的关系。

二维图形上显示三维数据

在该方案中，用二维图形来显示地理空间，而三维图形用来显示地理空间数据。从某种意义上说，三维图形中的第三维度可以用来更全面地表达数据，例如显示更多数据值，提供更明确的布置，或合并更多维度，例如时间维度等。

三维图形上显示三维数据

如果用户在分析数据时需要使用到三维空间关系，那么就可以使用该方案。图 3.50 所示是飞机在接近锡安机场（Sion airport）附近的山区时如何降低速度的示例（颜色从深蓝色变为浅蓝色）。

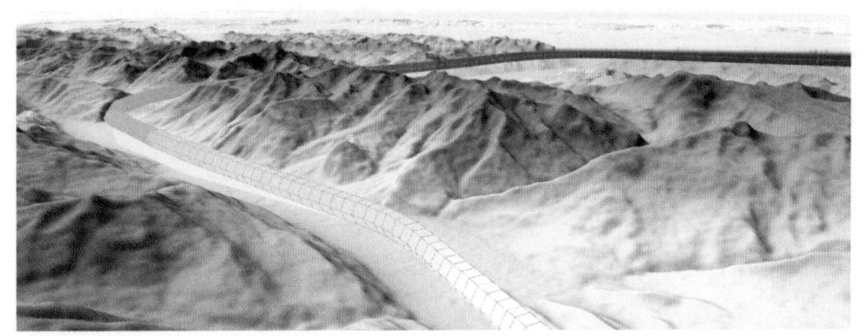

图 3.50 飞机在接近锡安机场附近的山区时如何降低速度的三维图形，史蒂夫 · 杜贝尔供图

通常来说，二维图形和三维图形都适用于显示地理空间和地理空间数据。用户在应用的时候可以根据目标数据和分析任务自行选择。

如果图形中包含三维图形的部分，那么就要事先考虑到由于遮挡和透视变形所产生的问题。这个时候应该提示用户图形中的某些信息有可能会被三维部分遮挡，但用户只要利用视角移动或者改变焦点就可以解决这个问题。

如图 3.51 所示，我们可以添加一些小控件来实现一些功能[55]。右下角的全景图允许用户以全景角度来看三维图形。中间的圆形放大镜负责将隐藏在地形阴影里的数据显示出来。底部和左侧的彩色带指示了大部分模糊信息的位置和距离。虽然这些功能并不一定会被全部用到，但为了方便用户，我们还是要提供这些基本功能。

图 3.51 用于帮助用户解读三维图形数据的小控件，马丁 · 罗利格供图

总而言之，直观和间接可视化以及二维和三维可视化方案都可以用于设计地理空间数据图形。接下来，我们再把这些方案应用于时空数据的组合图形。

3.4.3 时空数据的可视化

前文中我们已经分别了解了地理空间数据和时间数据。然而，空间和时间的关系相当紧密，可以说是你中有我，我中有你。那么这就给我们带来一个问题：如何将时空数据转换为可视化图形？

时空数据同时包含空间变量 S 和时间变量 T，这两个变量的同时存在使得其可视化数据分析变得有些困难。单纯地解读数据值在空间中的分布 $S \rightarrow A$ 以及如何随着时间演变 $T \rightarrow A$ 已经毫无意义。在这种情况下解读时空关系的数据，就要将两者合二为一，也就是 $S \times T \rightarrow A$。设计类似的多种变量同时存在的图形并不简单，尤其是在时间数据方面可谓难度倍增。所以我们的重点是在设计师传达足够信息的方案和用户的接受能力上达成平衡。

现在最广泛使用的方案是动画地图，即在每一帧数据变化的同时，视觉效果也产生变化。另外还有一种“小倍数”方案，具体示例请见图 3.32。一般来说，我们可以创建两个图形，一个是时间数据，另一个是空间数据。然后将这两个图形组合起来，用链接形式跳转。但无论是采用以上哪种图形，用户都要自己在心里将 *S* 和 *T* 整合起来。

接下来，我们来看一看二维图形上的三维数据图形是如何帮助用户创建空间 *S* 和时间 *T* 的组合图形的。第一个示例是关于运动的时间数据，第二个示例是关于健康的时间数据。

三维叠加的运动轨迹

运动数据用于捕捉物体在时间和空间中的运动轨迹。我们将每个数据点划分为具有纬度和经度坐标的数据组、时间、速度、加速度以及弯度等数据属性。

查看上述数据的标准方法是使用二维地图，其中用二维路径表示运动轨迹。图 3.52（a）所示是一个汽车沿道路行驶轨迹的示例，行驶速度用颜色表示。这种方式避免了过度绘制，但是却很难甚至不可能让人看出汽车行驶时的时间变化细节。

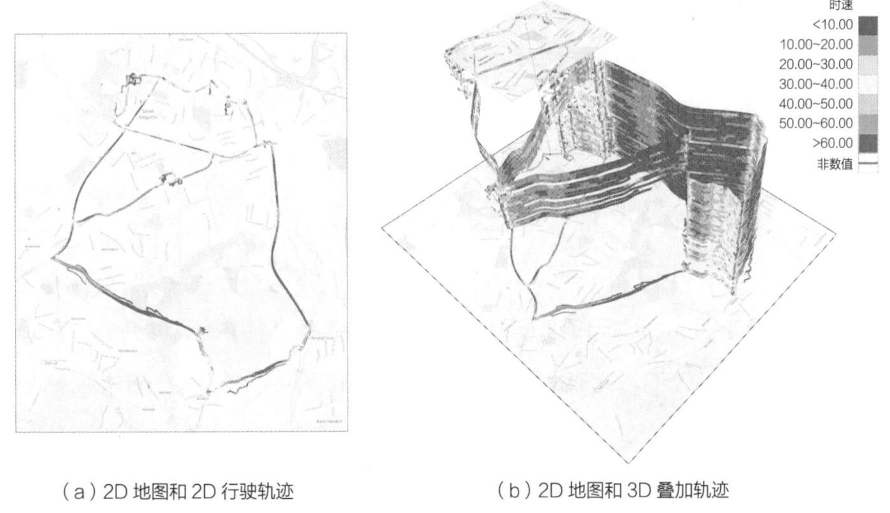

（a）2D 地图和 2D 行驶轨迹　　（b）2D 地图和 3D 叠加轨迹

图 3.52　运动轨迹图形

这种情况下，第三个维度就能派上用场了。图 3.52（b）所示就是个简单有效的方案，在三维图形中倾斜地图，并沿着轨迹堆叠出轨迹带，其中每个带分配一个单独的坐标 z[56]。

三维轨迹的可视化有两个优点。首先，我们可以对所有轨迹进行全面了解。其次，可以根据原图研究每个单独的轨迹空间情况。对于选定的轨迹，将显示一个辅助的动态图，它的作用是使堆叠顶部的轨迹信息更加直观。另外我们还可以为类似的轨迹形状分组，根据这种方式可以清晰地看出空间中的某些特定数据特征。比如某些地方的车速较快（绿色）或者较慢（红色）。但是，数据的时间属性对应的信息又在哪儿呢？

同样，第三个维度又闪亮登场。与二维轨迹相比，三维轨迹能够容纳更多信息，比如指示移动路径的箭头，这能够让我们看出移动路径中的时间顺序。另外，轨迹的堆叠顺序也会随着时间改变，之前的轨迹可以放在堆叠的底部，而最近的轨迹可以放在堆叠的顶部，反之亦然。轨迹带按时间顺序堆叠可以揭示出整体运动数据的长期变化情况。

轨迹中的箭头和堆叠的顺序都能够帮助我们得出有关时间关系的阶段性结论。图中可以看出两个取值点的不同时间，但无法看出其时间差。在第四章的第 4.6.3 节中，我们会介绍交互式透镜技术是如何解决运动数据的问题的。接下来，我们将继续了解如何在设计中赋予时间数据更多的强化视觉效果。

三维时空立方体的可视化

假设地理空间由两个坐标组成（x 轴，y 轴），那么时空数据就是额外的第三个坐标（z 轴），这种可视化方案被称为时空立方体。

时空立方体（STC）的概念早在数据可视化成为一个独立的研究领域[57]之前就已经问世了。STC 的主要用途是显示物体在空间和时间中的路径[58]。接下来，我们将使用时空立方体技术来可视化关于健康的时空数据。首先我们要建立一个二维的平面坐标系。示例中以确诊患有某些疾病的人数作为数据，然后通过不同的三维图形来显示。

时空立方体中的三维符号

我们先从三维符号开始。在二维图中，每一个空间单位都要有合适的符号来表示。图 3.53 所示是三维铅笔符号和三维螺旋符号[59]。这两种符号都位于代表时间的 z 轴上，其中的每一条彩条都代表一个单独的数据。

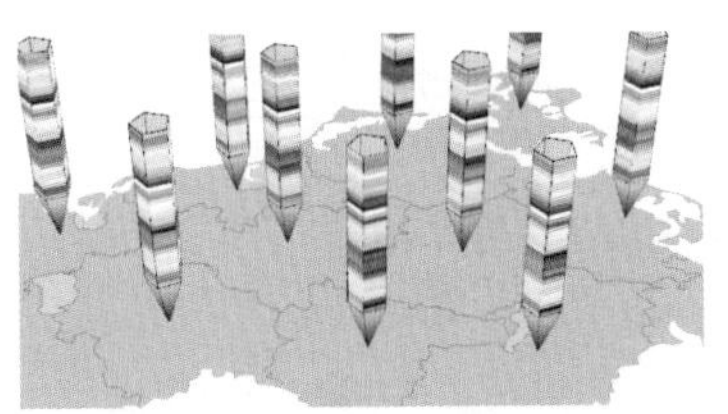

（a）用铅笔符号表示线性发展趋势

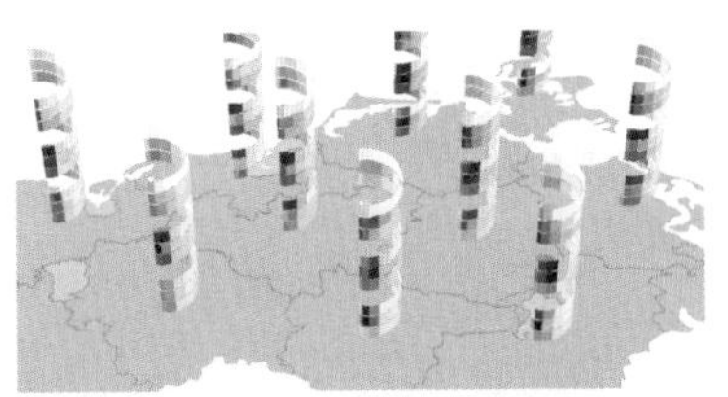

（b）用螺旋符号表示周期情况

图 3.53　在二维地图上用三维符号表示时空数据

铅笔符号便于分析时间的线性发展趋势。通过将不同属性放到铅笔的不同面的方式，我们可以看出多个数据在随时间变化时的情况。图 3.53（a）中的示例显示了每个月确诊上呼吸道感染和下呼吸道感染的人数。

螺旋符号用于强调数据中的循环或者周期模式。螺旋的轮廓基本上就是沿 z 轴向上卷起的三维带。其中每一个彩色小条都代表不同的数据属性。图 3.53（b）显示了与图 3.53（a）相同的数据。每个螺旋符号都代表 12 个月，朝向用户的一面代表当前的季节性确诊峰值。

铅笔符号和螺旋符号的优点是空间和时间数据都显示在单个 STC 图形中，这种方式便于用户研究多变量时空数据的相关性。虽然数据的时间演变可以很清晰地通过单个符号来表示，但是在空间演变中，由于符号之间没有连接，用户必须自己在心里将一个符号中显示的信息对应到另一个符号中显示的信息中去，所以空间演变过程就有些复杂。接下来我们将了解如何用另一种可视化图形来解决这个问题。

时空立方体中的三维墙

现在的问题是，我们如何通过避免数据视觉效果上的差异来更容易地解读空间特征？这里有一个有趣的解决方案，通过三维时空连续体创建一个非平面切片，然后将时空数据放到该切片上[60]。

我们通过以下三个步骤创建切片，如图 3.54 所示。

（1）通过图形中相邻的部分创建一条拓扑路径；

（2）通过空间单位创建一条几何路径；

（3）从平面中凸起切片。

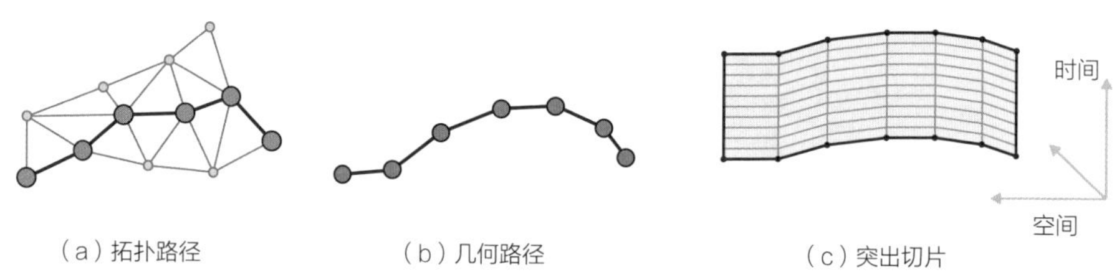

图 3.54　通过时空创建三维非平面切片

第一步，必须通过空间单位的相邻图形创建拓扑路径。拓扑路径保证了数据的可视化图形之间没有间隙。第二步，将拓扑路径转换为几何路径。考虑到空间单位的地理特征，几何路径应该在平面坐标上构建。良好的几何路径应具有较低的曲率，并严格遵循空间单位的形状而不穿过其他区域。最后，将几何路径沿 z 轴方向拉伸，以形成一个墙状的三维非平面切片。这面墙就像一块画布，我们可以在上面放置时空数据的可视化图形。

图 3.55 所示是一个健康数据的示例，我们之前已经通过符号将这些数据进行了可视化转换。在为期 36 个月的观察中，每一段墙的颜色都代表了患病人数。由于图形是连续的，所以我们现在更容易发现数据在空间和时间上的

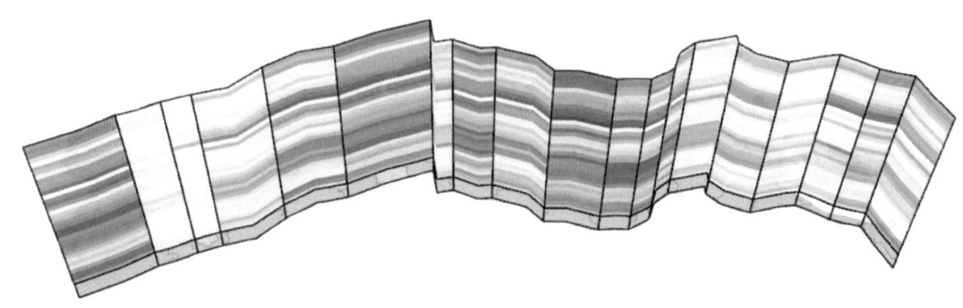

图 3.55　地图上的墙状时空可视化数据

演变。本图中我们仅限于观察最初设定的路径，而在实际应用中则可以通过人机交互方式或基于数据特征来灵活调整路径。例如，可以沿着数据的时空发展趋势的下降曲线来创建数据路径。

总而言之，空间和时间数据的可视化方案有许多种选择，可以根据实际情况择优使用，无论选择哪种方案，主要目标必须是能够清楚地显示出数据和空间的关联性。我们可以用基础的二维图形或者三维图形来达到这个目的。数据图形也有很多种可视化方案，比如运用二维图形和三维图形的多种组合。从理论上说，数据在空间坐标系中可以直接表示，也可以间接作为与地图或地形图连接的专用图形。

在加入了时间维度之后，可视化图形就会变得比较复杂。我们已经了解到在整合时间数据时可以使用第三个维度。当然，在分析时间、空间和多维度数据属性时，要有所取舍。在上一个示例中，我们使用了无间隙的墙式三维可视化图形来简化数据，但该方案只显示了一个数据属性。三维图形可用于多个时空属性的可视化，但是某些信息有可能因为隐藏在符号的背面而无法看到，所以我们就要做出妥协。理想状况下的时空数据可视化分析应该为用户提供不同的方案以及简单易用的辅助控件。

接下来，我们来了解图形（尤其是无法与空间和时间相关联的图形）的可视化方案，这也是一个复杂工程。

3.5　图形的可视化

在前面的章节中，我们了解了如何可视化多元数据属性 A、时间 T 和空间参照系 S。本节将重点关注数据之间关系 R 的可视化方案。与前几节的模式相同，我们首先来看看原始数据模型的具体情况，然后介绍专用的可视化解决方案并举例说明。

3.5.1　图形数据

我们现在的重点是图形。图 $G=(V, E)$ 由一组顶点 V（或节点）和节点之间的一组无向或有向边 E 组成（或连接）。笼统地说，节点代表数据片段，而边则对应数据之间的关系。我们也可以说，边组成了数据之间的结构。

网络图和树状图

图形有许多种格式。根据边的结构特征可以分为不同类别。如果图上没有特别的限制，那么就可以称为网络。因此，网络图可以直观地表达出实体之间的二元关系。比如社交网络和计算机网络就是其中的典型例子，另外还有运输系统和生物系统等也可以称为网络。

与网络图不同，树形图是一种具有特定限制的图形。或者说它是一个连通的非循环图。连通的意思是，对于图中的任意两个节点，存在一条连接这两个节点的路径。非循环的意思是，图形中各个路径的起始节点或结束节点都不相同。因此，非循环图也意味着存在于任意两个节点之间的路径都是唯一的。

就像自然界一样，树的根和叶都具有唯一性。带有指定根节点 $r \in V$ 的树形图被称为有根的树形图。根是树形图的中心，枝杈从根向外伸展，根节点为父节点，远端节点为子节点。与父节点只有一条边且与子节点没有边的节点称为叶。一个公司的管理层级就是一棵有根的树形图的典型例子，其中首席执行官（CEO）是根，其他管理层是叶。

网络图和树形图是可视化环境中最常见的图形，另外还有其他一些不太常见的图形。比如二分图形，其中所有的节点被划分为两个集合，边只连接两个集合而不是连接集合内部。再比如超图，这是一种每条边可以连接三个及以上节点的图形。在本书中，我们将把重点放在网络图和树形图上。若读者对更多类型的图形感兴趣的话，请参阅文献[61, 62]。

图形的各种规格

图 3.56 所示是与图形可视化环境中最相关的分面示意图。图 3.56（a）中的结构是主要部分。然而，在实际分析图形数据时，其他分面也在发挥着作用，而这些分面也带来了不同类型的图形数据：

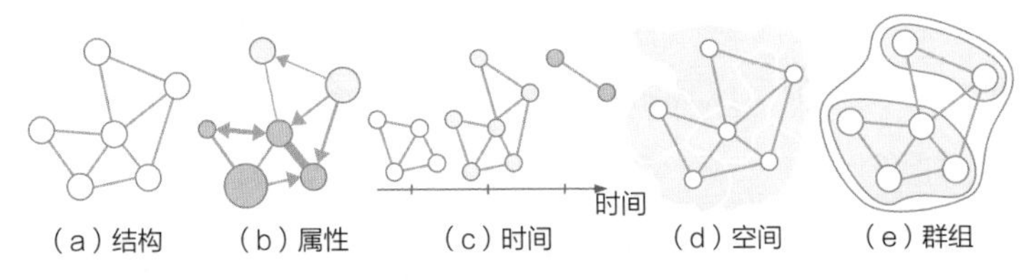

图 3.56 可视化图形时需要考虑的分面[63]

多变量图形

如图 3.56（b）所示，多变量图形具有与其节点和（或）边相关的附加数据属性。数据属性中包含有关节点和边的附加信息，例如重要性或权重。

动态图形

如图 3.56（c）所示，动态图形随着时间变化而变化。每个时间点的节点集和边集都有可能不同。随着时间的推移，节点和边可能会继续存在、离开或重新进入图形。

空间图形

如图 3.56（d）所示，空间图形与空间坐标相关。节点的布局由坐标来决定，有时图形边缘也由坐标来决定。例如连接各机场的空中航线网就是空间图形的一个典型例子。

复合图形

如图 3.56（e）所示，复合图形将各个节点和边划分为组，各组之间通常是互相分层嵌套的结构。这些组可以通过展开或折叠来创建具有不同层级的图形。

如前文所述，图形的结构是最基础的部分，而属性、时间、空间和群组则可以通过提供其他周边信息来辅助我们解读数据。然而，这些额外的信息为可视化设计增加了难度。因此，我们先从最简单的图形开始入手，下一节将介绍图形结构的基本可视化方案。在后文第 3.5.3 节中，我们将会了解如何将这些方面合并到一起。

3.5.2 基本图形的可视化

图形分为三种基本类型：节点连接图形、矩阵图形和内含图形。另外还有合成图形，合成图形可以理解为基本图形的组合。

节点连接图形

在节点连接图形（或简易的节点连接表）中，点代表节点，各个点之间的边用直线或圆弧表示。到目前为止，这种图形是网络图和树形图最常采用的方案。那么关键问题是，节点和边应该在哪里绘制？我们接下来要用图形布局算法来解决这个问题[64, 65]。

学术界已经制定了图形布局应该遵守的一些惯例、审美标准和限制。例如，节点不能重叠，且交叉边的数量应控制在最小，曲线边可能比直线或直角边更美观，等等。一般来说，我们不可能遵守所有这些要求，因为它们之间有时候可能会相互矛盾。因此，图形布局问题通常都属于图形优化这个范畴。

根据算法找到合适节点位置的自由度，可以分为如下三类布局[66]：

- 自由布局
- 固定布局
- 定制化布局

对于自由布局来说，节点的位置没有任何特殊要求。这种布局通常是通过力导向方法生成，目的是连接互相之间距离近的节点且不会在单个点上造成混乱。因此，力导向算法是在模拟所有节点之间的斥力和相邻节点之间的引力[67]，通过适当地设置和修改，在趋近最终布局的过程中逐渐收敛。

与自由布局相比，固定布局中的节点位置完全都是预先设定好的。只有边可以通过可视化方法灵活地布置。通常，当图形嵌入某个空间参照系中时就会遇到固定布局的情况。图 3.57 所示是美国机场位置节点的示例。

图 3.57　用节点连接图来显示美国机场位置节点

所谓的定制化布局就是介于自由布局和固定布局之间的方式。一方面，它不像固定布局那样受到限制，而另一方面，它也不是完全自由的。最常见的情况是，想要放置的节点位置被系统预置的方案占据了。例如，节点可能需要位于圆中或以轴对齐的方式排列，而树形图则通常会将各个层级的节点放置在不同的水平线或垂直线上。

布局设计完成后，就可以对其进行后期处理以改善效果和可读性。例如，因为许多布局算法忽略了实际绘制节点需要空间这一情况，所以节点的符号可能会重叠。因此，移除重叠的节点就是一个常见的后期处理步骤[68]。另一种后期处理是将边都捆绑成图形束。几何图形的图形束常用来理顺符号，使视觉效果更加清晰。我们将在第五章的第 5.1.2 节深入介绍。

总的来说，节点连接图非常适合均衡地显示图形的节点和边。它们的广泛使用证明了节点连接图的普遍实用性。然而，对于具有很多边的图形，使用节点连接图可能就会使图形变得像一团毛线一样令人摸不到头绪。此外，对它进行优化布局的时间复杂度可能也会变得很高。而矩阵图形就可以将时间复杂度转换为空间复杂度，并且能够避免边出现杂乱。

矩阵图形

矩阵图形是一种依据矩阵对多尺度数据图形解读的方法。每个节点都对应一行和一列 $v \in V$。如果节点 i 和节点 j 之间存在边（v_i，v_j）$\in$ E，那么在 $[i, j]$（反过来就是 $[j, i]$）位置的矩阵单元就会被标记出来。否则，该单元将保持为空。另外也可以通过改变单元中标记的颜色或大小来可视化边的权重或其他边属性。

图 3.58 所示是一个简单的节点连接图和矩阵图形，它们使用相同的数据。图中可见，矩阵就是图形的边，而单元格代表节点。那么我们可以通过这两种不同的显示方式来检查图形结构，如图 3.59 所示。

然而，只有当节点沿水平轴和垂直轴排列时，才会用到这种图形。我们

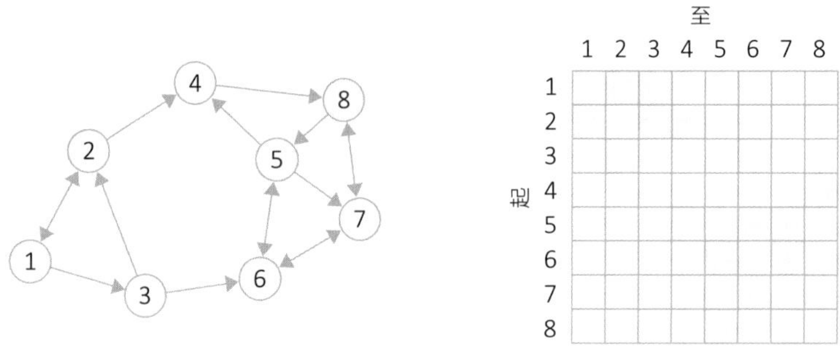

图 3.58　同样的数据分别用节点连接图和矩阵图形显示

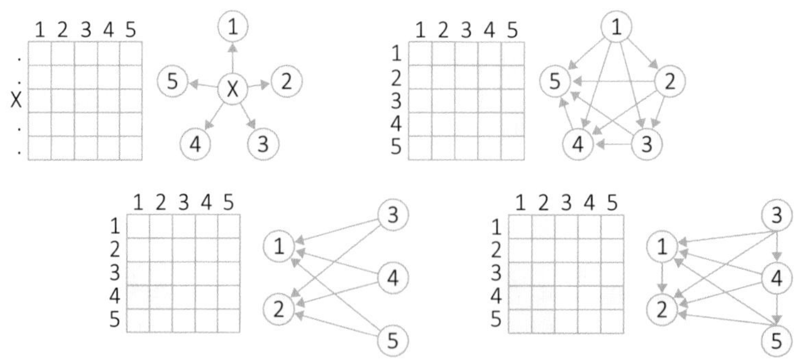

图 3.59　矩阵图形和节点连接图的对比[69]

可以有很多种方法对矩阵的节点进行排序[70]。其中一种简单的方法是根据预先设定的节点属性对它们进行排序。还有一种更复杂的方法，就是根据图形的结构属性对节点进行归类，让相同的行和列彼此相邻。现在仍然存在一些问题阻碍我们，找到能够表达图形特征的正确顺序，于是我们可以使用交互式重新排列法来解决问题。

图 3.60 显示了顺序的重要性。图中三个矩阵图形显示的都是《悲惨世界》中两个角色同时出现的内容，我们曾在图 1.1 中提到过此书。不同深浅的绿色表示两个角色同时出现的次数，其中深绿色代表次数较多。矩阵对角线中的蓝色阴影表示角色出现的总体频率。三幅图分别显示了三种不同的属性顺序。图 3.60（a）中，行和列按照角色姓名排序。图 3.60（b）中，矩阵根据角色出现的频率排序。最后在图 3.60（c）中，矩阵按照群体检测算法排序。我们从图中可以看出，排序的算法越复杂，矩阵中的图形就越清晰。

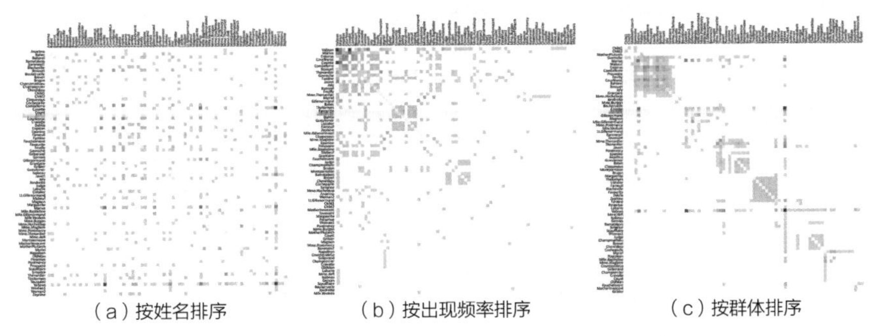

（a）按姓名排序　　（b）按出现频率排序　　（c）按群体排序

图 3.60　相同数据在矩阵图形中的不同排序

综上所述，矩阵图形的主要优势在于其对图形的边有多种处理方式，而节点仅表示为行和列的标签。图形数据的可视化非常简单。虽然矩阵图形不需要布局优化，但排序却是一个复杂的问题。还应注意的是，矩阵大小随节点数的增加呈二次方式的增长。

内含图形

前文所述的矩阵图形和节点连接图的共同点是，它们都是通过专用图形符号（标记所在的单元格或连接），也就是边来可视化数据间的关系。从这个意义上说，这些图形都可以被称为显式图形。

内含图形正好与之相反，它并没有显示图形中的边，而且节点之间的关系由节点的相对位置来表示。然而，只有当图形结构遵循某些规律时，我们才能够使用内含图形，而平常的网络图就没法使用。内含图形非常适合于具有规则父节点和子节点关系的树形图。

层级关系的隐性表达有三种方法，分别是包含、相交或相邻，如图 3.61 所示。包含的意思是子节点包含在父节点中。相交的意思是子节点只与父节点相交布置。相邻的意思是子节点和父节点相邻布置。

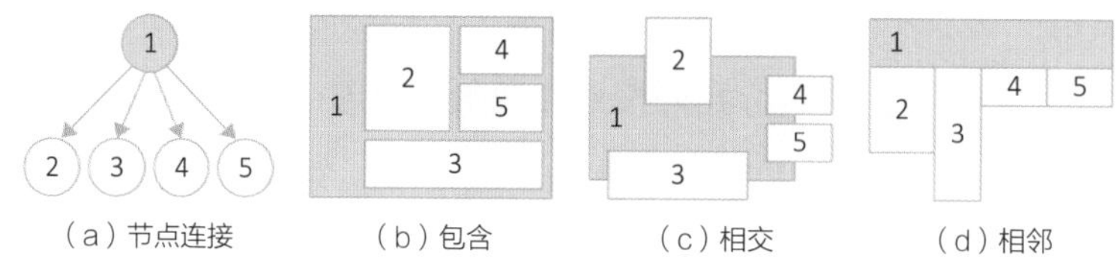

图 3.61 节点连接图形和内含图形的比较[71]

由于内含图形没有显性绘制的边，所以图中的视觉重点就落在了节点上。内含图形的本质实际上就是压缩图形，这就意味着我们要在可用的绘图空间中将代表节点的图形符号尽可能紧密地放置。所以，内含图形根据所需选出的布局方案，有可能又快速又简单，也有可能又耗时又复杂。

内含图形的例子有很多种，图 3.62 所示为其中一部分。三幅图中都显示的是哺乳动物的分类体系，每幅图约含有 3000 个节点。图 3.62（a）中的方块树形图用的是包含[72]。图 3.62（b）中的信息金字塔通过 z 轴堆叠层级[73]，然后用相邻来表示父节点和子节点的关系。图 3.62（c）中的三维辐射图也使用了相邻，但是层级则用围绕着中心根节点的外层结构来表示。

总而言之，内含图形的优点是能有效地利用空间来布置节点符号。缺点是如果节点布局不仔细或者过度绘制，就会妨碍用户的视觉感知。此外，不同的布局可能会导致边失去方向性。节点 u 要么重叠在节点 v 之上，要么重叠在节点 v 之下，所以很容易显示出方向性。然而，相邻只是相对的，所以我们需要事先确定一下某些方案，比如一律采用从上到下或从左到右的方式

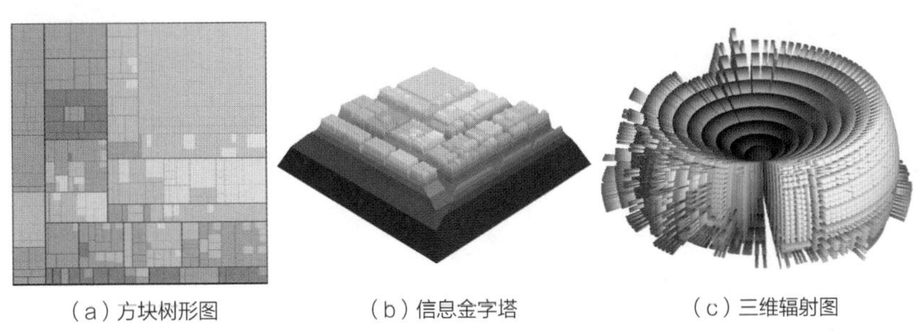

（a）方块树形图　（b）信息金字塔　（c）三维辐射图

图 3.62　分类层次结构的内含图形

史蒂芬·哈德拉克供图

绘制图形来统一方向性。

合成图

节点连接图、矩阵图形和内含图形分别适用于不同的图形数据。节点连接图适用于边的数量适中的较为稀疏的网络。具有多条边的密集网络最好使用矩阵图形。如前文所说，内含图形适用于树形图。但是，如果我们的图既有稀疏和密集的部分，并且同时又有树状的子结构呢？

这种情况下就要用到合成图了。合成图，就是结合了多种不同表征模式的图形。其基本思想是通过不同图形的组合运用，可以取长补短，积极发挥各种图形的优势。然而，我们怎么确定图形的哪一部分用哪种方式表达？有些合成图算法将决定权完全交给了用户，由用户通过人机交互来设计图形的不同部分。我们也可以通过自动计算来检测图形中的密集、稀疏部分或者树形图的子结构，然后由系统自动分配图形[74]。

合成图技术的一个绝佳范例就是 NodeTrix[75]。顾名思义就是节点连接图和矩阵图形的组合体。图 3.63 显示了共存网络的一个示例，其中密集聚类用子矩阵表示，聚类之间用曲线连接。

综上所述，节点连接图、矩阵图形、内含图形和合成图形都是在设计可视化方案时可供选择的基本方法。在下一节中，我们来了解包含多类型数据的高级图形可视化方案。

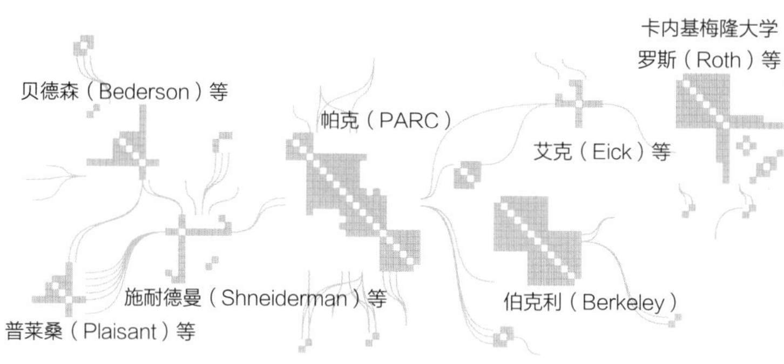

图 3.63　用 NodeTrix 显示的联合作者关系图形

3.5.3　多面图形的可视化

通过前文所述的各类可视化方案，我们已经了解到图形结构是由节点和边构成的。然而，在处理图形时也有可能遇到其他方面的情况，尤其是多变量数据属性、时间和空间数据以及节点和边的层级结构等。

本节的内容主要是学习如何将上述这些方面合并到图形中。多面图形的可视化技术本身就是一个研究课题[76]。其中的难点在于如何能够在达成清晰的视觉效果的同时又能够兼顾所有的方面，并且还能满足用户的要求。为了达到这个目的，我们可以试一试如下的两步设计法。第一，为主要图形面创建一个主图形，用于管理全局。第二，将其他图形合并到基本图形中。

例如，若我们想将图形结构与多变量属性一起进行可视化转换，那么就可以选择一个节点连接图作为结构的基本图形。多变量属性的图形可以通过改变节点的颜色、大小、形状和改变连接的颜色、宽度或图形来实现组合。如果我们的目标是多变量属性，而结构则无关紧要的话，那就可以直接用简单的图形来显示属性。然后通过在图形中的各行之间绘制连接来合并结构。

一般来说，与第 3.1.2 节中关于图形组合的方法类似，不同数据面图形的组合可以通过两种不同的方式进行。第一种，可以为每一个数据面都设定显示时间长度，然后计时跳转。第二种，可以通过合理化设计显示空间来实现数据面图形的组合。

空间构图的基本操作有并列、叠加和嵌套这三种。图 3.64 所示是这三种操作分别结合了结构和地理空间的图形。并列的意思是结构和地理空间环境并排显示。这会给用户带来两方面都特别直观的视觉效果。在实际操作中，我们还要添加其他视觉符号，如图 3.64（a）所示，图中用曲线将数据面连接起来。叠加的意思是将一个数据面绘制在另一个数据面的里面。在图 3.64（b）的示例中，因为地理区域限制了图形节点的布局，所以地理空间环境也就控制着图形的结构。

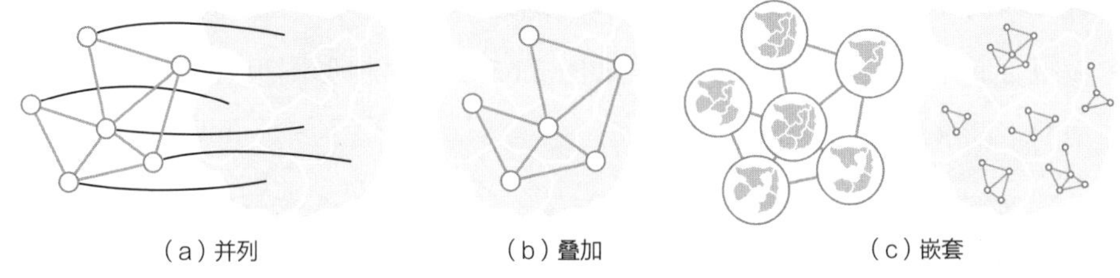

（a）并列　（b）叠加　（c）嵌套

图 3.64　多个图形组合成单一图形

嵌套也是如此，需要嵌套的数据面必须对应嵌套的基础图形位置和空间限制。数据面与数据面的嵌套顺序不同会带来不同的视觉效果。例如，图 3.64（c）中的两个嵌套显示了相同的数据，却传递了不同的信息。结构中嵌套地理空间（左）显示了哪个地理区域属于预先设定的节点，而地理空间中嵌套结构（右）则显示了哪些节点属于预先设定的地理区域。

接下来，我们来看看用于多面图形可视化的两个具体方案。第一个方案，将动态空间树形图转换为三维布局图形。第二种方案，在多图形系统中转换多元复合图。

动态空间树形图的三维布局形式

如前文所述，动态图形随时间 T 而变化，空间图形与空间参照系 S 关联。与一般的时间数据类似，我们通常都是根据动态图形随时间的变化情况而进行分析的。比如哪些节点和边进入或离开图形时，哪些部分会一直保持不动？在处理空间图形时，我们的主要关注点要放在图形结构和空间环境之间的相互作用上。

接下来，我们来看一看如何将树形结构及时间和空间方面组合在一起进行可视化转换。下面的示例是一个基于空间参照系的地图。将树形结构嵌套在地图中，然后使用多个图层的叠加来表示数据的时间性演变。

树形图的空间嵌套

如前文所述，我们首先用地图作为空间图形，然后将树形图的结构嵌套在地图中，最后将时间面集成进去。在处理时间面时，我们需要选择布局算法来给树形图中的节点分配固定位置。另外，算法还要使布局能够适应地图中各区域的不规则的形状和大小。我们通过将基于节点的布局和基于结构的区域组合起来就能解决这个问题。如图 3.65 所示，树形图很自然地融入了地图中的不同区域。

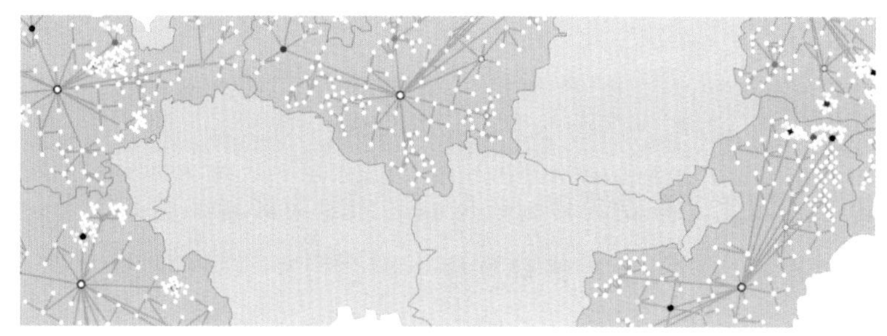

图 3.65　在所选区域嵌套树形图的区域

时间分层和不同编码

在时间数据的可视化技术中，我们需要为每一个时间步创建单独的图层。根据第 3.4.3 节中介绍的时空立方体的概念，将地图转换为三维图形，时间步图层沿第三个显示维度（*z* 轴）叠加。图 3.66 所示就是三个时间步图层。图中可以很容易地看到每个时间步的细节。

但是，各时间步图层之间的变化趋势很难看出来。所以，在实际操作中我们还需要对差异性变化赋予明确的视觉符号，比如用红色和蓝色的线表示节点离开或者进入树形图的位置，用橙色和浅蓝色的线来连接数据值发生变化的节点。由于树形图的节点位置都是固定的，所以各种颜色的线始终垂

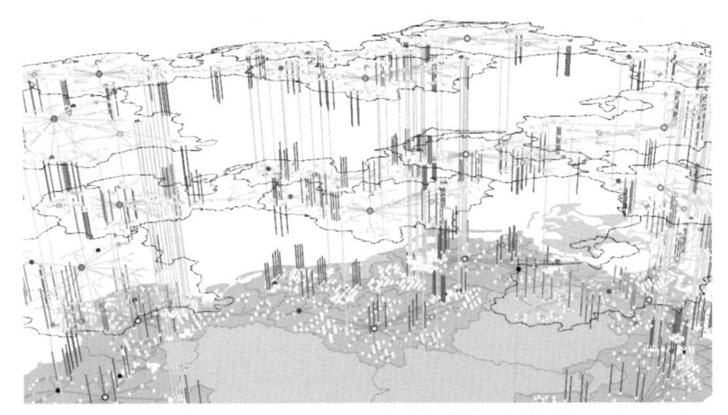

图 3.66　三个时间步图层在区域上的布局

线代表各图层之间的差异

直于地图层。

请注意，由于缺少动态元素（也就是立体信号），所以静态图形无法表达出实时的三维效果。人类的感知系统擅长适应三维场景，所以图中的节点、边、图层和线条等元素之间的关联可以引入动态效果来显示。

但是三维效果也有一定的局限性，那就是时间步的图层数量不能太多。如果太多，就需要考虑其他的方案，比如时间滚动条。通过时间滚动条可以将数据中的时间对应到当前时间，用这种方法来精简当前图形中的图层数量。

一般来说，当图形本身较大且涉及的面也很广时，多面图形的可视化就会变得比较困难。在下一节中，我们将了解如何使用多图形方法解决这个问题。

多元复合图的多图形方案

随着图形中节点和边的数量增加，完全显示出所有节点和边也变得越来越困难。在这种情况下，我们就可以将图形中的节点和边组合起来。在复合图 $G=(V, E, H)$ 中，树形图 H 的根就是层级组合。H 的叶集合对应 G 的节点 V。H 的非叶对应节点组，称为元节点或聚类节点。为了在不同的层级上研究图形，我们还可以扩展或折叠节点组。多元复合图 $G=(V, E, H, A)$ 是一种节点 V 和边 E 都带有附加数据属性 A 的图形。

研究多元复合图的根本目的在于了解图形的结构与相关属性、节点组之间的关联。比如节点子集和它们的属性相似，那么和结构属性也相似吗？或者对于图形中特定的子结构，其中的节点和属性是类似的吗？再或者一个组中的节点和另一个组中的节点类似吗？

为了解答这些问题，我们可以使用图形可视化系统 CGV[77] 的多图形技术。从理论上来说，这个系统通过将面并列布局并且允许图形叠加这些方式，解决了多面图形的可视化问题。

多图形

如图 3.67 所示是系统中自带的八种不同图形。左侧的矩阵和中间的节点连接图中显示的是图形结构（V 和 E）。用户选定的属性在这些图形中通过不同的颜色和大小来表示。底部的折线图显示的是数据属性。右下角的热力图显示的是图形布局中的节点密度。

将要进行可视化的是图形 H 的层级结构，这个操作在顶部的三个视图中进行。图形层次视图中（右上角）的节点用彩色三角形表示，图中可以清晰地看出图形 H 的群组大小。带有文本的树形图（中上）可以让用户读取群组的标签。左侧的三维树形图被称为“魔眼”[78]，它通过反映在半球上的红色点和蓝色线来表示复合层级。另外的橙色弧线穿过半球，表示与 H 相关的选定连接 E。最后，左下角的属性图列出了与选定节点或边相关的属性。如本示例（以及图 1.3）中所示，同一个图形数据有着截然不同的图形，每个图形的显示重点也都不同。

突出显示

为了在多图形中清晰地理解信息，用户可以自己在心里将不同的图形对应起来，这时候就需要将某些数据突出显示来辅助用户解读。在实际应用中，在当前处理的图形中突出显示某些数据，那么基于相同的数据在其他图形中也会被同步突出显示。例如，关键字为“Albert，Einstein，life”的节点在节点连接图中用圆圈标记，在树形图中用蓝色背景填充标记，在折线图中用红色而不是黑色来标记节点的多段线，在层级图、矩阵图和热力图中用十字光标来标记节点，即更改任一图形中的焦点都会同时更改其他图形中的标记。

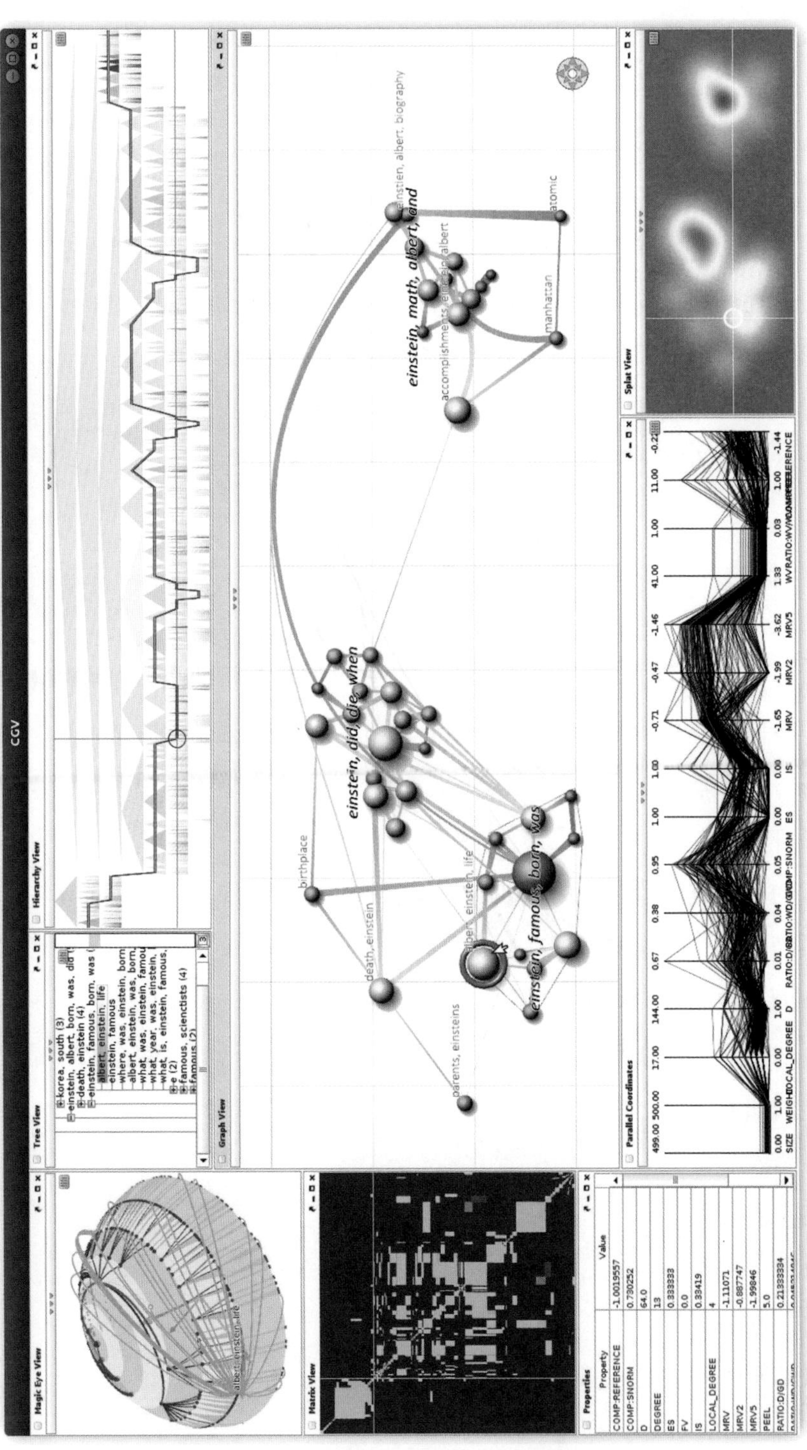

图 3.67　用多图形工具处理多面图形

另外，顶部层级图中的蓝线表示层级分组中的当前层级。当用户通过展开或折叠组在层次结构中上下选择时，蓝线将自动调整形状，以此来为用户显示正在分析哪一个层级。

利用多图形和突出显示等功能可以轻松地研究大型多面图形。从中我们可以发现，多图形可视化技术可以妥善地处理含有多面属性的复杂数据。

通过上述两个多面图形可视化解决方案的示例，我们已经了解到不同类别的图形可以通过专门的方法来进行可视化转换。而多面图形的可视化非常复杂，必须投入大量的精力去设计方案。在第五章中，我们将了解如何通过自动分析计算来解决更复杂的图形可视化问题。

3.6 本章总结

本章详细介绍了如何将数据转换为交互式可视化分析的图形。可视化转换的核心有两个基本操作：图形绘制和图形布局。图形绘制指的是将数据绘制为图形符号和视觉变量。图形布局指的是在一个或多个图形中布置代表数据的图形符号。

本章的大部分内容都集中于如何在不同的环境中为各类数据实现基本的可视化转换。其中数据的特征在可视化方案设计中至关重要。我们需要考虑这几个方面：数据与时间 T 的关系、数据与地理空间 S 的关系以及数据中包含的关系 R 是否要在图形中显示等，这几个方面也可以同时出现，尤其是我们讨论过的如下可视化图形：

- 多元数据 A
- 时间数据 $T \times A$
- 地理空间数据 $S \times A$
- 时空数据 $S \times T \times A$
- 图形 R
- 多面图形 $R \times T \times S \times A$

在设计可视化方案时，涉及的方面越多，难度也就越高。所以设计出表现力强且效果良好的图形可谓不小的挑战。另外还有很多其他方面也需要我们去考虑。

本章中我们没有提到过有关数据质量方面的问题。事实上，数据质量也属于一种先决条件。在很多情况下，我们获取的数据并不会很完整，有可能会有缺失、不确定，或者干脆就是错误不断[79]。

数据的质量又为可视化设计增加了一个全新的层面。例如，在可视化地理空间数据时，不仅涉及空间 S 和数据 A，还涉及不确定性 U 的方面。那么这个不确定性 U 就会为我们带来新的问题，以下为部分问题示例：

- $A \rightarrow U$—— 哪些数据不确定？
- $T \rightarrow A \times U$—— 数据值和不确定性如何随着时间变化？
- $T \times S \rightarrow U$—— 位于时空中哪个位置的数据不确定？
- $R \rightarrow U$—— 哪种结构关系不确定？

除了数据的不确定性，还有其他需要考虑的方面。比如信息来源 P。P 不只是表示信息的来源，也就是信息的生成过程，还表示信息的可靠性。也就是信息的符合程度[80]。显然，P 的加入使可视化分析的难度又增加了。

多方面可视化中的优先级

由于这么多方面都会对可视化设计产生影响，所以我们没法简单地组合可视化技术。那么就有必要在设计过程中优先考虑某些方面，并根据实际情况调整设计[81]。

为了解决这个问题，就必须要为每一方面都创建不同程度的可缩放图形。例如，可以使用复杂的地形渲染技术完整地显示空间，或者仅用简单的轮廓来代表空间参照系。如果空间在分析场景中起着重要作用，则需要使用复杂的地形渲染技术。如果空间所起的作用不大，那么就可以使用简单的图形轮廓。

根据数据的重要性来设计方案会导致很多方面的优先级都排在前列。所以实际应用中要多方面考虑，仔细权衡。这个课题现在还有待进一步研究才能达到成熟状态。未来这方面的研究可以从大量的可视化分析方案设计中获取灵感。

自可视化技术成为计算机科学领域的一部分以来，已经为各种数据开发了多种可视化图形。鉴于本书篇幅有限，我们只能介绍其中的一些基本概念和操作流程，并配备适量的例子加以说明。更多的内容请读者自行参阅相关文献。

为了帮助意向用户方便地找到用于分析数据的可视化解决方案，我们对这些方案都进行了分类归纳。前文中提到的 browser.timeviz.net 和 treevis.net 两个网站都提供了时间数据和树形数据的全面技术列表，请读者自行检索。

动态图形可视化：dynamicgraphs.fbeck.com

这些在线资源来源于专业著作或最新的学术报告，这些书籍或报告中都十分详细地研究了特定领域的可视化技术[82]。感兴趣的读者请自行参阅，共同探索有趣的可视化图形的世界。

至此，我们结束了可视化图形的介绍。在下一章中，我们将重点了解人机交互技术在可视化数据分析中的应用。

综合文献

SPENCE R. *Information Visualization: Design for Interaction*.2nd edition.Prentice Hall,2007.

WARE C. *Information Visualization: Perception for Design*.3rd edition.Morgan Kaufmann,2012.

WARD M O,GRINSTEIN G, KEIM D. *Interactive Data Visualization:Foundations,Techniques,and Applications*.2nd edition.A K Peters/CRC Press,2015.

颜色设定

BERGMAN L D, ROGOWITZ B E, TREINISH L. A Rule-Based Tool for Assisting Colormap Selection. *Proceedings of the IEEE Visualization Conference (Vis)*.IEEE Computer Society,1995,pp.118–125.doi: 10.1109/VISUAL.1995.480803.

HARROWER M A, BREWER C A. ColorBrewer.org: An Online Tool for Selecting Color Schemes for Maps. *The Cartographic Journal* 40.1 (2003), pp.27–37. doi:10.1179/000870403235002042.

ZHOU L, HANSEN C D. A Survey of Colormaps in Visualization. *IEEE Transactions on Visualization and Computer Graphics* 22.8(2016),pp.2051–2069.doi:10.1109/TVCG.2015.2489649.

时间数据的可视化

AIGNER W, MIKSCH S, SCHUMANN H, TOMINSKI C. *Visualization of Time-Oriented Data*.Springer,2011.doi:10.1007/978- 0-85729-079-3.

WILLS G. Visualizing Time:*Designing Graphical Representations for Statistical Data.*

Springer,2011.doi:10.1007/978-0-387-77907-2.

BACH B,DRAGICEVIC P,ARCHAMBAULT D W, HURTER C, CARPENDALE S. A Descriptive Framework for Temporal Data Visualizations Based on Generalized Space-Time Cubes. *Computer Graphics Forum* 36.6(2017),pp.36–61.doi:10.1111/cgf.12804.

时空数据的可视化

MACEACHREN A M. *How Maps Work: Representation,Visualization,and Design*.Guilford Press,1995.

ANDRIENKO N, ANDRIENKO G. *Exploratory Analysis of Spatial and Temporal Data–A Systematic Approach*.Springer,2006.doi:10.1007/3-540-31190-4.

ANDRIENKO G, ANDRIENKO N, BAK P, KEIM D, WROBEL S. *Visual Analytics of Movement*. Springer,2013.doi:10.1007/978- 3-642-37583-5.

图形

VON LANDESBERGER T, KUIJPER A, SCHRECK T, KOHLHAMMER J, VAN WIJK J J, FEKETE J.D, FELLNER D W. Visual Analysis of Large Graphs:State-of-the-Art and Future Research Challenges. *Computer Graphics Forum* 30.6 (2011),pp.1719–1749.doi:10.1111/j.1467-8659.2011.01898.x.

KERREN A, PURCHASE H C, WARD M O. *Multivariate Network Visualization*. Springer,2014.doi:10.1007/978-3-319-06793-3.

NOBRE C, STREIT M, MEYER M, LEX A. The State of the Art in Visualizing Multivariate Networks. *Computer Graphics Forum* 38.3(2019),pp. 807–832.doi:10.1111/cgf.13728.

参考文献

1. HANRAHAN P. *Systems of Thought.Keynote presentation at the Eurographics/IEEE Symposium on Visualization (EuroVis)*.2009 (cited on page 52).

2. BERTIN J. *Sémiologie Graphique*.Gauthier-Villars,1967.

3. BERTIN J. *Semiology of Graphics (W.J.Berg,trans)*.University of Wisconsin Press,1983.

4. MACKINLAY J. Automating the Design of Graphical Presentations of Relational Information. *ACM Transactions on Graphics* 5.2(1986),pp.110–141. doi:10.1145/22949.22950.

5. MACEACHREN A M. *How Maps Work: Representation,Visualization,and Design*. Guilford Press,1995.

6. CLEVELAND W S, MCGILL R. Graphical Perception: Theory, Experimentation, and Application to the Development of Graphical Methods. *Journal of the American Statistical Association* 79.387 (1984),pp.531–554.doi:10.1080/01621459.1984.10478080.

7. HEER J, BOSTOCK M. Crowdsourcing Graphical Perception: Using Mechanical Turk to Assess Visualization Design. *Proceedings of the SIGCHI Conference Human Factors in Computing Systems(CHI)*.ACM Press,2010,pp.203–212.doi:10.1145/1753326.1753357.

8. BERGMAN L D, ROGOWITZ B E, TREINISH L. A Rule-Based Tool for Assisting Colormap Selection. *Proceedings of the IEEE Visualization Conference (Vis)*.IEEE Computer Society,1995,pp.118–125.doi:10.1109/VISUAL.1995.480803.

9. HEALEY C G, ENNS J T. Attention and Visual Memory in Visualization and Computer Graphics. *IEEE Transactions on Visualization and Computer Graphics* 18.7(2012),pp.1170–1188.doi:10.1109/TVCG.2011.127.

10. ROSARIO G E, RUNDENSTEINER E A, BROWN D C, WARD M O, HUANG S. Mapping Nominal Values to Numbers for Effective Visualization. *Information Visualization* 3.2 (2004),pp.80– 95.doi:10.1057/palgrave.ivs.9500072.

11. JOHN M, TOMINSKI C, SCHUMANN H. Visual and Analytical Extensions for the Table Lens. *Proceedings of the Conference on Visualization and Data Analysis (VDA)*.SPIE/IS&T,2008,pp.680907-1–680907-12.doi:10.1117/12.766440.

12. TALBOT J, LIN S, HANRAHAN P. An Extension of Wilkinson's Algorithm for Positioning Tick Labels on Axes. *IEEE Transactions on Visualization and Computer Graphics* 16.6 (2010),pp.1036–1043.doi:10.1109/TVCG.2010.130.

13. TUKEY J W. *Exploratory Data Analysis*.Addison-Wesley,1977.

14. TOMINSKI C, FUCHS G, SCHUMANN H. Task-Driven Color Coding. *Proceedings of the International Conference Information Visualisation (IV)*. IEEE Computer

Society,2008,pp.373–380.doi:10.1109/IV.2008.24.

15. JOHN M,TOMINSKI C, SCHUMANN H. Visual and Analytical Extensions for the Table Lens. *Proceedings of the Conference on Visualization and Data Analysis (VDA)*.SPIE/IS&T,2008,pp.680907-1–680907-12.doi:10.1117/12.766440.

16. DE SAINT-EXUPÉRY A. *Wind,Sand,and Stars.translated by Lewis Galantière*. Harcourt,Inc.,1939.

17. COCKBURN A, KARLSON A, BEDERSON B B. A Review of Overview+Detail, Zooming,and Focus+Context Interfaces. *ACM Computing Surveys* 41.1(2008),2:1–2:31. doi:10.1145/1456650.1456652.

18. LEUNG Y K, APPERLEY M D. A Review and Taxonomy of Distortion-Oriented Presentation Techniques. *ACM Transactions on Computer-Human Interaction* 1.2(1994),pp.126–160.doi:10.1145/180171.180173.

19. ROBERTS J C. State of the Art: Coordinated & Multiple Views in Exploratory Visualization. *Proceedings of the International Conference on Coordinated and Multiple Views in Exploratory Visualization (CMV)*.IEEE Computer Society,2007,pp.98–102. doi:10.1109/CMV.2007.20.

20. RAO R, CARD S K. The Table Lens: Merging Graphical and Symbolic Representations in an Interactive Focus + Context Visualization for Tabular Information. *Proceedings of the SIGCHI Conference Human Factors in Computing Systems (CHI)*.ACM Press,1994,pp.318–322.doi:10.1145/191666.191776.

21. CLEVELAND W S. *Visualizing Data*.Hobart Press,1993.

22. ASIMOV D. The Grand Tour:A Tool for Viewing Multidimensional Data. *SIAM Journal on Scientific and Statistical Computing* 6.1(1985),pp.128–143. doi:10.1137/0906011.

23. INSELBERG A. *Parallel Coordinates–Visual Multidimensional Geometry and Its Applications*.Springer,2009.doi:10.1007/978- 0-387-68628-8.

24. CLAESSEN J H, VAN WIJK J J. Flexible Linked Axes for Multivariate Data Visualization. *IEEE Transactions on Visualization and Computer Graphics* 17.12(2011),pp.2310–2316.doi:10.1109/TVCG.2011.201.

25. HARRIS R L. *Information Graphics:A Comprehensive Illustrated Reference*. Managment Graphics,1996.

26. BORGO R, KEHRER J, CHUNG D H S, MAGUIRE E, LARAMEE R S, HAUSER

H, WARD M, CHEN M. Glyph-based Visualization: Foundations, Design Guidelines, Techniques and Applications. *Eurographics 2013 - State of the Art Reports*. Eurographics Association,2013,pp.39–63.doi:10.2312/conf/EG2013/stars/039-063.

27. SCHUMANN H, MÜLLER W. *Visualisierung: Grundlagen und Allgemeine Methoden*. Springer,2000.doi:10.1007/978-3-642-57193-0.

28. NOCKE T, SCHLECHTWEG S, SCHUMANN H. Icon-Based Visualization Using Mosaic Metaphors. *Proceedings of the International Conference Information Visualisation(IV)*.IEEE Computer Society,2005,pp.103–109.doi:10.1109/IV.2005.58.

29. LUBOSCHIK M, SCHUMANN H. Explode to Explain–Illustrative Information Visualization. *Proceedings of the International Conference Information Visualisation (IV)*. IEEE Computer Society, 2007. doi: 10.1109/IV.2007.50.

30. LEBLANC J, WARD M O, WITTELS N. Exploring nDimensional Databases. *Proceedings of the IEEE Visualization Conference(Vis)*.IEEE Computer Society,1990,pp.230–237.doi:10.1109/VISUAL.1990.146386.

31. SCHUMANN H, MÜLLER W. *Visualisierung: Grundlagen und Allgemeine Methoden*. Springer,2000.doi:10.1007/978-3-642- 57193-0.

32. FEINER S K, BESHERS C. Worlds within Worlds: Metaphors for Exploring n-dimensional Virtual Worlds. *Proceedings of the ACM Symposium on User Interface Software and Technology (UIST)*.ACM Press,1990,pp.76–83.doi: 10.1145/97924.97933.

33. ALLEN J F. Maintaining Knowledge about Temporal Intervals. *Communications of the ACM* 26.11 (1983),pp.832–843.doi: 10.1145/182.358434.

34. FRANK A U. Different “Types of Times” in GIS. *Spatial and Temporal Reasoning in Geographic Information Systems*. Edited by Egenhofer M J and Golledge R G. Oxford University Press, 1998,pp.40–62.

35. STEINER A. *A Generalisation Approach to Temporal Data Models and their Implementations* .PhD thesis.Swiss Federal Institute of Technology,Zürich, Switzerland,1998.

36. TUFTE E R. *The Visual Display of Quantitative Information*.Graphics Press,1983.

37. AIGNER W, MIKSCH S, SCHUMANN H, TOMINSKI C. *Visualization of Time-Oriented Data*.Springer,2011.doi:10.1007/978- 0-85729-079-3.

38. TOMINSKI C, ABELLO J, SCHUMANN H. Axes-Based Visualizations with Radial

Layouts. *Proceedings of the ACM Symposium on Applied Computing (SAC)*.ACM Press,2004,pp.1242–1247.doi:10.1145/967900.968153.

39. KULPA Z. A Diagrammatic Approach to Investigate Interval Relations. *Journal of Visual Languages & Computing* 17.5(2006),pp.466–502.doi: 10.1016/j.jvlc.2005.10.004. url:http://dx.doi.org/10.1016/j.jvlc.2005.10.004.

40. QIANG Y, DELAFONTAINE M, VERSICHELE M, MAEYER P D, DE WEGHE N V. Interactive Analysis of Time Intervals in a Two-dimensional Space. *Information Visualization* 11.4(2012),pp.255–272.doi: 10.1177/1473871612436775.

41. BYRON L, WATTENBERG M. Stacked Graphs–Geometry & Aesthetics. *IEEE Transactions on Visualization and Computer Graphics* 14.6 (2008), pp. 1245–1252. doi:10.1109/TVCG.2008.166.

42. TOMINSKI C, SCHUMANN H. Enhanced Interactive Spiral Display. *Proceedings of the Annual SIGRAD Conference,Special Theme:Interactivity*. Linköping University Electronic Press,2008,pp.53–56.url: https://www.ep.liu.se/ecp_ article/index.en.aspx?issue=034;article=013.

43. CLEVELAND W S. *Visualizing Data*.Hobart Press,1993.

44. VAN WIJK J J, VAN SELOW E R. Cluster and Calendar Based Visualization of Time Series Data. *Proceedings of the IEEE Symposium Information Visualization (InfoVis)*.IEEE Computer Society,1999,pp.4–9.doi: 10.1109/INFVIS.1999.801851.

45. AIGNER W, MIKSCH S,THURNHER B, BIFFL S. PlanningLines: Novel Glyphs for Representing Temporal Uncertainties and their Evaluation. *Proceedings of the International Conference Information Visualisation (IV)*. IEEE Computer Society,2005,pp.457–463. doi:10.1109/IV.2005.97.

46. ANDRIENKO G, ANDRIENKO N, DEMŠAR U, DRANSCH D, DYKES J, FABRIKANT S I, JERN M, KRAAK M J, SCHUMANN H, TOMINSKI C. Space,Time and Visual Analytics. *International Journal of Geographical Information Science* 24.10 (2010),pp.1577–1600.doi:10.1080/13658816.2010.508043.

47. TOBLER W R.A Computer Movie Simulating Urban Growth in the Detroit Region. *Economic Geography* 46.6(1970),pp.234–240.doi:10.2307/143141.

48. MACEACHREN A M. *How Maps Work:Representation,Visualization,and Design*. Guilford Press,1995.

49. VAN WIJK J J. Unfolding the Earth: Myriahedral Projections. *The Cartographic*

Journal 45.1(2008),pp.32–42.doi:10.1179/000870408X276594.

50. BELMONTE N, WANG Y. *Refolding the Earth: Interactive Myriahedral Projection and Fabrication. Poster at the IEEE Conference on Information Visualization.* Berlin,Germany,2018.

51. VISVALINGAM M, WHYATT J D. Line Generalisation by Repeated Elimination of Points. *The Cartographic Journal* 30.1(1993),pp.46–51.doi: 10.1179/000870493786962263.

52. RUZINOOR C M, SHARIFF A R M, PRADHAN B, RODZI AHMAD M, RAHIM M S M. A Review on 3D Terrain Visualization of GIS Data: Techniques and Software. *Geo-spatial Information Science* 15.2(2012),pp.105–115.doi: 10.1080/10095020.2012. 714101.

53. FUCHS G, SCHUMANN H. Intelligent Icon Positioning for Interactive Map-Based Information Systems. *Innovations Through Information Technology*. Edited by Khosrow-Pour,M.Hershey,PA,USA:Idea Group Inc.,2004,pp.261–264.doi: 10.4018/978-1-59140-261-9.ch067.url: http://www.irmainternational.org/viewtitle/32349/.

54. DÜBEL S, RÖHLIG M, SCHUMANN H, TRAPP M. 2D and 3D Presentation of Spatial Data: A Systematic Review. *InfoVis Workshop:Does 3D Really Make Sense for Data Visualization?* IEEE Computer Society,2014.doi: 10.1109/3DVis.2014.7160094.

55. RÖHLIG M, SCHUMANN H. Visibility Widgets for Unveiling Occluded Data in 3D Terrain Visualization. *Journal of Visual Languages & Computing* 42 (2017),pp.86–98. doi:10.1016/j.jvlc.2017.08.008.

56. TOMINSKI C, SCHUMANN H, ANDRIENKO G, ANDRIENKO N. Stacking-Based Visualization of Trajectory Attribute Data. *IEEE Transactions on Visualization and Computer Graphics* 18.12 (2012),pp.2565–2574.doi: 10.1109/TVCG.2012.265.

57. HÄGERSTRAND T. What About People in Regional Science?. *Papers of the Regional Science Association* 24(1970),pp.7–21.

58. KRAAK M J. The Space-Time Cube Revisited from a Geovisualization Perspective. *Proceedings of the 21st International Cartographic Conference (ICC)*.Newcastle,UK:The International Cartographic Association (ICA),2003,pp.1988–1995.

59. TOMINSKI C, SCHULZE-WOLLGAST P, SCHUMANN H. 3D Information Visualization for Time Dependent Data on Maps. *Proceedings of the International Conference Information Visualisation (IV)*.IEEE Computer Society, 2005,pp.175–181. doi:10.1109/IV.2005.3.

60. TOMINSKI C, SCHULZ H J. The Great Wall of Space-Time. *Proceedings*

of the Workshop on Vision,Modeling & Visualization (VMV). Eurographics Association,2012,pp.199–206.doi:10.2312/PE/VMV/VMV12/199-206.

61. BRANDSTÄDT A, LE V B, SPINRAD J P. *Graph Classes:A Survey*.SIAM, 1999. doi:10.1137/1.9780898719796.

62. GROSS J L, YELLEN J, ZHANG P. *Handbook of Graph Theory*.CRC Press,2014.

63. HADLAK S, SCHUMANN H, SCHULZ H J. A Survey of Multi-faceted Graph Visualization. *EuroVis State of the Art Reports*.Eurographics Association, 2015,pp.1–20. doi:10. 2312/eurovisstar.20151109.

64. BATTISTA G D, EADES P, TAMASSIA R, TOLLIS I G. *Graph Drawing: Algorithms for the Visualization of Graphs*.1st edition.Prentice Hall, 1999.

65. TAMASSIA R. *Handbook of Graph Drawing and Visualization*.CRC Press,2013.

66. SCHULZ H J, SCHUMANN H. Visualizing Graphs–A Generalized View. *Proceedings of the International Conference Information Visualisation (IV)*. IEEE Computer Society,2006,pp.166–173.doi:10.1109/IV.2006.130.

67. FRUCHTERMAN T M J, REINGOLD E M. Graph Drawing by Force-Directed Placement. *Software: Practice and Experience* 21.11(1991),pp.1129–1164. doi:10.1002/spe.4380211102.

68. NACHMANSON L, NOCAJ A, BEREG S, ZHANG L, HOLROYD A. Node Overlap Removal by Growing a Tree. *Proceedings of the International Symposium on Graph Drawing(GD)*.Springer,2016,pp.33–43.doi:10.1007/978-3-319-50106-2_3.

69. SHEN Z, MA K L. Path Visualization for Adjacency Matrices. *Proceedings of the Joint Eurographics - IEEE VGTC Symposium on Visualization (VisSym)*.Eurographics Association,2007,pp.83–90.doi: 10.2312/VisSym/EuroVis07/083- 090.

70. BEHRISCH M, BACH B, RICHE N H, SCHRECK T, FEKETE J. Matrix Reordering Methods for Table and Network Visualization. *Computer Graphics Forum* 35.3 (2016),pp.693–716.doi:10.1111/cgf.12935.

71. SCHULZ H J, HADLAK S, SCHUMANN H. The Design Space of Implicit Hierarchy Visualization:A Survey. *IEEE Transactions on Visualization and Computer Graphics* 17.4 (2011),pp.393–411.doi:10.1109/TVCG.2010.79.

72. BRULS M, HUIZING K, VAN WIJK J J. Squarified Treemaps. *Proceedings of the Joint Eurographics - IEEE VGTC Symposium on Visualization (VisSym)*.Springer,2000,pp.33–42.

doi:10.1007/978-3-7091-6783-0_4.

73. ANDREWS K, WOLTE J, PICHLER M. Information Pyramids:A New Approach to Visualising Large Hierarchies. *Proceedings of the IEEE Visualization Conference (Vis)*.Late Breaking Hot Topics.IEEE Computer Society,1997,pp.49–52.

74. ARCHAMBAULT D W, MUNZNER T, AUBER D. TopoLayout:Multilevel Graph Layout by Topological Features. *IEEE Transactions on Visualization and Computer Graphics* 13.2 (2007),pp.305–317.doi:10.1109/TVCG.2007.46.

75. HENRY N, FEKETE J D, MCGUFFIN M J. NodeTrix:a Hybrid Visualization of Social Networks. *IEEE Transactions on Visualization and Computer Graphics* 13.6 (2007),pp.1302– 1309.doi:10.1109/TVCG.2007.70582.

76. HADLAK S, SCHUMANN H, SCHULZ H J. A Survey of Multi-faceted Graph Visualization. *EuroVis State of the Art Reports.Eurographics Association,* 2015,pp.1–20. doi:10.2312/eurovisstar.20151109.

77. TOMINSKI C, ABELLO J, SCHUMANN H. CGV– An Interactive Graph Visualization System. *Computers & Graphics* 33.6 (2009),pp.660–678.doi: 10.1016/j.cag.2009.06.002.

78. KREUSELER M, SCHUMANN H. Information Visualization Using a New Focus+Context Technique in Combination with Dynamic Clustering of Information Space. *Proceedings of the ACM Workshop on New Paradigms in Information Visualization and Manipulation (NPIVM)*.ACM Press,1999,pp.1–5.

79. GRIETHE H， SCHUMANN H. The Visualization of Uncertain Data: Methods and Problems. *Proceedings of the Simulation and Visualization (SimVis)*.SCS Publishing House e.V.,2006,pp.143–156.

80. RAGAN E D, ENDERT A, SANYAL J, CHEN J. Characterizing Provenance in Visualization and Data Analysis:An Organizational Framework of Provenance Types and Purposes. *IEEE Transactions on Visualization and Computer Graphics* 22.1 (2016),pp.31–40.doi:10.1109/TVCG.2015.2467551.

81. DÜBEL S, RÖHLIG M, TOMINSKI C, SCHUMANN H. Visualizing 3D Terrain, Geo-Spatial Data,and Uncertainty. *Informatics* 4.1 (2017),pp.1–18.doi: 10.3390/informatics4010006.

82. MCNABB L， LARAMEE R S. Survey of Surveys (SoS) - Mapping The Landscape of Survey Papers in Information Visualization. *Computer Graphics Forum* 36.3 (2017),pp.589–617.doi:10.1111/cgf.13212.

第四章 可视化中的人机交互技术

可视化技术让我们可以很直观地观察数据。人类独有的逻辑思考能力使得我们能够理解可视化图形和效果，并分析图形背后的信息并最终得出结论。然而，如果我们只是被动地接收信息，那就是对可视化数据分析技术的巨大浪费。在理想的情况下，我们更希望积极加入与数据的对话当中，其中就包括生成和优化不同的图形以及研究特定的细节。所有这些活动都可以通过人机交互得以实现。

本章会详细介绍一些用于可视化数据分析的不同形式的人机交互方法。人机交互领域有四个关键方面：人（用户）、任务、数据和技术。

可视化图形最终是由人来研究和解释的，并且是由人来根据反馈的信息与可视化系统进行交互。交互的目的是对相关数据的情况进行分析从而得出结论。技术是交互式可视化分析过程中的媒介，它负责输出图形并接受用户的输入。这句话的意思是：用户使用技术来解决数据分析任务。

本章的内容涉及上述四个方面。第一部分将重点介绍人在交互式可视化数据分析中的作用。在第 4.1 节中，我们鼓励用户积极参与交互式可视化数据分析，并了解人类与可视化系统交互的概念是什么。第 4.2 节将介绍在可视化数据分析中实现人机交互所要满足的要求。纵贯本章，我们主要讨论人在交互式可视化分析中的作用。

在第二部分中，我们的注意力将转移到需要通过人机交互执行的任务以及操作数据上。从第 4.3 节中的基础人机交互操作开始。第 4.4 节主要介绍在可视化数据分析中该如何选择交互方式以及加强视觉效果。在第 4.5 节中，我们继续在可缩放的可视化操作中进行多方面探索。第 4.6 节解释了如何通过交互式透镜对可视化图形进行灵活地调整。第 4.7 节中举了一个更复杂的例子，这个例子通过自然启发的方法来引导我们进行图形比较。在我们讨论这些不同任务的人机交互操作时还需要考虑到数据方面。在本章中，我们会了解到人机交互就像可视化一样，需要根据当前的数据进行设计。本章包括多元数据、时间数据、时空数据和图形数据的交互技术。

本章的第三部分，也是最后一部分，专门讨论人机交互的技术。第 4.8

节用超越了传统方法的示例，给读者带来了人机交互的新概念。下面我们会看到的触摸技术和有形交互或大型高分辨率显示器等现代技术为交互式可视化数据分析打开了新的大门。然而，如果要充分发挥新技术的作用，那么就需要全新的设计方案。

4.1　人的作用

如前文所述，我们将在本章的前一部分对可视化数据分析中的人机交互以及人在这一过程中的作用做一下初步了解。现在让我们从互动的目的开始。

人机交互有必要吗？难道我们不能让计算机独立完成所有的工作吗？如果数据的分析可以被精确地公式化，并且可以通过计算机精确地算出结果，那么当然不需要人类参与了。然而，数据的分析通常没有那么简单。雅克·贝尔廷甚至在可视化技术成为一个单独领域存在之前就已经清楚地表明了这一点[1]：

> 图形并非一次性“画”出来的，而是经过“构建”而成的，意为通过不断地调整来最终表达出数据间的各种关系及架构。最好的图形应该是由操作者亲自动手“构建”出来的。（贝尔廷，1981）

贝尔廷的话到了今天仍然适用。我们很多时候根本就不清楚分析目标到底是什么，所以分析从本质上来说就是一种探索。我们有时甚至不清楚期望的结果是什么，或者它们应该是什么样子。我们在第三章中已经介绍了许多不同的可视化技术，而如何选择并且设置它们就需要动用人类的专业知识了。人机交互让用户能够体验不同的视觉效果，并从不同的角度去查看数据。

人机交互可以让用户去选择可视化方案，而且可以选择要可视化的内容。数据通常只负责捕捉复杂的现象，也就是数千条信息间的相互作用，然而，人类的大脑一次只能消化有限的信息，因此，数据分析必须要筛选出有意义的部分。正是人机交互技术的应用让用户实现自由操作，并将它们结合起来全面地解读[2]。

事实上，人机互动不仅仅是为了实用目的，让用户的操作更方便，同时也有助于认知目的，可以帮助用户更好地去理解数据、信息以及所使用的工具[3]。

总而言之，可视化可以帮助我们看到平时看不见的东西，而人机交互可以让我们做一些原本无法做到的事情。也就是说，可视化图形可能会激发我们的好奇心，但人机互动提供了满足这种好奇心的手段。

4.1.1　人机交互的意图和行为模式

显然，人机交互在可视化数据分析中扮演着重要的角色。但到底是什么促使用户进行人机交互？哪些人机交互方式最为常见？为了回答这些问题，接下来我们将研究人机交互意图的高级别分类和更精细的行为模式。

人机交互意图

交互意图本质上就是用户为什么与可视化图形交互。这里我们可以确定七种类别[4]的原因。接下来，我们将简单说一说每种类别背后的基本概念。

我想做标记。当用户在可视化图形中看到了感兴趣的东西时，通常会对其进行标记以供进一步研究。临时标记用于突出阶段性结果，永久标记则用于在较长时间内记住重要的分析结果。

我想看看别的。对于复杂的大型数据来说，通常不可能在单个图形中显示出所有信息。为了了解全局情况，用户必须要探索数据的不同部分，并用图形中显示的不同变量组合进行实验。

我想看看不一样的布局。通过不同的图形布局，用户可以从不同的角度研究数据以及获得不同的信息。例如，根据时间安排数据可以看出事情发展的趋势，而基于属性的布局可能更适合表示数据的分布。

我想看看不一样的图形。视觉效果对于可视化图形的质量有着重要的影响。无论是为了实现不同的分析任务还是追求可视化图形的美观性，用户都会有调整视觉效果的需求。

我想看看更多（或更少）的细节。就像在现实生活中一样，用户有时候会希望详细了解某些事情。而另一方面，通常还需要了解全局情况来保证大方向正确。在探索数据的过程中，用户需要通过不断调整细节程度来满足其研究细节和了解全局的矛盾需求。

我想看看这些东西都需要什么条件。将图形限制为仅显示符合特定限制或搜索条件且与手头任务特别相关的数据，这种做法的意义重大。利用人机交互过滤或筛掉不相关的数据可以清除图形中的杂乱内容，使用户能够更加专注于任务。

我想看看相关的东西。当人们有时候发现了有趣的东西时，那么接下来大概率就要问一问数据的其他部分中有没有同样的内容。所以用户为了发现、比较和评估这些东西，就要通过诸如连接符号之类的手段与它们建立联系。

这七种类别涵盖了与可视化数据分析特别相关的交互意图。接下来，我们看一看其他类别的普遍意图，它们也与可视化数据分析息息相关。

我想返回到上一步。因为可视化数据分析是一个探索的过程，所以有时候用户要尝试数据的新图形和其他假设的环境。如果产生的效果不理想，那么就要返回到以前的状态。历史记录机制可以跟踪人机交互操作并允许用户撤销和重新操作。

我想换个界面。除了根据手头的数据和任务调整可视化图形外，用户还会希望调整整个可视化分析系统，其中包括调整用户界面（例如窗口的排列或工具栏中的项目），以及系统资源的管理（例如显示分辨率和要使用的内存量）。

上述的交互意图总结了用户参与可视化数据分析的原因。下一节中我们将重点介绍更具体的行为模式。

行为模式

人机交互的另一个范畴是行为模式[5]。意思是用户在进行可视化数据分析时所要进行的实际操作。这种行为模式可以分为两类：

- 单向操作
- 双向操作

单向操作指的是操作行为只在单向产生结果，并不会造成自然的反向行为。任何单向操作只能通过主动撤销来逆转。比如选择、导航、比较，这些都是单项操作的例子。

双向操作指的是操作一个动作，就会自然返回一个动作，也就是说，两个动作是相向的。这种操作可以用于发展状态或者恢复以前的状态。折叠和展开就是双向操作中的一个例子。比如我们将代表多数据元素的符号折叠成一个符号，那么自然返回的动作就是展开单个数据元素图形。

在交互式可视化数据分析中，涉及许多单向和双向操作。表 4.1 和表 4.2 中列出了一些相关示例。我们会专门用一节的篇幅来研究这些例子。在第 4.4 节中，我们将深入了解选择和筛选功能，在第 4.5 节中研究可缩放的图形，还有导航和演示，在第 4.6 节中研究通过互动透镜来混合其他图形，在第 4.7 节中，我们还将研究某些特别的行为模式。

表 4.1　单向操作的示例

行为	说明
排列	在空间或时间中改变对象顺序
点击	绑定要处理的功能或者值
组合	将图形结合成一个整体
比较	查看共同部分或者差异部分
提取	获取深层信息
筛选	根据特定条件显示子集
导航	在数据间移动
选取	聚焦或者选择个体或群体

表 4.2 双向操作的示例

行为	说明
折叠 / 展开	折叠对象，或者展开对象，以有效利用空间
合成 / 分解	组合并连接到一起成为整体，或者分解成单独组件
连接 / 断开	建立联系，或者断开联系
存储 / 提取	存放以待后用，或者提取出来使用

我们首先应该清楚的是，人机交互是一个用于将感知的内容赋予意义、收集相关信息以及提取和存储目标数据的多方面概念。换句话说，人不仅是被动的旁观者，更是动态过程中的积极参与者。我们接下来将讨论如何从概念上对人机交互进行建模和理解。

4.1.2 动作循环

从理论上说，诺曼（Norman）的动作循环模型可以很好地解释循环中人的作用。动作循环是一个通用模型，清晰地表述了通过几个动作阶段组成的互动流程[6, 7]。如图 4.1 所示，人和系统通过两个阶段连接：执行阶段和评估阶段。执行阶段与执行人机交互有关，而评估阶段则与解读系统生成的可视化图形有关。

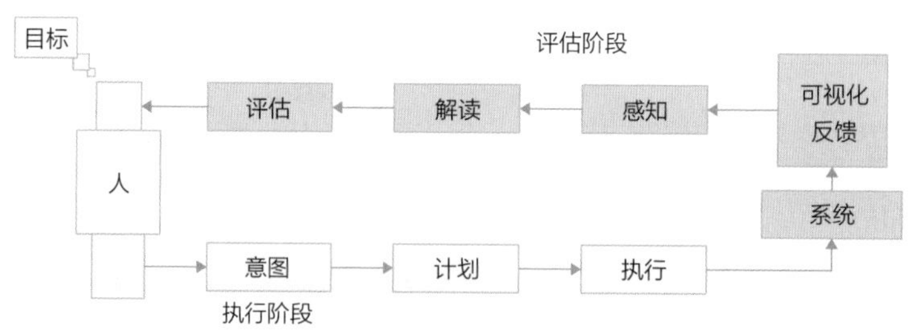

图 4.1 动作循环的各个阶段

动作的阶段

从图 4.1 所示可以看出，人在参与某些数据分析活动之前，需要有一个分析目标。动作循环的第一阶段是确定分析目标并且产生足够的意图，第二阶段则是制订达到目标的行动计划，然后在第三阶段实际执行该计划。

接下来，系统开始处理用户的输入，并生成一个反馈图形呈现给用户，评估阶段就此开始。用户看到新的图形之后，再有意识地对其进行解读。在最终评估阶段，将人机交互的结果与初始意图进行比较。如果结果和意图不匹配，那么就必须重新执行动作循环。当然，在这个过程中，用户可以更改内容以生成替代的结果。

示例中的动作循环只需要执行一次即可，而在实际应用中则可能会执行很多次，原因就是交互的意图和结果之间并不总是一致。人机交互的一个重要因素就是人要参与到可视化数据分析的动态过程中。如前文所述，人们在分析数据时的目的各不相同，如果能够发现更感兴趣的内容，那么就会极大地提高深入研究的动力。其中的各种细节也能够激发人们对不同视觉效果的好奇心。这种行为有可能会带来新的问题和信息，从而将分析目标转到另一个方向。

人机交互的等级

我们根据实现目标通常所需的环节数量，可以区分不同级别的人机交互：初级交互、中级交互和高级交互。

初级交互是由用户根据输入设备所能提供的最低自由度的权限来执行点击或者移动图形等最基本的操作。

中级交互是用户在结合初级交互的情况下，执行有意义的数据分析活动。其中加入了数据导航、调整视觉效果或根据任务目标来筛选数据等操作。我们可以把它理解为一本人机交互指南。

高级交互的原理与中级交互类似，在中级交互中需要结合初级交互，那么在高级交互中则需要结合中级交互。高级交互通常被看作是分析任务的思维催化剂，能够起到支持组合、重新启动和建立假设的作用。高级交互中还包含了数据关系的设置、提取高等级数据特征以及其他在可视化分析的交互功能区中提供的功能控件。

从上述内容中可以看出，交互等级实质上是一个层次结构，其中高级交互建立在中级交互的基础上，而中级交互又建立在初级交互的基础上，其整个等级结构的核心是动作循环。因此，交互的成功与否本质上取决于如何设计动作循环。为此，我们需要更深入地了解可视化数据分析中的交互需求。

4.2　高效率的交互

为了提高可视化数据分析的效率，我们就要争取设计出合适的交互方案。本节将介绍交互成本以及为使用户轻松地完成数据分析任务所要达到的要求。

4.2.1　人机交互的成本

事实上，动作循环的每个阶段都需要付出成本[8]。这就是为什么它们也被称为执行区（意图、计划和执行阶段）和评估区（感知、解读和评估阶段）的原因。其付出的成本既可以是身体上的，也可以是精神上的。

身体成本

身体成本指的是操作时的肢体行动，比如移动手指或前臂来控制鼠标，以及用眼睛观察可视化图形等。这些动作基本上都是人的自然反应，也就是在没有刻意为之的情况下发生的动作。

在进行可视化数据分析时，实际的身体成本可能会非常高，也就是说可能要付出很多体力劳动。因为很多交互行为都是探索性的，分析的过程也是一种反复试验的过程，所以免不了会进行重复操作。例如，某些功能可能隐藏在多级菜单列表中，这就需要长时间、准确地移动指针，或者探索数据时通常需要不断地在目标数据之间来回切换，这些操作都需要耗费大量的身体成本。在交互式数据分析的过程中，指针移动里程和点击次数也可能会累积，这就为交互行为带来了一定的压力。

同样，观察交互产生的反馈图形成本可能也很高昂。如果在交互中产生的视觉效果发生了很大变化，那么眼睛必须及时观察大量信息并将其传递给大脑。如果视觉变化分布在整个显示屏上，那么眼部肌肉更需要大量工作才能捕捉到每个变化。

精神成本

精神成本与意图、计划、解读和评估等交互流程中的各个阶段有关。其中一些阶段会要求用户有意识或无意识地参与到交互中。

就像身体成本一样，精神成本也是相当可观的。可视化程序通常具有丰富的功能，可以通过多种方式完成任务。但是用户如何知道哪些图形对象会对可视化过程产生影响？面对如此之多的功能和项目，用户需要深思熟虑才能做出选择，同时还要应对各种情况以及思考各种对策。

同样，可视化图形的解读和评估成本也很高。用户需要将新的可视化图形与交互之前的图形进行对比，可问题在于之前的图形已经被新的图形覆盖了，所以用户需要提前在脑海里记住之前的图形。

除此之外，可视化数据图形通常包含大量信息，这就更加提高了评估难度。如果可视化图形的整个布局因交互而发生改变，那么用户就有可能无法及时跟进理解。另外，因为有些视觉反应只会影响到屏幕上的几个像素，所以几乎看不出来变化。这就会让用户怀疑交互是否产生了效果，或者系统是否没有正确传达交互的意图。

最重要的是，可视化数据图形通常会耗费大量的交互成本，有时候我们可能会疑惑，是不是真的应该通过人机交互的方式来解决每一个数据分析问题？并不是。虽然人机交互是一种强大的辅助手段，但它并不是万能的。一个问题是，当看似简单的任务由于糟糕的交互设计而难以完成时，交互就可能成为一种负担，而且用户也有可能会对可视化方案中的某些基本的参数设置不满意。另一个问题就是通过交互调整生成的视觉图形可能并不规则，那么用户就搞不清楚屏幕上的某个可见特征是否与数据中的结果相对应，还是说它只是一个因参数设置不当而产生的噪点。

这些问题就要求我们以一种“少即是多”的方式来思考。系统应尽最大努力来减轻用户不必要的工作，尽量只在万不得已的情况下才要求用户输入。

从前面几段中，我们可以得出结论：提高数据在动作循环中各阶段之间的流畅性至关重要，每个阶段都应该尽可能地减少人的介入。换句话说，交互方案的设计必须使其成本最小化。在下面的内容中，我们来了解一下人机交互的直接性。

4.2.2 人机交互的直接性

人机交互的直接性在很大程度上决定了动作循环的流畅性和效率以及用户与数据之间沟通的深度。

在人机交互领域的研究中，人们很早就认识到减少中间环节的重要性。哈钦斯（Hutchins）等人大力提倡操作的直接性，他们以可视化数据分析为例[9]：

> 我们是在分析数据吗？我们应该是在控制数据；或者说，如果我们在设计数据分析结构，那么我们应该是在控制分析结构。（哈钦斯等，1985）

现如今，操作的直接性已经成为可视化数据分析以及图形的重要考量。其宗旨是用户通过实体动作直接控制数据的可视化图形，然后系统能够立即提供反馈。根据定义，操作界面的直接性有三个关键特征[10]：

- 用有意义的视觉提示来表达关注的对象和动作。
- 用户的要求能直接通过物理操作来传达，而不是复杂的编程语法。
- 动作快速、渐进、可逆，能够立即反馈结果。

这些特征对交互式可视化方案的设计有着直接的影响。因此，可视化图形也不再是由计算机对人类单向传达数据的手段了。

在了解了操作的直接性的出发点以后，我们再来问这样一个问题：直接性到底意味着什么？

直接性的反向思考

为了加深对直接性的理解，我们可以从相反的角度来看一看直接性。事实上，直接性与人类行为和系统反应的分离度成反比。换句话说，如果人类行为和系统反应的分离度较高，那么直接性就无从谈起。不同类型的分离可能对直接性产生负面影响，分离类型如下：

- 概念分离
- 空间分离
- 时间分离

概念分离

概念分离与交互式可视化数据分析所涉及的不同模型有关。包括用户的心智模型、系统的执行模型和程序的界面模型[11]。心智模型包括正在分析的问题和用户对系统的认知水平。这是一种较为抽象的概念。可视化软件遵循执行模型，这是一个包含技术细节、算法规则和参数设定过程的标准模型。如图 4.2 所示，心智模型和执行模型都表现出了较大程度的概念分离。因此就出现了第三个模型——界面模型。该模型负责捕捉用户在显示屏上实际看到的内容和与之交互的内容。界面模型越接近心智模型，那么用户与设备的交互就越直接。

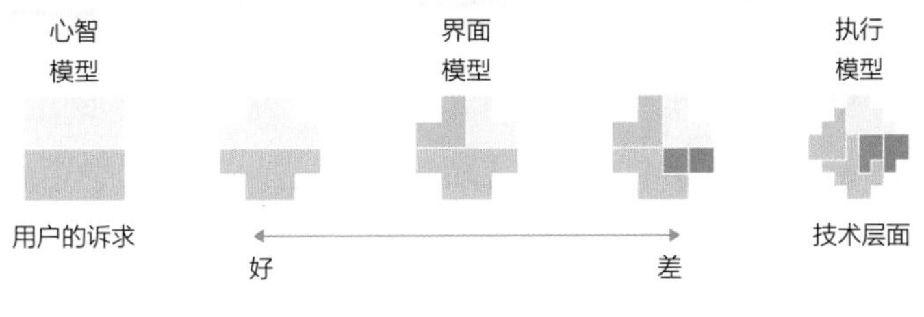

图 4.2　贯穿三种模型的概念分离

空间分离

空间分离主要指的是交互过程中所涵盖的距离。距离太远会大大增加交互成本。当用户为了执行某些操作而必须在远距离移动鼠标指针时，身体成本就会增加。当眼睛在观察系统反馈的过程中必须频繁地在屏幕的不同部分之间移动时，也会增加身体成本。图 4.3 中是散乱的数据图形和图形用户界面。当用户操作右侧的控件，就会在主视图中显示视觉反馈。问题是动作和反馈在空间上是分开的，这就会导致理解行动—效果的因果关系变得更加困难。用户可能需要多次在用户界面和主视图之间来回转移注意力，才能够理解某些特定参数是如何对数据图形产生影响的。

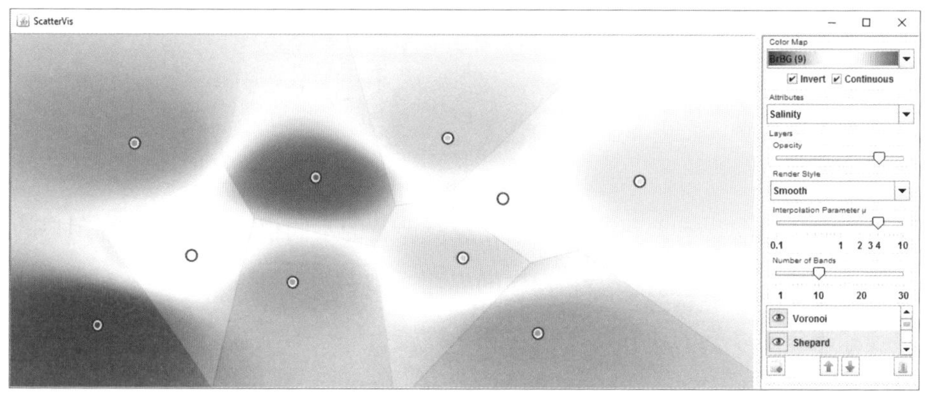

图 4.3　图形用户界面（右）和主视图（中）之间的空间分离

时间分离

时间分离是指用户的操作和系统的反应之间的时间差（延迟）。理想情况下，延迟应控制在 50~100 毫秒以内 [12，13，14]，因为如果延迟太高的话，交互式可视化分析的效率就会降低 [14]。然而，处理可视化转换和生成视觉反馈所涉及的计算可能需要相当长的时间。例如，图 4.3 中的图形由分散的数据点、与数据点关联的泰森多边形图（Voronoi diagram）和背景中的平滑渐变色组成。其中单个数据点的显示几乎没有任何延迟。因为这个时间复杂度为 $O(n\lg n)$ 的算法只需处理 10 个数据点，所以泰森多边形也可以非常快地被计算出来。可是对于平滑渐变色来说，需要为主窗口的每个像素都计算颜色值。比如分辨率为 1280×1024 的中等大小窗口，那么就有 1310720 个像素需要着色。如果是 4K 分辨率的话，那么就有 8294400 个像素需要着色。大量的计算可能会造成明显的延迟，导致分析效率下降。

这三种类型的分离都会对操作的直接性产生负面影响，并且阻碍可视化数据分析的流畅性。所以，整个可视化开发过程中的首要任务就是减少分离。这个问题要通过优化方案设计和执行层面来解决。在设计交互方案和视觉反馈时，应尽量减少概念和空间的分离。在执行层面，要使用高效率的算法来减少时间分离。

不同直接性的场景

前文中，我们在理论层面上了解了什么是直接性。但直接性在实践中是如何体现的呢？接下来，我们将用五个场景来展示交互时产生的不同程度的直接性（或分离）。假设在这些场景中，用户在对图形进行可视化分析时发现了一组有趣的节点，并且想将它们放大查看详情。那么下面的几种方法可以让用户通过与系统进行交互来实现这一点。

源代码编辑

在执行层面上，可视化图形是由源代码生成的。只需编辑几行代码就可以将图形设置到用户关注的节点所在的位置。通过编译并运行修改后的代码即可查看可视化结果是否符合预期。如果不符合的话就重复这个过程，直到用户满意为止。更改代码、重新编译和测试运行是直接性最低的交互形式，因为这种形式具有很大程度上的概念、空间和时间分离。

脚本命令

系统中可以创建一个脚本界面，允许用户通过输入命令来缩放视图。这些命令会在可视化方案开始运行时立即生效。在这种情况下，就不再需要单独编译源代码，故此减少了时间分离。在图形达到用户的预期效果之前，可能还需要输入几个命令，所以这种交互的直接性还是比较低。

图形界面

视场与可视化系统显示在同一个图形界面中，用户可以通过按钮和滑块等标准控件轻松地切换图形并控制其缩放，所做的任何更改都会立即反映到图形界面和可视化界面中。由于图形界面可以同时用于显示图形和交互操作，那么概念上的分离就降低了很多。然而，交互（与控件）和视觉反馈（图形界面中）在空间上仍然是分离的。

直观操作

在要详细检查的节点周围绘制一个矩形，用户通过它来直接缩放视图。

这是一个相当简单的操作，使用鼠标拖拽释放即可完成。在交互过程中，图形界面会不断地提示，一旦松开鼠标按键就会弹出节点的详细信息图形，也可以使用鼠标滚轮来进行微调。在这种情况下，用户可以直接在可视化界面中操作图形，那么交互和视觉反馈之间也就不再存在空间分离。那么，此时真的就完全没有空间分离了吗？

直接触摸

事实上，因为直观操作的交互是用鼠标进行的，而反馈则显示在屏幕上，所以仍然存在一定程度的空间分离。为了获得更高程度的直接性，我们可以使用屏幕上的触摸输入功能来执行交互。绘制弹性矩形以放大显示详情的基本原理可以保留，但不再是用鼠标操作，而是通过直接触摸屏幕上的工具来执行。这个时候，因为用户可以直接在视觉反馈显示的地方操作，所以从根本上解决了空间分离的问题。

这五个场景分别代表了可视化交互操作时不同程度的直接性。当然，我们只是就普遍情况进行一个大概的说明，但这些说明也的确包含了关于交互是如何在实践中发挥作用的原理。

通过上面的五个场景，我们可能会认为直接触摸是最好的解决方案。但事实并非如此，每种情况都有各自的优点和缺点，所以我们必须区别对待。例如，直接触摸能将交互操作和视觉反馈紧密地联系在一起。然而，在执行触摸交互时，手可能会挡住用户的视线，从而影响到他们对重要信息的观察。再如，脚本命令对于新手或临时用户来说有可能会很困难。然而，专业用户写命令时的速度可能比使用图形更快、更精确。另外，命令行很容易被复制的特点使得可视化系统开发人员能够测试几种可选的可视化图形，而且无须设置和执行专门的交互机制，这在快速编译可视化工具时非常有用。

从上文中可以看出，交互方式的选择取决于用户水平、目标用途等各个方面，在实际应用中还应该充分考虑到目标受众等因素。

在下一节中，我们来看一看交互方案的设计指南。

4.2.3 人机交互的设计指南

在设计人机交互操作时，可用性和用户体验是两个特别重要的因素。其中包含了几个客观和主观层面的质量标准，比如效率、可预测性、一致性、可定制性、满意度、参与度、响应性和任务通用性等。

通用规则

指南可以为高效率交互操作的设计提供帮助。下面我们列出了施耐德曼（Shneiderman）和普莱桑（Plaisant）提出的黄金法则[15]。我们可以借鉴这些法则的理念。

一致性。在相同的情况下，应采取一致的行动并做出一致的回应。

普遍性。适用于新手、临时用户以及专家。

反馈信息。每一个行动都要有与之重要性相匹配的信息反馈。

为对话建立关闭功能。动作顺序应该有明确的开头、中间和结尾。

错误预防。系统应能预防严重错误，并能从小错误中恢复。

交互可逆。为了消除意外动作带来的后果，以及鼓励用户探索，所以应该交互可逆。

用户至上。赋予用户完全的控制权。

减少临时记忆负荷。尽量减少用户的临时记忆负荷。

流式交互

在可视化数据分析的背景下，我们可以运用上述的一般规则来定义所谓的流式交互[16]。流式交互作用的概念包括三个指导原则：

- 促进交互
- 可直接操作
- 尽可能减少执行和评估的环节

在前文中，我们已经提到了直接操作和交互成本的最小化。其中第一个原则就是促进交互。这里需要解释几句，“促进交互”的意思是交互操作的设计宗旨是应该让用户完全沉浸在数据分析活动中。这就需要平衡分析的难度和用户的技能，让用户对正在发生的事情有一种控制感，能够在正确的时间拥有正确的工具，并获得一种全面性的体验。

希尔（Heer）和施耐德曼强调了可视化交互中流畅性、直接性和以人为本等方面的重要性[17]：

> 可视化分析工具必须要与人类的思维节奏保持一致，提供流畅、灵活的操作体验，这样才能有效果。（希尔和施耐德曼，2012）

至此，本章的第一部分就结束了，在这一部分中，我们主要从概念的层面来解释了什么是人机交互，其中的重点就是人在动作循环中的作用。在接下来的第二部分中，我们将深入了解在分析不同类型数据时所采取的交互方案。下一节将简要介绍初级交互操作，在随后的几节中，我们将介绍用于交互式可视化数据分析的特定概念。

4.3 人机交互的基本操作

前文中提到，可视化分析涉及三个层次的交互操作，高级交互技术建立在中级交互技术的基础上，而中级交互技术又建立在初级交互技术的基础上。本节的主题就是介绍这些技术的基本操作，并且将前文中介绍过的概念和接下来几节中将要介绍的交互技术联系起来。

由于可视化数据分析是主要基于用户与图形的交互操作，所以我们将重点介绍图形交互的基本原理，也就是在真实世界中执行物理动作的过程，而这些动作会改变计算机显示器上的虚拟图形对象。

4.3.1 动作

在与可视化图形进行交互时有两个基本问题需要解决。我们必须明确如下两点，第一，应该对哪部分产生影响；第二，应该产生什么样的影响。因此，我们将这个过程分为两种基本操作：

- 指向
- 控制

我们可以通过指向来确定要与哪些图形对象进行交互，可以通过控制来确定图形对象应该发生什么。例如，我们可以通过指向某一节点来连接图中的一个节点，或者通过指向一个滑块，然后控制它来调整筛选条件。

指向和控制都是一种物理行为，可以通过不同的方式进行。这类动作的操作方式与交互设备的硬件有关。比如，通过移动手来控制电脑鼠标，我们可以用手指按下按键或旋转鼠标滚轮。也可以在手机屏幕上通过移动手指来进行触控。

从概念上讲，图形交互操作可以用三态模型[18]来表示。如图 4.4 所示，三个方框代表三种状态，它们之间用箭头来表示方向的转换。让我们先来看看状态 1。这就是我们在移动鼠标指向屏幕上的某个对象时所处的状态。只要按下按键，交互操作就会从状态 1 跳转到状态 2。这也就是控制的触发方式。例如，我们可以通过移动鼠标来拖动筛选器滑块，以此来进行数据的筛选工作。松开按键后，交互操作就返回到状态 1。但如果鼠标超出了控制范围，比如将鼠标移动到应用程序窗口之外或将其从桌面上拿起来，那么交互操作就会返回到状态 0。在状态 0 中，输入设备的移动不会对操作产生任何影响。

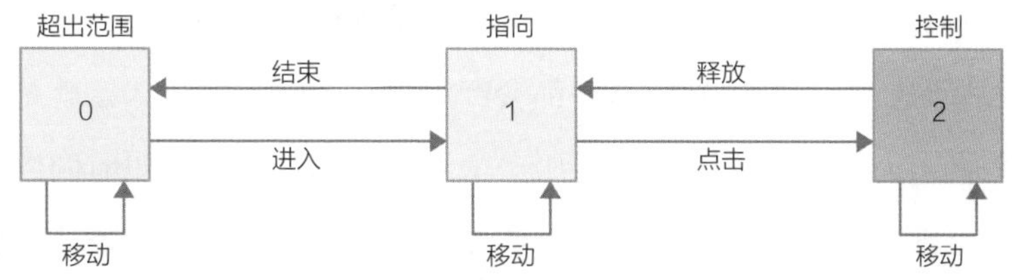

图 4.4　图形输入的三态模型

请注意，前文中的描述只是三态模型的一个简化版示例。正常情况下，不同的输入模式也需要不同的方法。例如，触摸交互不支持状态 1，即不支持即点即用。只要我们的手指接触到屏幕，那么就立即开始控制设备。为了弥补缺失的状态，就需要我们采取更聪明的方式设计交互方案。另外，多按键的鼠标可以用于其他的状态和转换流程。这些方法都可以被用来提供更多的交互方式，但相应地也会使设计和使用变得更加复杂。

交互的模式

通过三态模型，我们现在对如何在初级层次上执行交互有了概念性的了解。那么我们可以进一步利用该模型来把交互模式分为两种典型的类型：

- 分段交互
- 连续交互

分段式交互指的是触发一个短暂的状态。例如，按下并立即释放鼠标按键，或轻敲带有触摸功能的屏幕。在这两种情况下，交互操作都会临时进入状态 2 进而触发控制。例如，我们可能通过这种方式单击了一个功能来更改其视觉效果，或者点击了一个数据元素来对它进行标记。在可选项非常少的情况下，分段交互对于偶发操作最有效果。

但是，在实际应用的可视化场景中，我们经常会面临很多选择。其中可能有许多我们想要详细研究的数据元素，还有许多用来控制可视化转换的具有较大范围的参数。如果用分段交互的方法来应对这些问题或者浏览不同的参数，那肯定会很麻烦。

在这种情况下，我们就要用到连续交互了。在持续移动输入设备的这段时间内，一直对其保持着控制的状态，这就是连续交互。例如，当我们移动筛选器滑块时，每一次的光标移动都会产生单独的视觉效果，这就是连续交互的典型例子。所以，它的优点是用一个连续的动作可以在短时间内扫描更大的选项范围。很多时候我们都要不断地测试许多假设替代方案，这就使得连续交互对于可视化数据分析中的探索工作而言具有了重大意义。

4.3.2　反馈

到目前为止，我们已经了解了用户可能会执行的初级操作。然而，完整的动作循环中还应当包含信息的反馈，系统需要通过如下两项操作将视觉图形反馈给用户：

- 更新
- 刷新

更新意味着系统根据用户执行的操作来更改可视化方案的内部状态。而刷新则负责显示反映内部变化的新图形。

同样，我们可以利用理论性说明来理清更新和刷新这二者的区别。这一次我们参考模型—视图—控制器（MVC）模式[19]。MVC 是一种用于图形用户界面的软件设计模式。图 4.5 所示是以交互式可视化数据分析为目的的简化变体图形。在我们的例子中，模型由数据和可视化转换的参数组成。视图由数据和辅助信息组成。控制器则从概念上代表各种交互方式。

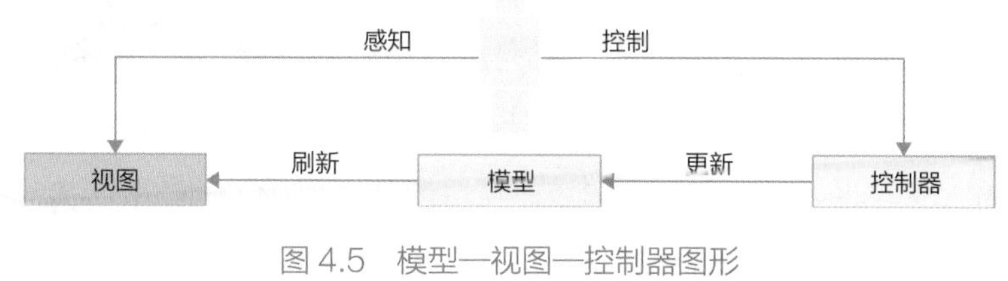

图 4.5　模型—视图—控制器图形

从图中可以看出，当用户执行操作，控制器就会向模型发送更新请求。这个更新操作可能像模式切换一样简单，但也可能像对整个数据执行分析处理一样复杂。模型内部状态得到更新以后，视图不会自动执行刷新操作来反映新的模型状态。所以，我们要么使用不同的颜色来对其进行简单的修补绘制，要么将可视化数据图形推倒重建。

如前文第 4.2.2 节所述，更新和刷新这两种操作在动作和响应的时间分离方面展现出了极大的优势。理想情况下，它们的运行速度会特别快，快到使用户有一种系统立即做出了反应的感觉。

视觉反馈的类型

更新和刷新是用于生成视觉反馈的两种操作。但反馈的内容是什么样的呢？与交互模式相同，我们可以将视觉反馈分为两种类型：

- 静态反馈
- 动态反馈

静态反馈是指系统创建一个新的图形来替换旧的图形，新图形能立刻反映出系统的新状态。这种突然的视觉变化有助于将用户的注意力吸引到由交互而产生的显著差异上。然而，静态反馈也有一个缺点，就是从静态图形中很难看出新图形是如何从旧图形变化而来的。比如当我们从一种图形布局算法切换到另一种图形布局算法时，图形节点可能位于完全不同的位置。在这种情况下，用户就很难进行分析。

动态反馈指的是图形逐渐发生变化。系统会持续生成一系列反馈图形，将图形从当前状态平滑地过渡到新状态，每一次反馈只代表一点点的更新。这就使得用户更容易跟踪观察图形的变化轨迹。对于上一段切换图形布局的示例而言，各个节点可以从其原始位置平滑地移动到新位置。然而，动态反馈也有缺点，它需要足够长的时间来完成一系列的反馈，这会导致动作循环也要推迟。因此，涉及动态反馈的设计必须要仔细谨慎。

总而言之，指向和控制都是用户要执行的基本操作。如前文所述，交互既可以分段，也可以连续，而连续交互在可视化环境中的用处非常广泛。更新数据模型和刷新视图是系统为创建视觉反馈而执行的基本操作。反馈既可以是静态的，也可以是动态的，其中动态反馈可以帮助用户更好地理解操作带来的变化和影响。本节中的基本操作是交互式可视化系统的基本组成部分。

在接下来的部分中，我们将为创建可视化数据分析的交互技术添加一些必要的成分。在第 4.4 节中，我们将从选择交互技术开始介绍，将其作为初始步骤，来学习如何进行突出显示、筛选，甚至修改数据等操作。在后面的第 4.5 节中，我们将介绍如何在多尺度上以交互的方式探索数据。

4.4　人机交互的选择和重点

我们在日常使用计算机的时候，就已经知道了在显示器上选择对象是一种基本的、经常使用的动作模式。而在可视化数据分析中，交互选择也扮演着类似的核心角色。事实上，选择是可视化数据分析的敲门砖，它允许我们将任务分解成更小的、更易于管理的子任务，而且只需将部分数据标记为与问题相关的数据即可。

从概念上讲，可以这么解释选择：假设我们的目标是分析包含大量信息的数据集 $V(D)$ 的图形。由于无法一次消化所有信息，因此我们将注意力集中在不同的数据子集上。用 $D^+ \subset D$ 表示我们目前关注的内容，数据 $D^-=D\backslash D^+$ 不在我们的关注范围内，所以目前认为其相关性较低。当用户关注的内容在数据分析过程中发生变化时，D^+ 和 D^- 也会相应地不断发生变化。

D^+ 和 D^- 的差异意味着两个方面的内容。首先，交互式可视化分析要求用户能够指定相关内容，我们在第 4.4.1 节中将介绍这部分内容。其次，图形关联的数据必须突出显示，我们在第 4.4.2 节将介绍具体如何操作。

4.4.1　定向选择

定向选择有两种方式：可以分别根据数据在显示屏上的位置和实际数据值来动态地选择数据。在前一种情况下，选择直接在可视化分析中进行，也称之为涂抹功能[20, 21]。后一种情况需要使用专用的控件根据数据层级来确定选择标准，也被称为动态查询[22, 23]。下面我们来仔细看看这两种方式。

涂抹功能

涂抹功能指的是为图形的一部分做标记，并选中该部分显示的数据。涂抹功能可以有如下三类选择方式：点选择、范围选择和组合选择。

点选择

点选择是涂抹的一种基本形式，具体操作是用光标选定目标位置，然后进行鼠标单击或轻触屏幕等分段操作。但我们如何才能知道选定的点上都有哪些数据呢?

这个问题的答案就是将图形翻转过来，也可以将这个过程称为拾取功能。当数据通过可视化技术转换为图形时，拾取就是将其翻转，以便于使图形和数据对应。拾取的方式有很多种，比如筛选、几何推演以及简单的数学计算。

范围选择

在二维图形中标记范围有两种经典方法：橡皮筋功能和套索功能。这两种方法都属于连续交互，而且都使用了一种按下、拖动和释放的手势来操作。橡皮筋功能使用矩形等可伸缩的形状，这样可以很容易地标记图形中的直角部分。如果数据的布局非常不规则，这时就可以使用形状更自由的套索功能。相比橡皮筋功能来说，套索功能更灵活，但交互成本更高，这是因为指针需要更多（更准确）的物理移动。

橡皮筋功能和套索功能都是根据实际选取的内容展开几何形状（矩形或自由形状）。具体的选择方法有两种，即包含和相交。对于要选择的数据，要将数据完整地选择到形状里，数据的边也可以与形状相交。包含和相交在数据的准确性和效果方面各有不同，具体要根据选择的对象来决定。对于较小且形状规则的对象，比如图 4.6（a）中图形布局中的节点就可以使用包含。我们可以简单而准确地将它们包含在矩形或自由形状中。相比之下，较大的不规则物体［如图 4.6（b）中地图的地理区域］很难在不错选其他对象的情况下进行选择。在这种情况下，我们就可以使用相交来获取交集，因为我们只需要接触到想要标记的数据就可以了，没有必要选上全部的数据。

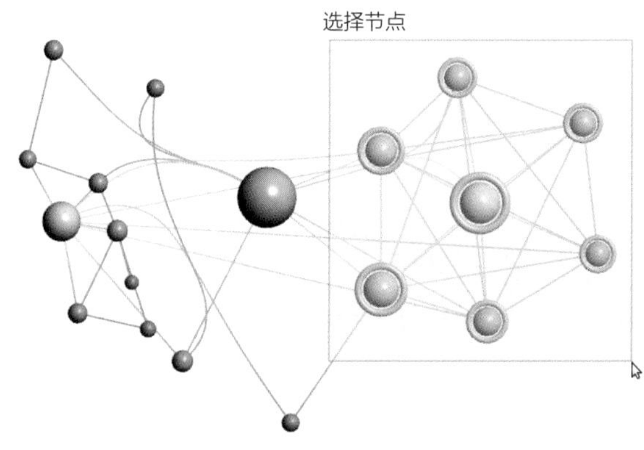

（a）包含选择

（b）相交选择

图 4.6　利用橡皮筋功能进行多选

使用上述技术，我们可以从一个特定的点或区域来选择数据。但是如何从多个来源中选择数据呢？如果用套索功能来标记它们会非常麻烦。因此，我们需要选择那种能够组合和编辑选择对象的操作。

组合选择（多选）

选择的组合方式有很多种，理论上来说可以趋近于无数种[24]。所以，遵循既定标准是一件多么有意义的事情！

通常，我们可以使用键盘上的功能键来同时选中多个对象。按住 Ctrl 键会切换目标数据的选择状态。也就是说，按下后未选中的数据会变为选中，反之亦然。当数据呈线性顺序排列时，例如图 4.7 中轨迹的自上而下的排列，则可以组合使用 Ctrl 键和 Shift 键来同时选择多个子范围。

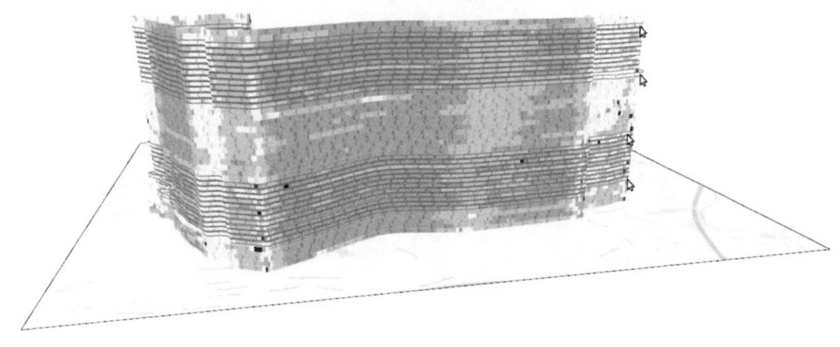

图 4.7　利用功能键进行四步多选

选择的类似变化可以使用橡皮筋功能或套索功能来完成区域的选择。Shift 键和 Ctrl 键可分别用于在被选择的区域中添加和删除数据，同时按住两个键还可以进行交叉选择。

总而言之，模糊功能和多选功能使我们能够直接在图形中选取对象。这两种功能的优点是用户可以很容易地选取看到的东西。而另一方面，选择功能完全基于数据的图形排列，这可能会导致用户难以准确选择。因此，我们可以加入动态查询来补充交互式涂抹功能，以此来解决这个问题。

动态查询功能

当在图形中执行选择十分困难时，我们可以通过动态查询功能来选择数据区间。例如图 4.8（a）中的轨迹图形，假设我们打算选择红色和黄色的低速区间，但如此复杂的图形根本无法执行涂抹功能。由于该区间的形状极为不规则，所以使用橡皮筋功能也不行，那么用套索功能呢？它需要耗费大量的时间和精力，根本就是得不偿失。多选功能倒是具有一定的可行性，但是也需要进行很多分段的操作。

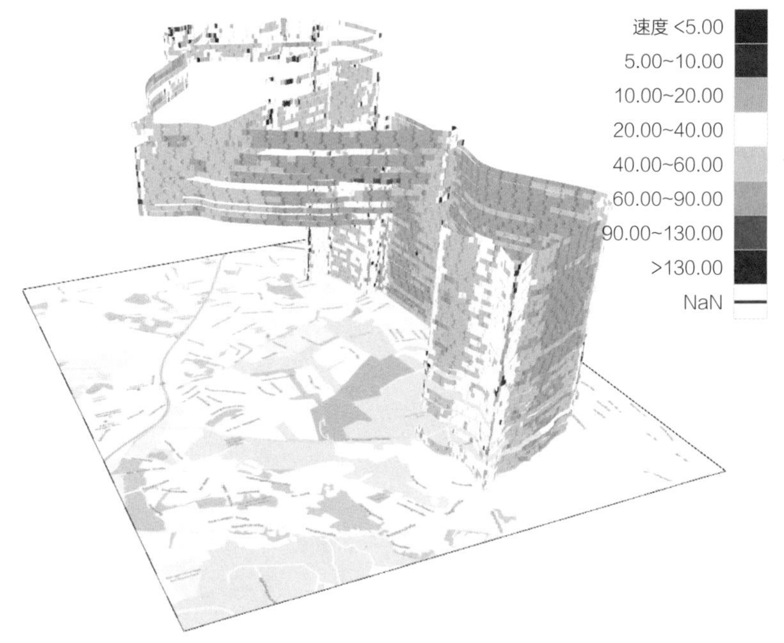

（a）怎么选择低速区间？

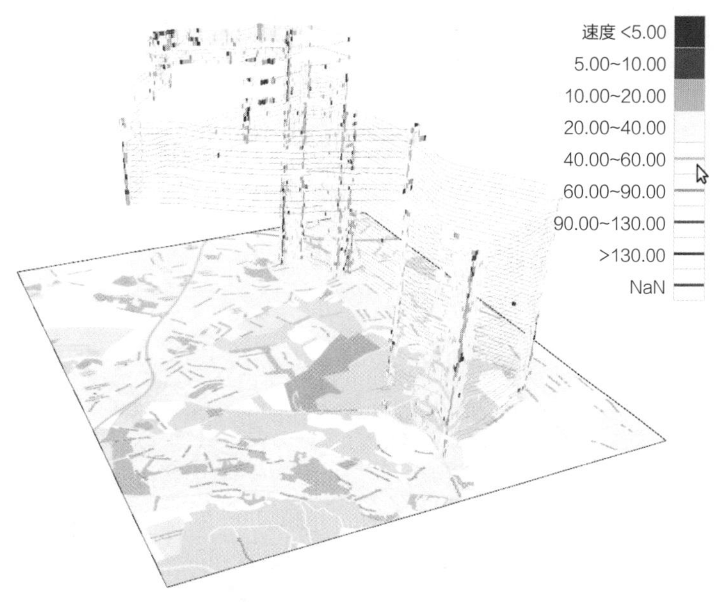

（b）通过动态查询选择低速区间

图 4.8　通过颜色选择区间，颜色代表不同速度

那么，为什么不直接根据速度值来选择低速区间呢？为此，我们需要获取专门表示速度属性的值范围，以及一种允许我们标记目标对象的方法。

图例

图例是一种用于动态查询的工具[25]。图 4.8（b）中的图例由多个部分组成，每个部分都与特定的数据区间相关，用户只需点击一个部分即可选择（或取消）属于相应数据区间的所有轨迹段，在我们的示例中取消了对高速区间的所有轨迹段的选择，全选了低速区间的数据。如果使用交互式涂抹功能就很难做到这种程度，而通过图例功能进行查询只需点击几下鼠标即可。

查询滑块

动态查询功能也是可以连续执行的。举个例子，假设我们想从图 4.9（a）中的图形中选择红色的、度大的节点，从图中可以看出，图形布局与我们想要选择的特征不一致，所以这种情况就直接把交互式涂抹功能排除了。另外，我们不太确定所需的节点度的确切范围，所以需要进行一些尝试来确定它的范围值。

这个时候我们就要用到查询滑块了。查询滑块通常用于可视化分析场景[26]。图 4.9 所示的例子包括一个表示节点度范围的标尺和两个滑块，用户通过控制滑块能够连续指定目标数据的区间。在图 4.9（b）中，我们将滑块调整到 23 和 29 的位置，这样图中就能自动选择出节点度在 23 到 29 之间的所有节点。

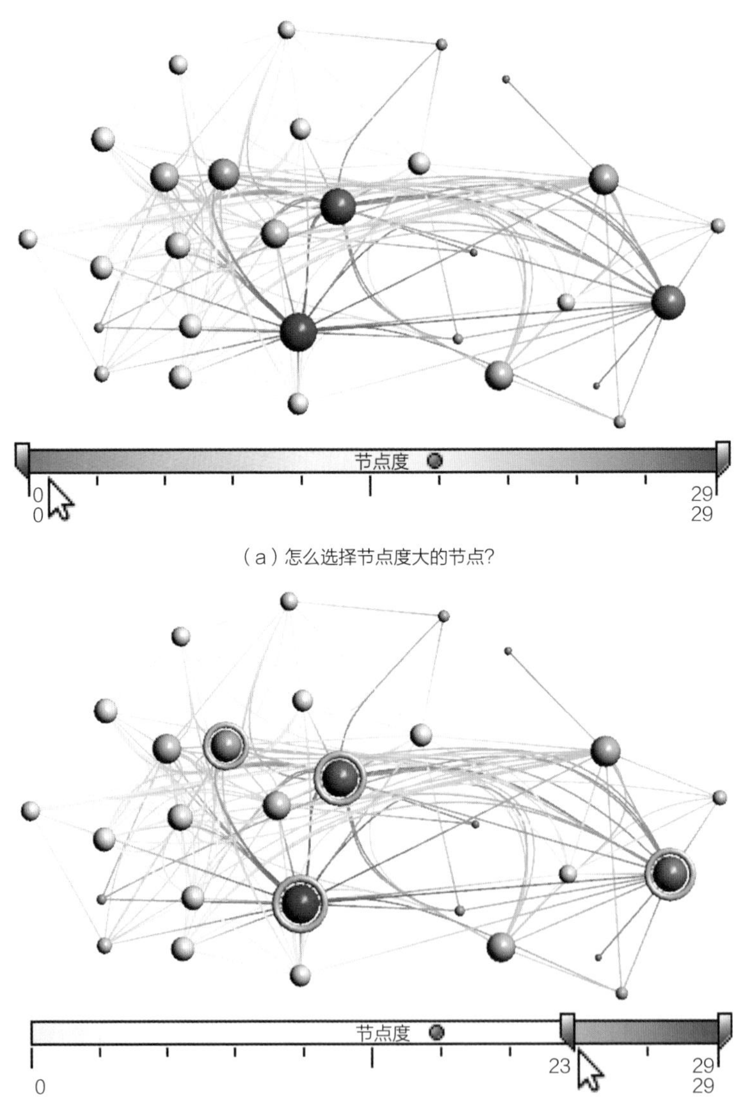

（a）怎么选择节点度大的节点？

（b）通过查询滑块来选择节点度大的节点

图 4.9　根据数据属性选择节点度

动态查询滑块的优势显而易见：我们可以根据数据的特征精确地查找目标对象。在指定选择对象区间的同时观察图形，就能够进一步评估结果是否符合当前任务。在实际应用中，我们还可以添加更多不同的数据范围标尺，甚至可以组合多个滑块来创建复杂的多选功能。

然而，动态查询也有缺点，那就是它的交互操作不是直接发生在数据的可视化图形中，而是通过专用界面、图例和滑块来进行的，这就会造成空间分离和概念分离。所以，我们还要在选择界面和可视化图形这二者的高度集成方面继续努力。在前面的示例中，利用颜色来连接选择界面和可视化图形，使得我们更容易理解发生在界面的选择是如何对图形产生影响的。

上述的交互机制允许用户自由选择目标对象。我们下一步要做的则是调整图形，使相关数据凸显出来，方便用户完全专注于这些数据。本节的图表中已经列出了几个相关的例子。接下来，我们将系统地讨论强化或削弱可视化图形中某些元素的各种方法。

4.4.2 图形的强化或弱化

现有已知的数据 $V(D)$ 的图形和选定的相关数据 D^+，那么问题是如何从其他数据 D^- 中区分出 D^+ 的图形？这时我们需要赋予图形额外的视觉特征，即要么强化 D^+ 的特征，要么削弱 D^- 的特征。还有一种方法就是隐藏部分数据。V 表示常规效果，V^+ 表示高亮效果，V^- 表示弱化效果。我们以 D^+，D，D^- 和 V^+，V，V^- 为例，有如下方法可以操作：

强化：高亮显示目标数据 $V^+(D^+)$，其他不相关的数据 $V(D^-)$ 则保持正常效果。

弱化：弱化显示不相关的数据 $V^-(D^-)$，目标数据 $V(D^+)$ 则保持正常效果。

筛选：筛选出目标数据 $V(D^+)$，令其保持正常效果，同时隐藏其他不相关的数据。

这几种方法应该根据实际情况来选用。一般来说，目标对象的视觉反馈应该清晰明确，同时不影响其他数据。

这里有两个重要的影响因素：选择动作的变化频率和选择对象的大小。高亮和弱化会使 V 的视觉效果和其他数据（V^+ 或 V^-）的视觉效果形成明暗反差。我们假设 D^+ 很小，那么我们将光标悬停在图形中的各个元素上时就可以使用高亮效果。如果 D^- 很小，那么我们在排除异常值时就可以使用弱化效果。筛选功能可以有效地使用户更专心于 D^+ 的相关数据。但这种操作的缺点是用户可能会忘记 D^- 的存在。因此，筛选功能通常只在可视化分析中的子任务稳定时才会被使用。

从理论上说，上述的操作方法我们还可以再进一步。比如重复高亮显示的相关数据，同时弱化或筛掉不相关的数据。这种方法会形成强烈的对比度，但同时也会使常规显示消失，这就明显违反了“不过度干扰图形”的原则，所以通常不会被使用。

接下来，我们用图 4.10 中的示例来进行实际操作。图中显示是一个简单的图形，它将时间序列显示为大小不等的常规灰色条，也就是 V。为了高亮和弱化选定的部分，我们来换一下例子中的颜色。通过赋予 V^+ 专用的高亮颜色，我们就可以很容易地将它与常规的灰色区分开来。常规的 V 经过了弱化变成浅灰色的 V^-，能与白色背景很好地融合。另外请注意，筛掉的数据在本图中是通过虚线轮廓表示的，但在实际的图形中则是不可见的。

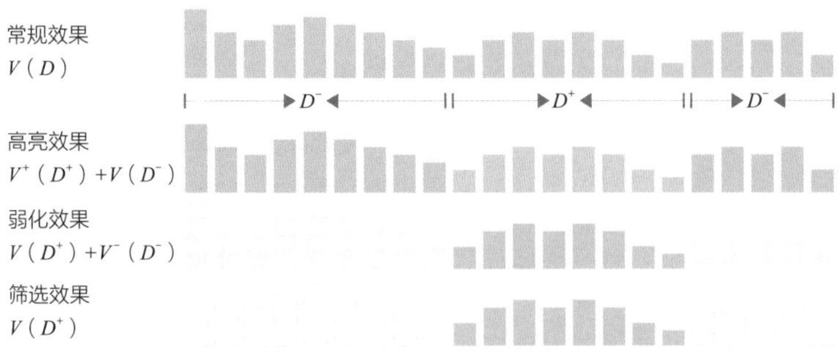

图 4.10 强化相关数据同时弱化不相关数据的方法

图 4.10 中只显示了一个简单的示例，我们通过这个示例来说明如何强调

选定的数据。在实际应用中，找到合适的视觉效果要困难得多。通常情况下 V 的常规效果就已经占用了大量的视觉资源（例如，颜色、大小、位置），这些视觉资源共同用来有效地将数据进行可视化转换。现在的困难在于如何获取足够的 V^{+} 和 V^{-} 来实现高亮和弱化等操作。

在实际的设计中，V^{+} 和 V^{-} 不应该（或只应该最小程度地）干扰 V，但对比 D⁺ 和 D^{-} 后应该能显示出明显的差距。这一点必须根据应用需求来解决。不过，正常的方法是使用其他尚未被用于常规图形的可视化效果来显示。如果这种方法也不可行，那就要在图形中嵌入额外的图形元素，例如轮廓或光环。当然，为了避免数据的图形混乱，这些都要谨慎地操作。

如图 4.11 所示，它为图形中视觉效果的不同强度显示提供了一些更实际的例子。图 4.11（a）中显示的是节点连接图，其中节点大小和不同颜色分别代表了节点的某些属性。这里我们主要研究四个更大的红色节点。图中四个大节点已经被赋予了颜色，所以无法使用特殊颜色来高亮显示。相反，图 4.11（b）中所示是利用其他图形符号（本例中为圆圈）来突出显示选定节点。虽然节点现在已经被清楚地标记为目标对象，但我们的注意力可能仍然会被太多的节点和边所干扰。

因此，我们通过弱化所有未选择的节点和边来进一步强调目标节点。在图 4.11（c）中，目标对象现在非常突出，这使用户能更容易地看出它们之间是如何关联的。接下来我们还可以通过筛掉所有不相关的信息以进一步清理界面，即如图 4.11（d）所示。现在所有的干扰都消失了，但用户也可能忘记了这些额外的信息。

其实我们从图中可以很容易地想象出其他解决方案，实际上，视觉强化和弱化有着很大的设计自由度[27]。从理论上说，任何视觉元素都可以被用于强化视觉效果，包括颜色、大小、位置、纹理、模糊程度，甚至是脉冲或闪烁[28]。如果能预先确定效果就更好了，它们会立即引起用户的注意[29]。

从上述选项中选择一个可用的方案实在是很困难，甚至对前文中 D^{+} 和 D^{-} 的例子来说也是一样。当我们需要在一个图形中赋予多个数据视觉效果

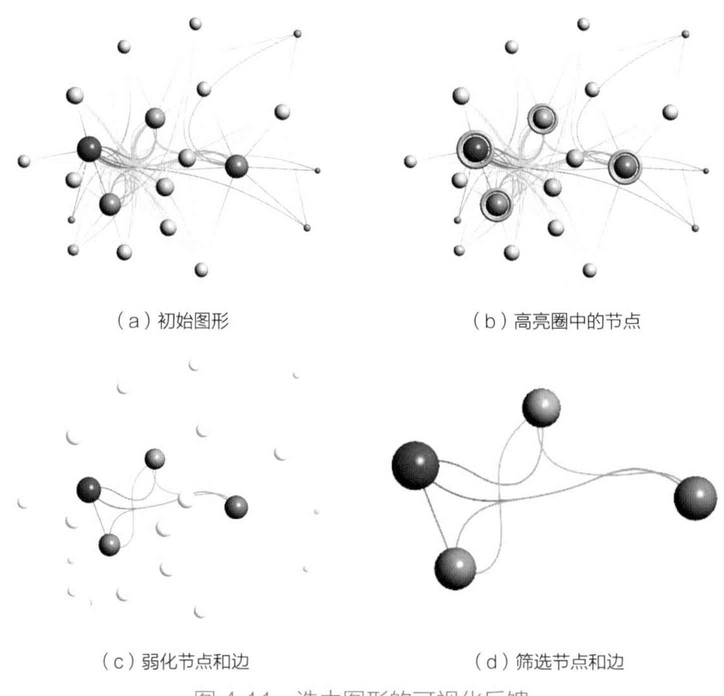

图 4.11 选中图形的可视化反馈

时，选择难度会立刻增大。

总而言之，本节的内容清楚地表明图形效果的强化或弱化在交互式可视化图形的显示方面十分重要。

4.4.3 选择功能的强化

到目前为止，我们已经介绍了交互式选择的基本方法。在下文中，我们主要了解如何强化可视化分析场景中的选择功能。比如平滑涂抹功能可以让我们的操作不止局限于二维图形，涂抹功能和连接功能可以帮助我们在多个图形中同时操作。本部分将深入介绍如何使用自动功能来降低交互式选择的成本。

平滑涂抹

我们先将数据分为选定数据和未选定数据。平滑涂抹功能是一个打破分散二进制选择屏障的概念[30, 31]，其指导思想是从区间 [0…1] 之间为每个数据点分配一个连续性的选择度。极值 0 和 1 分别代表未选择和已选择的数据点。选择度大于 0 且小于 1 的数据点可以看作是部分被选中。换句话说，这是一种模糊选择。

显然，模糊选择需要进行专门的交互操作和视觉反馈。我们用图 4.12 中的平行坐标图来说明这一点。如图 4.12（a）所示，与常规涂抹功能一样，被用户选择的范围被标记为 1。如图 4.12（b）所示，对于平滑涂抹功能，选择范围会自动扩散到最初选择的范围之外，直到逐渐趋近于零。自动扩散是捕捉不清晰特征的关键，因此，标记这些特征的成本很高。

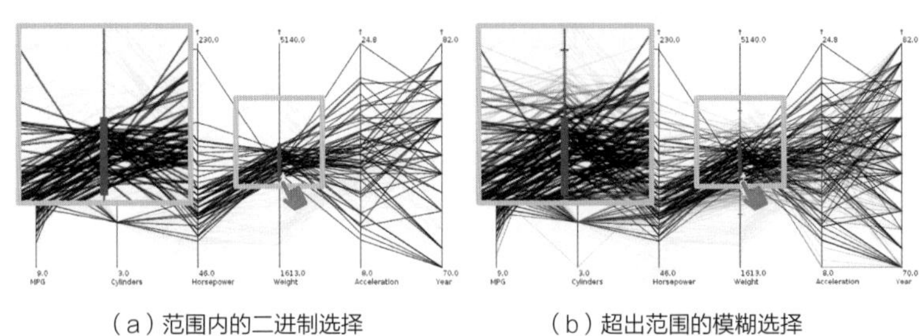

（a）范围内的二进制选择　　（b）超出范围的模糊选择

图 4.12　在二进制选择和模糊选择中沿着 *z* 轴执行范围涂抹（红色区域）

为了给平滑选择功能提供视觉反馈，就要将选择度作为附加属性与数据一起转化为可视化图形。图 4.12（a）中的二进制选择分别以黑色线和灰色线来显示选定和未选定的数据元组。图 4.12（b）中的平滑选择通过改变灰色线的亮度来表示选择度，于是我们就能够从中看到细微的选择度差异。

涂抹和同步

无论是常规涂抹功能还是平滑涂抹功能，都只能在一个图形上执行。然而，可视化数据分析通常需要使用多个图形。那么如何在多个图形中实现同步涂抹功能呢？

以图 4.13 为例，这个可视化图形系统由四个图形组成：左侧的文本树形图、顶部的层级图、中间的节点连接图和底部的折线图。我们可以在每个图形中选择目标对象。但是，如何在所有图形中做到同步操作呢？在各个图形间手动复制粘贴肯定是不切实际的，所以我们需要的是一个自动同步所有图形中的操作的功能。正如布亚（Buja）等人所说的那样[32]：

> 我们不应孤立地看待图形。多个图形之间需要相互联系，以便将单个图形中包含的信息整合到整体的数据图形中。（布亚等，1991）

涂抹功能和同步功能（或者聚焦和同步功能）就是上述问题的答案。用户手动执行涂抹功能，系统负责自动执行同步。同步功能的前提是需要创建一个专用的模型，所有的图形都共享这个模型，在其中一个图形中执行的操作也会自动同步给其他图形。单个图形的唯一任务就是负责直观地显示选择操作。在图 4.13 中的示例中，树形图显示选定节点的蓝色标签，层级图使用深色显示选定节点的轮廓，节点连接图用圆圈显示选定节点，折线图弱化显示了未选定的数据。

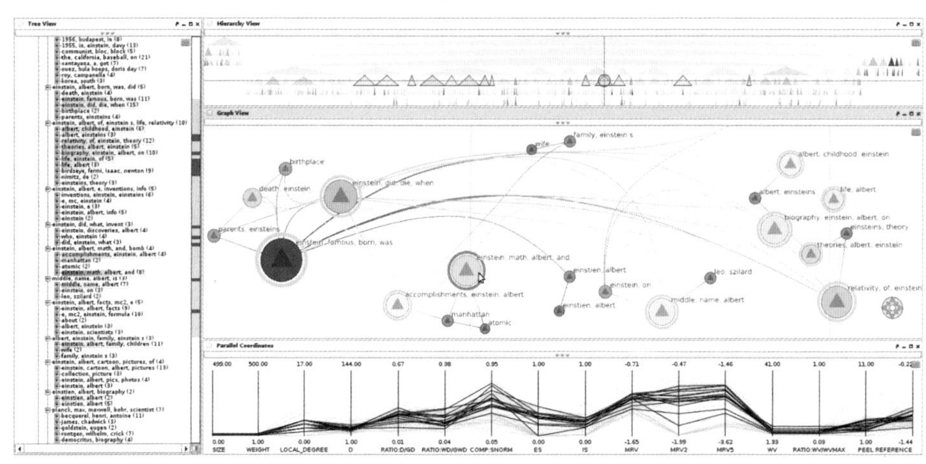

图 4.13　多图形系统中的涂抹功能和连接功能

因此，我们只需要在一个图形中执行涂抹功能操作，而不用再在其他图形中重复操作。另外，我们还可以在任何图形中修改选择操作，无论选择操作在哪个图形里进行，其他图形都会自动同步选择操作。这就让我们能够更灵活地操作图形。

自动选择

图形的操作集成了自动功能之后，对于选择操作来说可谓如虎添翼，使其可以在很多场景中取代手动选择的操作。其具体用法是，用户只需要创建一个初始特征，那么系统就会自动完成选择。

在前面的章节中我们已经多次提到了自动功能。比如使用平滑涂抹功能，选择范围会自动扩散到最初确定的数据区间之外。再比如涂抹功能和连接功能，选择操作会将在某一图形中进行的操作自动同步到多个图形中。

在某些情况下，如果手动选择的操作需要耗费大量的身体成本，那么就可以开发专门的自动算法加以替代。比如说，在大量的三维点中选择目标对象就属于这种情况。在许多三维点中选择目标对象令人无比抓狂，还浪费时间。那么自动选择程序就可以将人从这个工作中解放出来[33]。利用一个简单的二维套索工具，再加上一个能够沿着三维点自动扩展选择区间的算法，就能够有效地减轻用户的工作量和高昂的身体成本。

自动选择的概念用途特别广泛[34]。我们可以将图形选择操作转换为选择的规则或限制的抽象模型，而不再只是面向单个数据元素的选择操作[35]。这种通用模型可以帮助我们将相同的选择应用于不同的数据集，那么即使数据随时间变化也能保持经过选择后的状态，或者在扩大数据图形时增加经过选择后的数据。

通过对自动化的展望，我们结束了关于交互式选择和强调的部分。我们现在已经了解到，根据不同的对象来执行标记和强调数据对于可视化数据分析而言至关重要。在下一节中，我们将看到以不同的尺度检查数据（尤其是大量数据）的重要意义。

4.5　图形的缩放

数据作为信息存储的基本单元通常会包含很多片段，那么我们所要做的就是对其进行探索。比如前一节中的选择操作就是一种对数据的探索行为。然而，这只是众多数据探索方法的其中一种。

在很多情况下，我们并不了解数据中还隐藏了多少内容，尤其是那些涵盖了多方面重要性的大数据。所以，我们就有必要在不同层面上对其进行分析。

本部分为大家提供一个交互式的解决方案，那就是通过可缩放的界面来对数据进行全方位的探索[36]。施耐德曼提出了一个可用于探索可视化图形信息的建议。

> 总揽全局，缩放筛选，获取信息。（施耐德曼，1996）

这句建议的第一部分就是总揽全局。我们可以通过尽可能多的可视化数据来获取全局信息。然而，因为没有空间来展示细节，所以这只是一个粗略的大画面。接下来我们可以通过放大目标数据来获取详细信息。将目标数据放大以后就会带来更多的细节，也更方便查看。通过对图形的放大和缩小，用户可以在不同的层面上自由探索信息。这个探索过程就像拼图一样，关于每部分的结论最终会被整合成为对全局的解读。

缩放这个词听起来像是前文中说的连续聚焦数据子集 D^+。但是根据施耐德曼的说法，缩放和筛选是两个行为。因为 D^+ 呈现出来的视觉图形有很大不同：缩放和视觉效果 $V^=$ 共同表示代表缩放 D^+ 的图形，相较之下通过筛选，对象子集保持常规显示效果 $V(D^+)$。为了说明差异，我们用图 4.14 来比较图形的筛选和缩放。二者的共同之处在于不显示不相关的数据。对于缩放 $V^=(D^+)$ 来说，相关数据被放大填充于可用的显示空间，条状图也被放大并平均分布在 x 轴上。

图 4.14　通过 $V^=$ 来改变比例以适应屏幕

显然，D^+ 的大小决定了图形的规模。若只丢弃一小部分数据，如 $|D^+| \sim |D|$，并不会使图形造成很大变化。而只专注于一小部分数据 $|D^+| \leqslant |D|$ 则使得数据分析的精细化程度更高。在任何时候，用户都只能看到特定详情的特定子集。正是由于对焦点（哪个部分）和规模（哪个粒度）的灵活交互调整，才使用户能够进行多方位的数据探索。

4.5.1 基本原理和概念

从概念上讲，建立可缩放图形的基础是全局，它也可以应用在全局视角和当前图形上。全局对应的是可视化数据的空间排列，而视口则充当了一个观察全局的窗口，因此视口决定了哪些信息要放到屏幕上。通过移动图形，我们可以看到全局的不同部分。通过调整视口的大小，我们可以调整全局的显示容量。移动和调整视口的操作通常被称为移动和缩放。图 4.15 所示就是一个基本的可视化全局图形，以及三个不同的视口在屏幕上产生的三种不同的图形。

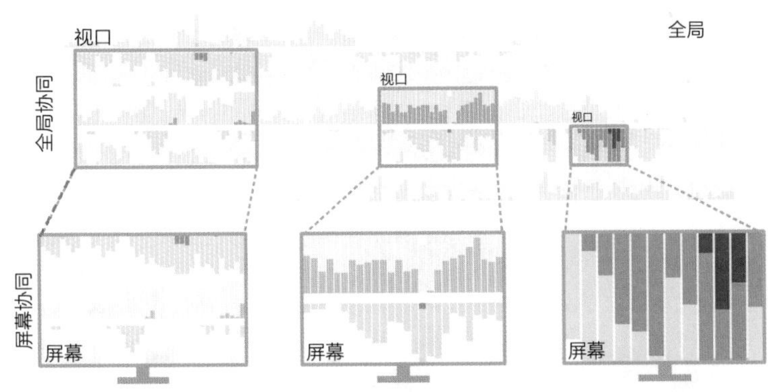

图 4.15 界面缩放概念的模型

可缩放视图的核心是函数 $V^=$，它定义了在改变显示比例时数据随之调整的规则。实现这种功能的方式如下：

- 几何缩放
- 语义缩放

在几何缩放中，比例仅在几何级别调整。也就是说，图形被限制在视口范围内进行缩放。具体的方式可以通过图形的基本投影来实现。语义缩放则超越了图形缩放，因为它允许根据缩放比例对图形进行任何形式的调整。附加语义对于可视化数据分析非常有价值。

我们用图形可视化中的一个简单示例来说明纯几何缩放和语义增强缩放之间的差异有多大。图 4.16 所示的图形中显示的是面向图形中心节点的三次缩放操作（显示为深绿色）。这是一种纯几何缩放：放大时，所有元素都等比例变得更大。然而，从数据分析的角度来看，这对我们的帮助不大。

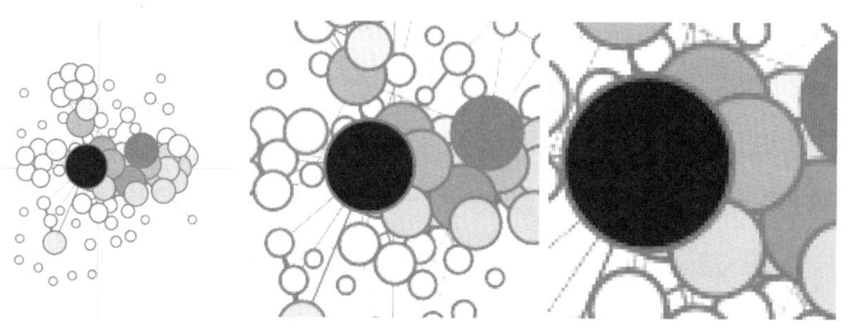

图 4.16　节点连接图的几何缩放

图 4.17 所示是经过语义增强的缩放。该缩放仅对节点的位置产生影响，且并不影响其大小。不缩放节点尺寸的好处是，图形中的密集部分被拆开，然后在节点之间的边上创建了一个无遮挡的图形。

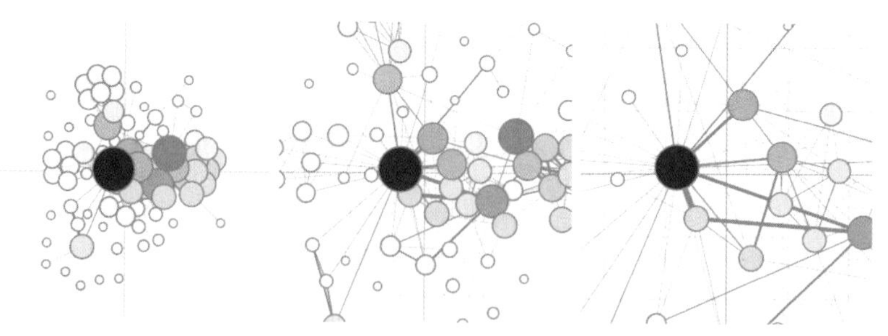

图 4.17　节点连接图的语义缩放

保持节点大小不变还有第二个原因。在我们的例子中，节点的大小代表节点度。为确保数据的一致性，缩放操作期间不应该更改节点大小。由于许多图形使用尺寸的大小作为视觉变量，因此我们在缩放时应密切注意哪些节点应该缩放，哪些节点不应该缩放，这一点很重要。

关于图形缩放的基本内容就介绍到这里。接下来，我们将继续研究可视化界面以及如何通过交互操作来探索多尺度数据。

4.5.2　可视化界面和交互

无论在任何时候，图形的缩放都只能显示特定数据的图形。因此，我们必须要设计出能够让用户轻松确定任务对象并能够对其进行导航，从而使用户完全专注于数据分析的目标。这就需要设计一个合适的可视化界面，该界面应该帮助用户处理如下三个问题[37]：

- 我在哪儿？
- 我能去哪儿？
- 我怎么去？

我在哪儿？

为了有利于数据的探索，我们必须要清楚当前焦点在全局中的位置。如图 4.18 所示，底部和右侧的滚动条指示了当前视图在全局中的 x 方向和 y 方向上的位置。从滚动条的大小我们可以进一步推断当前图形涵盖了多少全局的内容。滚动条所需的显示空间相对较小，但提取滚动条所承载的信息则需要我们开动脑筋。

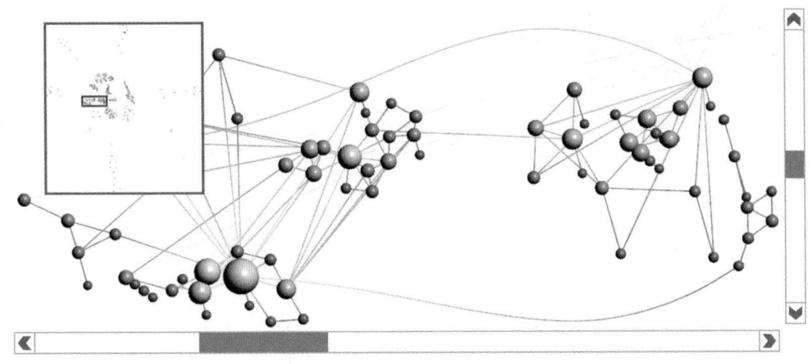

图 4.18　带有滚动条的可缩放图形

如第 3.1.2 节所述，概况 + 详情的概念会使用更多的视觉资源来传达明确的信息。如图 4.18 的左半部分所示，图中使用了专用图形来显示微型版本的全局概况，其中当前视口用红色矩形来标记。于是我们就可以很容易地看出当前视口中的图形相对于整个图形的位置和比例。但这种方法也有一个缺点，它们会模糊实际图形的部分内容。

我能去哪儿?

用滚动条和概况图来传达当前图形的位置和比例的方式指示了图形可以涵盖的范围。滚动条左右、上下以及概况图中的有效空间都代表了可以访问的数据区域。

用户了解的全局信息越多，就越容易决定下一步探索的区域。因此，概况图通常会附带一些图形信息。在我们的例子中，概况图仅通过微小的彩色点来表示全局。尽管在概况图中既没有边，也没有任何细节，我们仍然可以看到可能值得探索的区域情况，并从这些情况中做出相应的判断。

我怎么去?

知道了去哪儿以后，下一个问题就是怎么去。我们可以通过移动或缩放当前图形，或者创建一个新图形来实现这一点。

从理论上讲，用户有两种方法可以选择。第一种是直接在图形上进行交互操作，第二种是在用户界面上操作图形对象。表 4.3 列出了这两种选项的一些常见操作方法。直接在图形上进行交互适用于通过较少的更改来探索当前图形邻近区域的情况。但是这种方法很难做出实质性的变化，因为它需要许多重复的操作。而在可视化界面中操作就可以做到这一点。但是，请大家注意，因为可视化界面在相对较小的显示空间中代表了整个图形区域，所以交互操作的准确性是有限的。

表 4.3 通过移动、滚动和详情视角来缩放图形

在图形上直接操作	
移动视角	拖动全局，也可以平移

（续表）

在图形上直接操作	
滚动视角	使用鼠标滚轮、鼠标按键拖动或者用手指按压
详细视角	绘制弹性形状
在用户界面上操作	
移动视角	在概况图中拖动滚动条或红色框
滚动视角	在概况图中拖动滚动条或红色框的边缘
详细视角	在概况图中绘制弹性形状

综上所述，一个合适的交互式可视化界面对于使用可缩放功能进行多尺度数据探索来说极为重要。另外，附加的交互辅助工具和视觉线索也可以进一步提高缩放的功能性，并有利于特定分析任务的执行。

4.5.3　辅助交互和视觉线索

到目前为止，随着技术的引入，数据导航已经完全融入了数据的视觉布局中。例如，当我们在节点连接图中进行平移操作时可能会看到在空间上与图形布局接近的数据。但是，如果数据分析涉及关于与图形结构相似区域的问题呢？结构相似的数据不一定就是在当前图形附近，有可能出现在任何位置。问题是它们在哪儿？我们怎么才能去那儿？

所以问题来了，我们有时候会查找与当前图形中相似的数据。同样，相似的数据也不一定会在空间上靠近当前图形，它有可能位于图形中完全不同的部分。我们再问一问自己，应该去哪儿找到它？怎么才能去那儿？

这两个问题的共同点都是我们的目标数据可能没有出现在视口所显示的屏幕上。因此，首先是要让用户了解屏幕上的数据，然后，希望用户能够真正地找到这些数据，最后，让图形变得清晰明了。接下来，我们来看一看如何利用屏幕、导航快捷方式和动画反馈来做到这些。

屏幕外图形

屏幕外图形是一种焦点 + 背景的图形，其中缩放图形（焦点）通过附加背景信息得到增强。其本质是在显示器中显示额外的视觉线索，使原本不可见的数据元素的剩余部分显示出来。

图 4.19 所示是节点连接图中的屏幕节点（虚线）的视觉线索示例。从左到右，有五种可选的视觉线索。箭头是指向屏幕外数据的最简单标记。箭头只指示方向，圆环和楔子则可以显示方向和距离[38, 39]。我们可以在脑海里把圆环画成一个完整的圆，然后推断出这个完整的圆的中心以及在屏幕外节点的位置。通过同样的方式也可以确定位于楔子尖端的一个节点的位置。

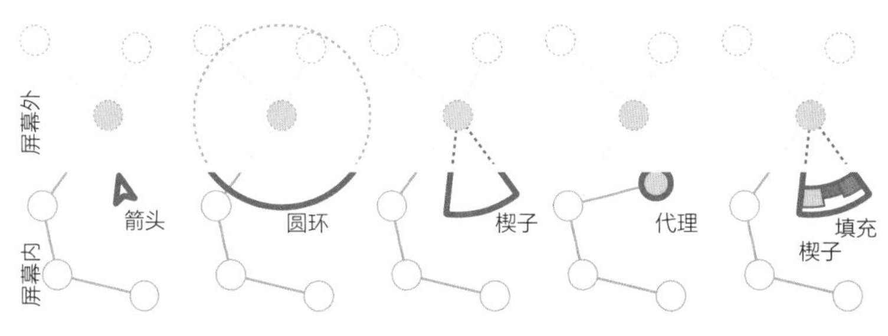

图 4.19 指向屏幕外数据的视觉线索[40]

代理的目的是更真实地显示实际的屏幕数据[41]。请注意看图 4.19 中的代理，观察它是如何允许我们查看屏幕外节点以及它与图形布局可见部分的连接，可见代理并不能指示方向和距离。填充颜色的楔子用来平衡几个连接对象[42]。这些符号可以将屏幕上对象的方向、距离和属性可视化。例如，可以加入额外的元信息来解读节点之间的关联。

遇到指向屏幕外的数据时，一定要小心谨慎，否则就会产生混乱。所以，我们可以创建一种用于指向屏幕外数据的机制，它能够自动判断屏幕内外的哪些部分的数据可能相关。这种机制可以基于兴趣度（DoI）函数或对数据的分析计算来实现。有关基于 DoI 的图形探索的更多信息，请参见第 5.2.1 节。

导航快捷方式

下一个需要解决的问题是如何获取距离当前图形位置较远的数据。虽然可以通过基本的平移和缩放操作来实现这一点，但是需要耗费身体成本，所以我们现在可以尝试利用导航来降低身体成本，这也就是导航快捷方式。

导航快捷方式指的是数据图形中的一个目标，这个目标与视口关联。视口以目标为中心，在其范围内显示出目标周边有多少信息。

要想真正使用导航快捷方式，就需要让用户实际地看见它。我们可以利用前文中提到的屏幕外可视化的方法来操作，唯一需要做的是将原本被动的视觉线索转化为可以与之进行交互的主动界面元素。这样一来，导航到一个屏幕上的目标就像点击一个视觉提示一样简单。

将屏幕可视化与导航快捷方式相结合的想法也可以称为“来去法”（Bring & Go）。在探索大数据时，这是一种非常有效的降低导航成本的手段[43, 44]。我们用一个例子来简要地说明一下“来”和“去”。

图 4.20 所示是当前图形之外存在多个节点的图形。我们可以通过雷达工具在屏幕的边缘放置代理节点，以此来引入当前图形中不可见的图形节点。这些代理可以用作视觉提示，也可以用作导航快捷方式。若想要跳转到特定节点，用户只需激活其关联的代理即可。

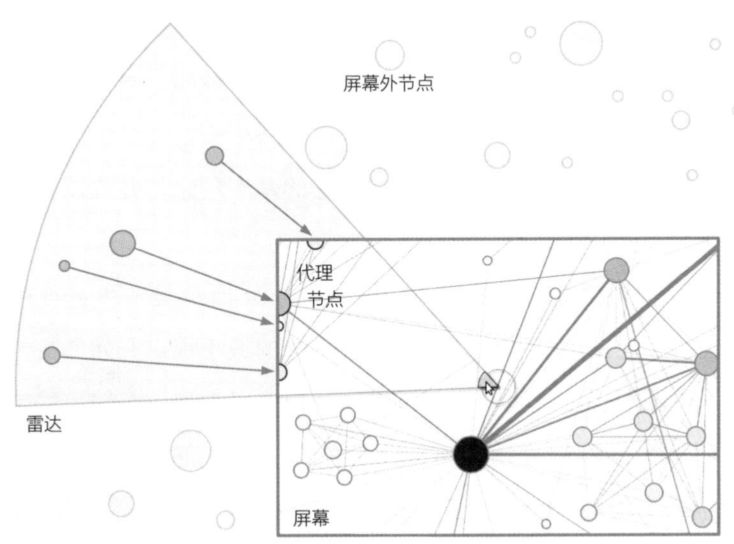

图 4.20　带有雷达图和代理节点的“来去法”示意图

使用导航快捷方式比重复执行平移和缩放操作要容易得多。但是请注意，导航快捷方式仅对已知的潜在目标有效，在探索未知区域方面还是要依靠基本的平移和缩放操作来实现。

前文所述的几种交互存在允许我们从数据的一部分导航到另一部分。在下面的内容中，我们将研究动态视觉反馈。

动态图形转换

获取视觉反馈最简单的方法就是在设置新视口后立即刷新图形。这个操作就是在第 4.3.2 节中介绍的静态视觉反馈。对于直接平移图形或拖动滚动条时发生的视口小幅度变化来说，这种类型的视觉反馈非常合适。

然而，当视口的变化非常明显时，例如，在激活导航快捷方式后，为替换旧图形出现的新图形可能会让用户感到困惑，其问题在于用户可能没有机会在新旧图形之间建立思维联系。于是我们可以通过动态视觉反馈来解决这个问题。平滑的动态过渡能够使用户理解旧图形是如何演变为新图形的，从而使其保持分析的大方向。

平滑动态视口过渡的总体实现思路如下：第一，将原始图形缩小。第二，将其平移到目标图形的位置。第三，放大新图形的比例[44]。这些步骤不是一个接一个地进行，而是平滑地同时发生。事实证明，平滑视口过渡所涉及的数学问题非常深奥，感兴趣的读者可以参阅相关论文[45]中出色的数学推导方案。本书中，我们只粗浅地解释一下它的基本理念，并佐以例子来进行说明。

让我们看一看动态过渡的一组快照。图 4.21 所示是一个过程视口标记为灰色矩形的概况图。动态过渡从图形左下角的最小视口开始，最终目标是右上角的一个图形。在过渡的第一阶段，我们可以看到一个缩小的图形。然后，这个图形被平滑地移动到目标图形的位置，期间一边移动一边放大。图 4.22 所示是图 4.21 动态过渡的流程快照，这是一组令人赏心悦目的过程，同时也是帮助用户理解图形转换的过程。这组图形如果仅看初始图和最终图的话，是很难达到观看动态过渡所能得到的理解程度的。

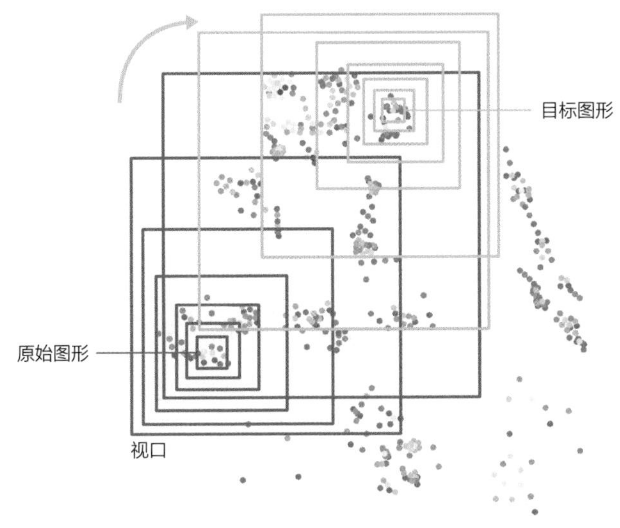

图 4.21　动态过渡的视口

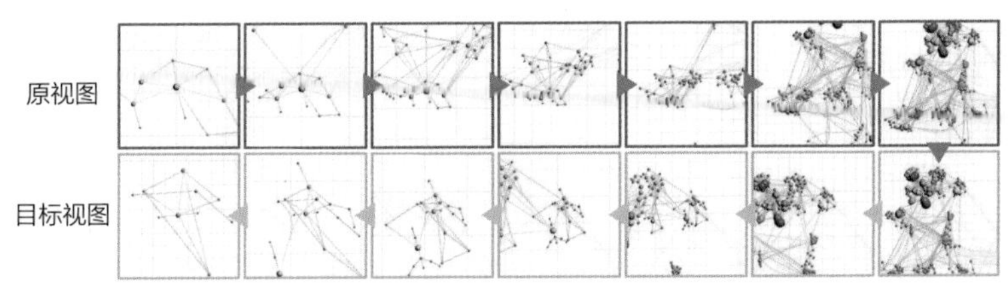

图 4.22　关于图 4.21 中的动态过渡流程快照

前文中已经介绍了几种交互机制和相应的视觉手段，这些内容能够帮助我们在不同的尺度上探索数据。我们通常使用的是二维缩放，它与现有的许多二维可视化技术都能够完美匹配。在下文中，我们来看一看多维缩放在数据分析场景中的作用。

4.5.4　多维缩放和一维缩放

我们通常探索的是二维图形，所以通过缩放进行的多尺度探索本质上是对依赖于数据的二维图形进行的探索。然而，在某些情况下我们需要让探索更独立于图形之外，也就是说，需要根据数据特征来执行特定的平移和缩放功能。在这一节中，我们将通过时间序列的例子来研究单变量（一维）和多变量（多维）数据的多尺度探索这一特殊情况。

一维时间序列的探索

理解数据的时间信息是一个特别重要的分析目标[46]。我们在探索时间序列时，需要灵活地调整探索的位置和范围。范围滑块由一个表示时间的刻度和两个用于调整需要可视化时间段的滑块组成，主要用于沿时间轴进行的一维导航。

图 4.23 显示的是带有范围滑块的螺旋图形。调整滑块可以减少或增加螺旋图形上的可见时间段，相当于放大和缩小操作。较宽的区间用于对数据进行概括呈现（左螺旋），较窄的区间用于显示细节（右螺旋）。通过拖动两个滑块之间的范围标记可以改变时间区间，这相当于平移操作。当用户操纵滑块时，不同的时间步将被转换为图形，而总体螺旋布局则保持不变。这也是留给读者的一个练习，那么诸位可以来想象一下，正常的二维缩放会产生什么样的视觉效果。

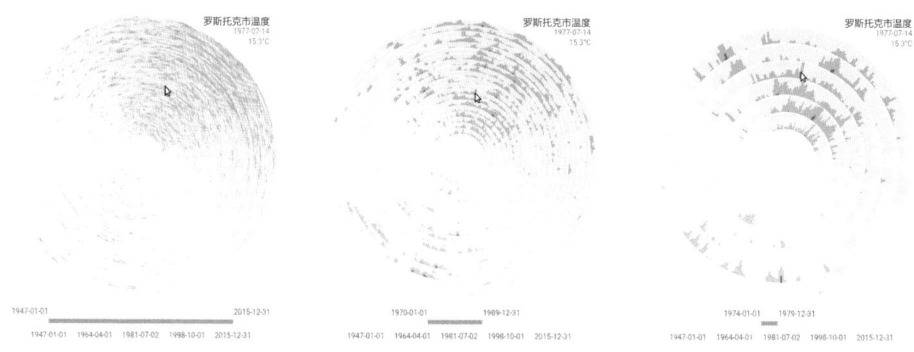

图 4.23　用范围滑块来控制罗斯托克市日平均温度螺旋图的时间段

我们在示例中特意将缩放和平移设置为一维效果。将缩放独立于二维图形之外并将其与时间维度更紧密地联系起来，可以使用户更直接地选定对象时间段。

然而，滑块在用于时间导航时会产生一些问题。面向时间的数据通常包含数千个时间步。图 4.23 中的时间序列包含大约 25000 天的数据，所以理论上就需要一个宽度为 25000 个像素的滑块才能保证可以访问到该范围内的任何日期。如果有 25000 个像素，那么每个像素就正好代表一个日期。然而，正常情况下根本没有这么多像素，现实的情况是示例中的滑块宽度为 1000 个像素，这意味着 25000 个日期只能映射到 1000 个像素上。因此，如果将滑块手柄移动了一个像素，那么并不会进入第二天，而是进入下一个显示周期，即进入了第 25 天，实际上就是跳过了中间的 24 天。我们无法通过直接操纵滑块来查看这 24 天中的任何一天。简而言之，当数据范围过大时，就没办法通过滑块来直接查看某些数据。在这种情况下我们可以通过加入多个标尺来解决这个问题，也就是说，可以利用多个滑块来共同实现一个功能。

多尺度输入

如何通过使用一个连续的互动操作就能实现快速准确地探索更大范围的数据价值呢？使用常规的滑块，我们可以分别实现快速（覆盖长距离）或准确（到达精确位置）的目的。但上述两种目的不能共同实现，其原因在于互动操作的范围是固定的。图 4.23 中的时间滑块适用于快速浏览几千天的大数据，但是，我们怎样才能精确地查看某个具体日期的数据呢？

在标尺上集成动态变化功能就可以解决这个问题。将动态变化功能添加到多尺度滑块功能中，我们可以同时实现快速而准确地探索数据，即在较大的尺度下可以覆盖更长的距离，而在较小的尺度下则可以提高信息获取的精度。下面我们用一个简单的例子来说明这一点。

假设我们的数据域覆盖了 2000 年 1 月 1 日至 2010 年 12 月 31 日之间的所有日期，而目标对象处于在 2006 年 8 月 8 日至 2010 年 10 月 8 日的子范围中。图 4.24（a）所示是一个常规范围的滑块，目标上限已按预期进行了设置。

为了设置下限，用户需要执行图 4.24（b）所示的连续操作。首先抓取左滑块手柄，然后将其拖动到目标下限的附近。由于常规滑块无法直接访问精确的日期，所以用户在到达目标下限的附近时需要将滑块垂直地向下移动，此时会触发滑块的动态变化功能并出现新的滑块，用户继续将新滑块进行水平移动，直到到达预期的对象日期。

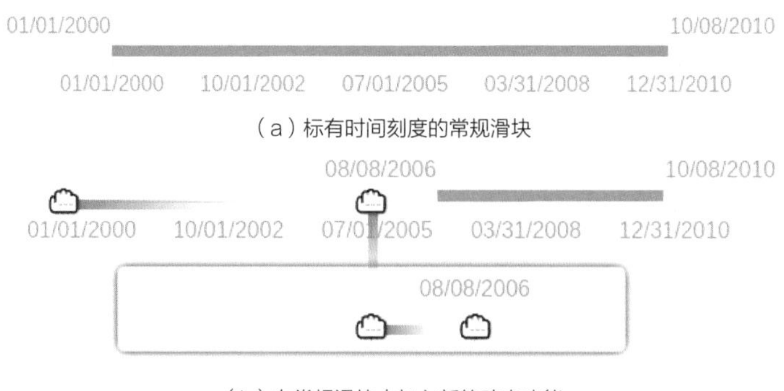

（a）标有时间刻度的常规滑块

（b）在常规滑块中加入新的动态功能

图 4.24　通过不同方法调整时间范围

新滑块的一个重要细节就是精度很高，这是因为它的标尺能精确到最小值，而且仅覆盖了光标离开常规滑块的值周围的局部分段。由于精度的提高，新滑块可以精确地移动到具体的对象日期。此时，常规滑块的下限也会随之自动更新。一旦到达了确切日期，用户就可以释放该按键。

双标尺机制使我们能够在一次操作中随时切换粗略选择（常规滑块）和精确选择（精度滑块）。通过增加精度滑块，我们还可以在两个以上的标尺上同时进行操作。这种方法在探索特别大的时间序列时非常有用。

本节中示例的初始目的是将整个的时间范围调整为特定的时间范围。有些读者可能会表示事先已经知道了这个范围，所以可以通过使用键盘或日历小部件来设置它们。但是在探索未知数据时，我们往往不清楚哪里才是对象可能存在的范围。所以，通过滑块功能就有可能会发现一些令人期待的内容。由此我们会想，研究不同的子范围可能会带来新的灵感，所以这种功能也许会改变我们的探索方向。持续交互的一个主要优势就是：只需一个操作，我们就可以以灵活的速度和较高的准确度来动态地浏览数据。

在下一节中，我们继续研究用于数据探索的缩放概念。但是，我们不再只沿着时间维度导航，而是将缩放和平移功能扩展到数据中的所有维度。

多维度数据的缩放

前文中，我们已经看出滑块在图形界面的重要作用。接下来，我们来看一看滑块和视图之间的组合是如何应用于多维时间序列中的多尺度探索的。

我们以基于轴的图形为例来做说明。如第 3.2.3 节中曾提到，基于轴的图形的基本视觉组件是轴，每个轴都与特定的数据变量相关联，并且根据特定的布局进行排列。实际的数据图形是由放置在成对轴之间的线或点组成的。利用轴可以生成各种图形，包括平行坐标图、散点图矩阵、折线图和时间轮。

图 4.25（a）所示是一个时间轮的示例。中心横轴代表时间，而外围轴则代表与时间相关的数据属性。用彩色线将时间轴连接到所有从属的属性轴上，并用不同的颜色区分不同的属性。我们要研究的是，用户如何通过多维度数据的平移功能和缩放功能来灵活地探索时间以及与时间相关的属性呢？

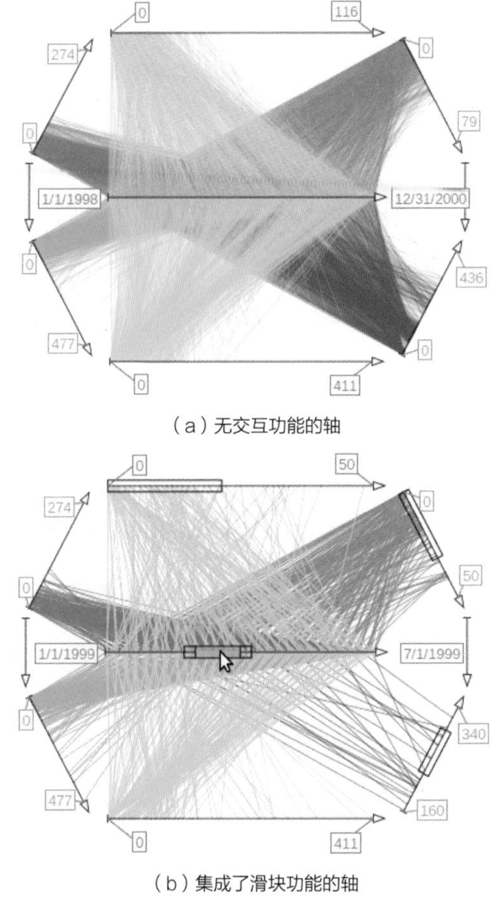

（a）无交互功能的轴

（b）集成了滑块功能的轴

图 4.25　在时间轮中集成滑块，以实现多维度数据的平移功能和缩放功能

答案就是操作时间轮的轴[47]。由于轴已经代表了可供观察的值的范围，我们只需要加入一些功能来调整值范围以及确定多少值范围可被转换为图形。于是我们可以在轴上面集成滑块，如图 4.26 所示，用户可以通过拖动滑块及其左右两侧的两个手柄来直接进行操作。

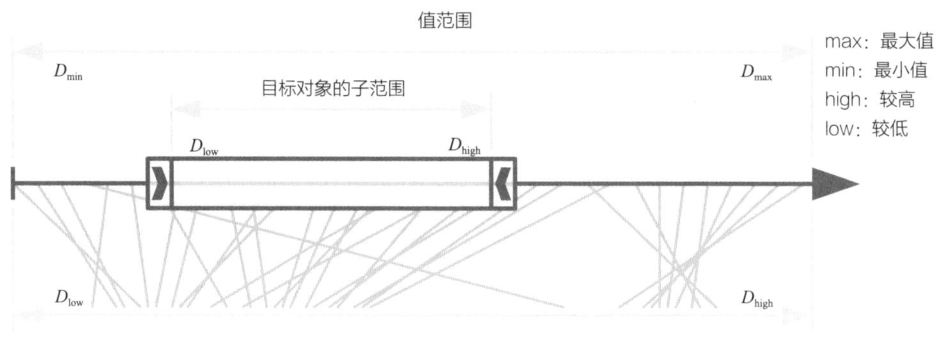

图 4.26　将轴平移功能和缩放功能加入范围滑块

调整滑块有两个互补的效果。首先，用滑块在全局值范围 D=[D_{min}，D_{max}] 内标记关注的子范围 D^{+}=[D_{low}，D_{high}]。第二，通过改变轴的实际图形，只显示关注的子范围而不是显示全局的最小和最大范围。请注意，子范围会延伸到轴的整个长度。这样，我们就可以获得轴平移功能和缩放功能。缩小功能的滑块可以让我们更仔细地观察细节，而放大功能的滑块则可以让我们回到更广的视角。通过移动滑块，我们就能进入不同的值范围。

图 4.25（b）所示是四个集成了可缩放功能滑块的轴的示例。该时间轴已缩放至 1999 年上半年，两个绿色轴已设置为消除异常值，红色轴则代表用户选择的值范围。

至此，我们结束了对图形缩放领域的探索。正如上文所述，交互式工具和视觉线索可用于全方位、多尺度的数据探索。在下一节中，我们将了解交互式透镜是如何应用于交互式数据探索的。与能够影响全局图形的平移功能和缩放功能不同，交互透镜是一种对图形进行简单局部调整的工具。

4.6 透镜功能

通过上一节讨论的交互技术，我们已经了解了如何探索数据的不同部分，即改变屏幕上显示的内容。可视化数据探索的另一个方面是试验数据的不同视觉效果，即改变数据的可视化方式。从某种意义上说，我们现在是将视角从探索数据空间扩展到探索可视化空间，其中包括调整数据值反馈到视觉变量，以及显示屏上视觉符号的排列。

我们用带有各种控制组件的图形界面来实际探索如何调整图形。前文中的图 4.3 就是这样一个界面。改变界面中的参数会导致图形的全局发生永久性变化。例如，当我们调整颜色比例时，视觉效果就会发生变化。

这里我们提供一个更轻松的方法来代替这个操作：交互透镜[48]。透镜是一种简单的探索工具，可以根据需要添加到图形中。它可以用于各种图形的调整，比如对数据赋予不同的视觉效果、重新排列数据图形、根据特定条件筛选数据或连接相关信息等。透镜的一个最显著的特点是它在可视化过程中只能产生局部和瞬时的变化。也就是说，透镜只能在图形中选定的部分内进行调整，一旦透镜关闭，图形就恢复原始状态。例如，用户可以使用透镜来增强对象的颜色，以此来检查数据元素的局部细节。

4.6.1 概念模型

图 4.27 所示就是交互式可视化透镜的示意图。透镜由位置、大小、形状和方向等属性组成，并将图形分为镜头内部和镜头外部。从概念上讲，透镜

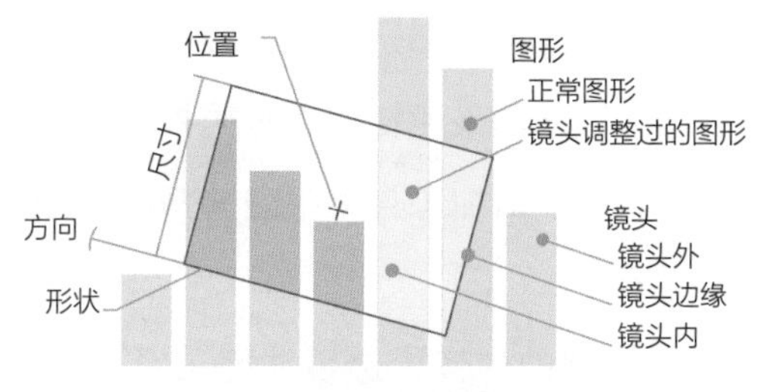

图 4.27 交互式透镜的示意图

是在一个功能中结合了两种交互操作：交互选择操作和图形调整操作。它就是一个基于可视化管线的模型。我们在第二章中曾提到，可视化管线通过分析和可视化概念将数据转换为图形。

如图 4.28 所示，透镜可以理解为连接到标准可视化管线上的一个附加透镜管线。标准管线（底部图）生成常规图形，透镜管线（顶部图）则赋予了图形透镜效果。标准管线和透镜管线之间有两个信息交换点，第一个点的作用是选择，它定义了透镜功能要处理的内容。第二个点的作用是连接，它规定了透镜功能产生的结果将如何被整合回标准管线。接下来，我们将深入了解透镜的主要内容。

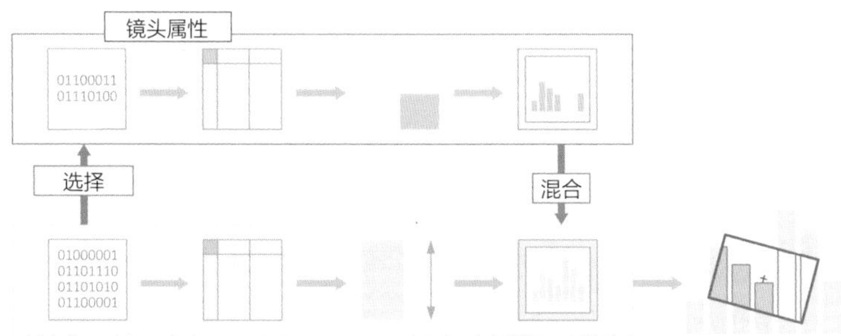

图 4.28　连接到标准可视化系统的透镜管线模型（改编自图 4.27）

选择

透镜选择的内容与标准图形中显示的内容相对应。我们可以选择可视化管线中任何类型的内容。透镜可以直接从图形中选择像素，或选择可视化管线中的其他部分的内容。例如，被选中的内容可以是一组二维或三维的图形对象、一组数据元素、一系列值或任何组合。

正常情况下，透镜选择的数据都是比原始数据小得多的数据子集，这就使得透镜可以执行对整个数据集来说耗时太长或根本不可能的计算。我们稍后将在本节中看到，一些透镜附加了自动限制选择的功能来保持自身的可操作性。

选择功能指定了要处理的内容，透镜功能决定了图形的修改方式。例如，当我们要为图形中的部分内容重新着色时，可以使用透镜功能通过改变选定的图形对象来实现这一点。透镜功能打开了创建完全不同的图形的大门，但它也仅限于在被选定的部分内使用。

透镜

透镜功能产生的结果将替代或修改当前图形，一般用于改进当前任务中的图形。由此可知，透镜功能可以改变现有图形，抑制不相关的图像显示，或者用新图形补充当前图形。图 4.29 所示是透镜功能的一些用途。在图 4.29（a）中，透镜里的视觉效果发生了改变，突出强调了较小的点。相比之下，图 4.29（b）中的透镜抑制了不相关的点。最后，图 4.29（c）中的透镜通过里面的点的标签丰富了视觉效果[49]。

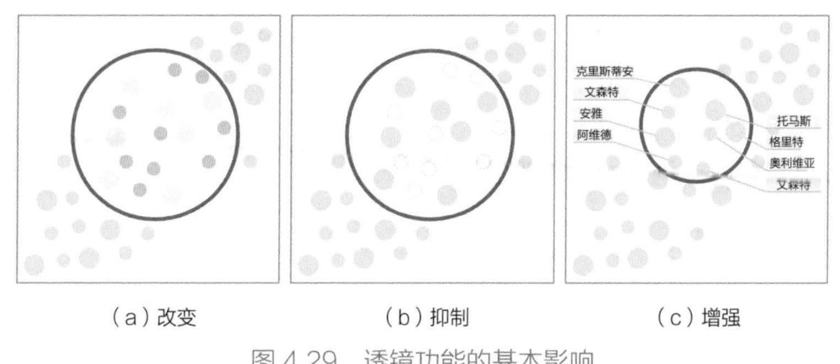

（a）改变　（b）抑制　（c）增强

图 4.29　透镜功能的基本影响

透镜的具体功能通常取决于控制透镜效果的参数。例如，放大镜功能会将放大系数作为一个主要参数。筛选透镜可以通过筛选参数来控制要筛选的数据量。一般来说，透镜可以将可见度值（α 值）作为主要参数来混合透镜和图形。

混合

透镜效果需要与基础图形相结合才能创造出最终的图形。在正常情况下，透镜的可见效果仅限于内部。然而，在可视化的背景下，可以允许透镜影响外部的视觉效果，甚至可以单独显示透镜效果。

但是，由于大多数透镜的视觉效果仅能够在透镜内部显示，所以我们可以通过以下三步程序来解决这个问题。第一，渲染基础图形，然后从透镜中选择性地保留一部分。第二，将透镜效果放到透镜内部，这样就可以将选择的部分与基础视觉效果进行混合。第三，加入合适的视觉反馈和可选的用户控制元素。在我们的示例中，使用一个加粗边缘的矩形来表示透镜，让用户可以清楚地知道透镜正在工作。

从理论上讲，混合可以在管线中的任何一部分发生。如果发生在可视化管线的初始阶段，那么视觉效果可能会超出透镜。例如，透镜可以调整节点连接图中对象节点的位置，基于反面效应，改变节点的入射边缘也将通过反面路径使透镜外的基础图形发生（有限的）视觉变化。

总而言之，选择功能、透镜功能和混合功能共同构成了透镜的关键要素。从概念上来说，将透镜建模为二级图形管线不仅可以在同一图形中使用多个透镜，还可以将不同类型的透镜组合起来，创建出复合透镜的效果。我们会在后面的第 4.6.3 节中看到一个相关示例。接下来，让我们来看一看透镜的特性和调整方法。

4.6.2　可调整性

从实际使用透镜功能的用户角度来看，有两个问题很重要：透镜存在哪些特性以及该如何调整操作使得透镜可以适应用户的数据分析目标。

透镜的特性

我们来仔细观察一下透镜功能，首先引人注目的是它们的几何特性。透镜的位置和大小决定了它能在哪里以及在多大程度上产生作用。透镜功能的另一个突出的特性是形状。根据现实中的透镜形状，许多虚拟透镜也都设计成了圆形，如图 4.30（a）所示。但其实矩形的虚拟透镜也很常见，对于非圆形透镜来说，方向非常重要。定向矩形透镜可以更好地适应基础数据，如图 4.30（b）所示。

除了几何特性外，控制透镜内部工作的参数也很重要。我们在前文中已经提到了放大系数和筛选阈值作为透镜参数的例子。通常，透镜参数用于平衡透镜效果的强度，这里的强度不同于现实中的材料强度，它指的是一种视觉效果。例如，增加了多少细节，抑制了多少不相关的数据，或者基本图形有多大程度的改变。

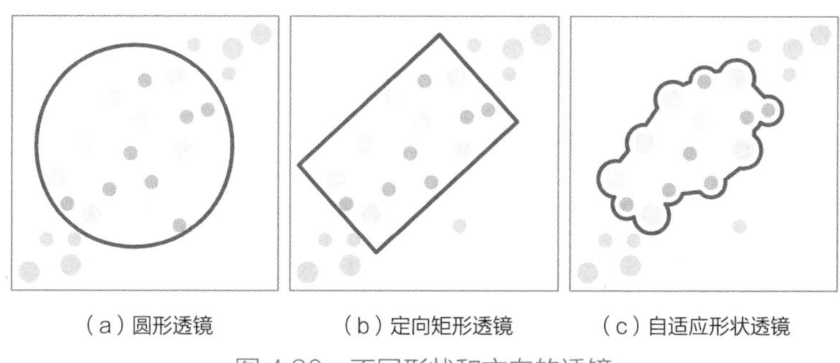

（a）圆形透镜　（b）定向矩形透镜　（c）自适应形状透镜

图 4.30 不同形状和方向的透镜

透镜的操作和自动调整

透镜的灵活性在很大程度上取决于直接操作进行调整的程度。辅助自动功能可以提供一些侧面帮助。

如图 4.31（a）所示，直接操作是图形调整位置和大小的首选方式。这两个图形属性也可以进行自动设置。例如，可以在感兴趣的数据元组处放置自动透镜。透镜通过自动调整大小来适应产生效果的计算成本，以及理解透镜效果的认知成本。图 4.29（c）中的透镜标签就是这样的一个例子。当透镜移动到数据的密集部分时，会自动缩小尺寸来限制标签的数量。这样，透镜既可以保持标签的可读性，又可以减少算法的运行时间[49]。

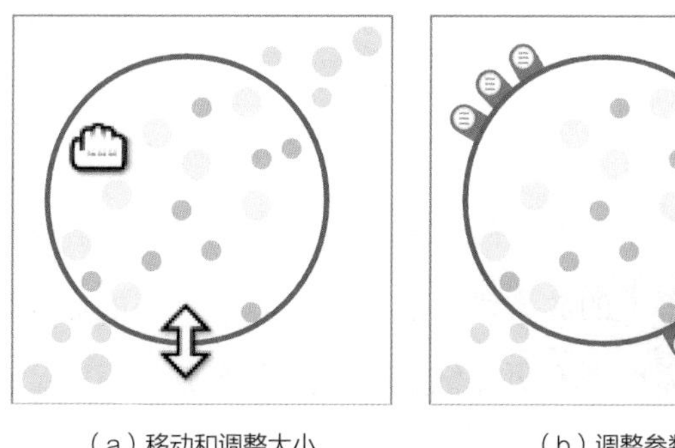

（a）移动和调整大小　（b）调整参数

图 4.31 直接操作透镜

不同的透镜形状之间可以进行切换，但这种操作并不常见。有一种能够根据数据特征自动调整形状的透镜很有意思[50]。这种自适应形状透镜在透镜效果需要匹配图形中复杂几何特征的情况下特别有用。图 4.30（c）所示就是一个这样的例子，图中显示的透镜能根据所选数据的位置来自动调整形状。

最后，我们来看一看透镜的内部参数。如果只是偶尔需要调整参数的话，依靠标准的小控件就足够了。如果需要频繁地微调参数的话，最好是通过一个专门的功能来调节。图 4.31（b）所示是一个直接在透镜处设置自定义接口的示例[51]。在另一些情况下，透镜可以根据数据自动调整参数。例如，根据透镜附近的数据密度[52]来调整采样率参数。

透镜可调节的特性（形状和参数）使其成为非常灵活的数据探索工具。它可以通过直接操作或自动程序轻松控制，使镜头适应基础数据。我们将在下面演示如何将透镜应用于实际的可视化分析任务当中。

4.6.3 活动透镜

到目前为止，我们已经在相当抽象的理论层面上了解了透镜。本节中我们将在可视化数据分析场景中说明交互式透镜的多功能性和实用性。我们将列举四个实际应用中的问题，然后用相应的透镜来解决它们。第一，我们从研究图形中的特定细节这一常见的任务开始。第二，我们将解释透镜是如何参与图形中结构关系的探索的。第三，我们来研究如何使用透镜来理解地理空间运动轨迹的时间数据。第四，我们将使用透镜来完成从改变图形到改变实际数据的编辑过程。

用鱼眼透镜探索细节

放大镜是一种有着悠久历史的工具，它可以让我们看到肉眼无法轻易看到的细节。计算机屏幕上的放大镜功能也是来源于真实的放大镜：它们放置在屏幕上，如果用户需要查看更详细的信息，那么放大镜就会通过数字计算来放大信息。

计算机上的放大镜的典型例子是鱼眼畸变[53]。它将内容从镜头中心逐渐向外推，有效地放大了鼠标光标附近的内容，让我们可以看清细节（如

图 4.32 所示）。由于鱼眼畸变透镜是将细节平滑地嵌入全局背景之中，因此它在概念上是一种“焦点 + 背景”的形式，就如同我们在第 3.1.2 节中所提到的那样。

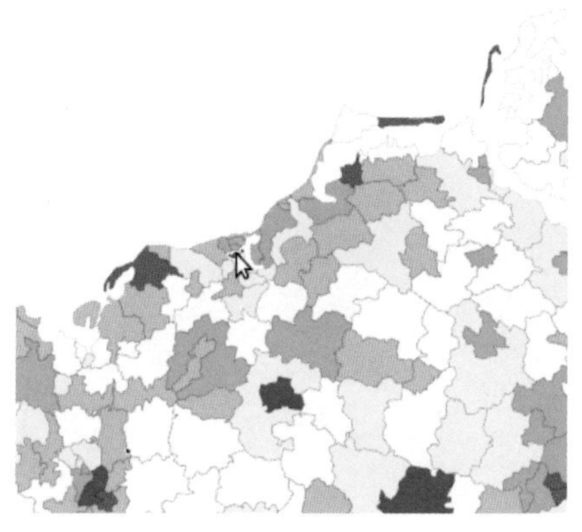

（a）常规地图

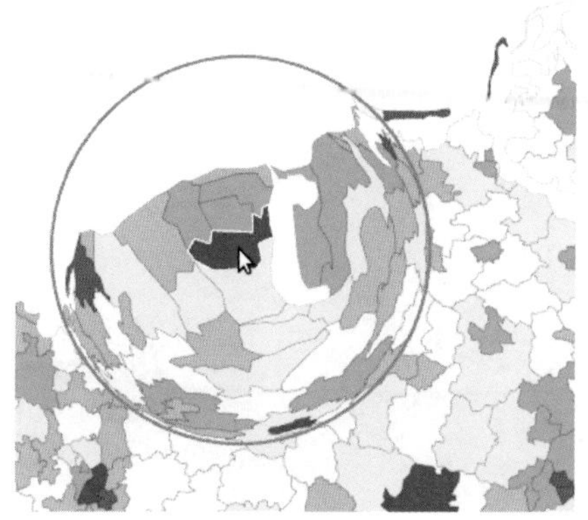

（b）利用鱼眼畸变透镜放大地图细节

图 4.32　用鱼眼畸变透镜放大地图细节

鱼眼畸变透镜充分展示了透镜在以动态、轻巧的方式改变视觉效果方面的作用。接下来，我们将详细介绍在探索图形数据结构时非常有用的透镜。

用图形透镜探索结构关系

在探索图形数据时，结构关系起着重要作用。第 3.5 节中介绍过的节点连接图允许我们查看节点的连接情况以及图中是否存在任何节点聚类。接下来，我们将利用图形透镜来对节点连接图进行更深一步的探索[54]。

图 4.33（a）所示是一个放大的图形。我们的任务目标是边，从图中可以看出，边的数量众多而且布局凌乱。从这些边中我们看不出有哪些边连接到了我们的目标节点，哪些边没有。在这种情况下就可以借助透镜的功能来帮助我们。在图 4.33（b）中，我们使用局部边透镜来清除不相关的边，此时透镜会抑制未连接到镜头内节点的边。现在我们可以很容易地看出连接到目标节点的边共有七条。

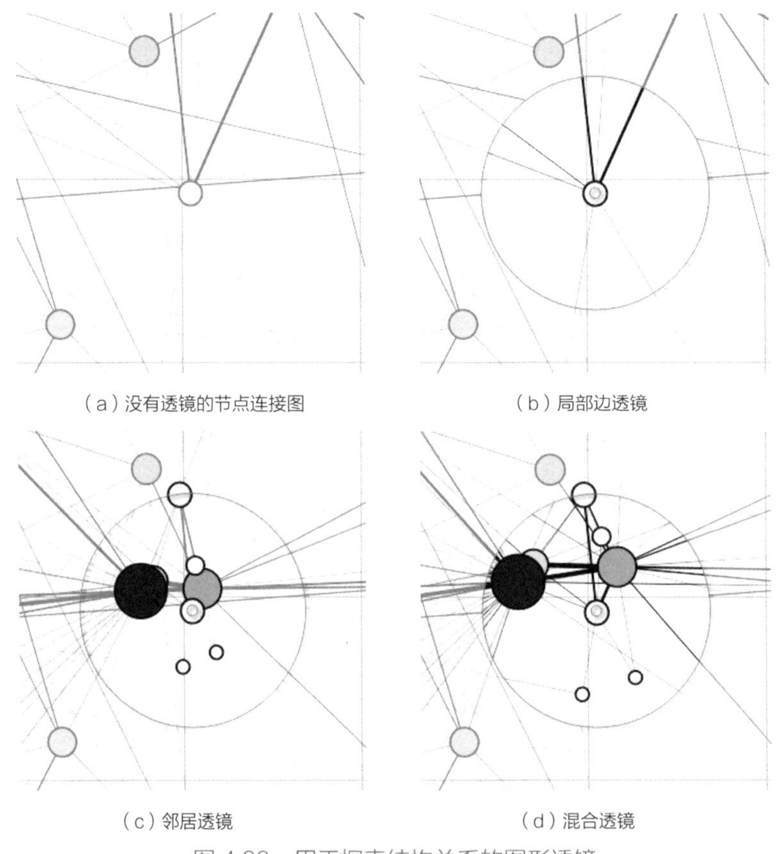

（a）没有透镜的节点连接图　　（b）局部边透镜

（c）邻居透镜　　（d）混合透镜

图 4.33　用于探索结构关系的图形透镜

但是我们看不到相邻节点，因为它们超出了当前图形的范围。虽然可以平移和缩放每一个节点，但这样做实在是太浪费时间，而且无法确定会找到什么。在这种情况下，我们就可以使用其他透镜来提高效率。

这一次，我们使用的透镜叫作邻居透镜。顾名思义，邻居透镜将为我们找到透镜内节点的相邻节点。当透镜移向目标节点时，它的邻居节点将会被逐渐吸引到透镜内。当透镜正好位于目标节点的顶部时，所有邻居节点都将位于透镜内，如图 4.33（c）所示。这个透镜有效地生成了目标节点相邻区域的局部情况，所以我们没有必要去手动选择邻居节点，透镜会把它们带进来让我们检查。

当邻居节点们在图形布局中均匀分布时，邻居透镜的效果就会非常好。但是如果它们的分布不规则时，我们可能会发现大多数节点都挤在透镜中心处相互遮挡。为了解决这个问题，我们可以利用透镜效应来创建一个复合透镜。

在图 4.33（d）的示例中，我们将邻居透镜和鱼眼畸变透镜组合在一起，邻居透镜负责吸引来附近的节点，鱼眼畸变透镜负责驱散透镜中心杂乱堆积的节点。仔细观察这个图，我们会发现图中实际上展示了一个复合透镜，它结合了前面提到的三种效应：局部边缘效应、邻居效应和鱼眼效应。

上述几个透镜主要用于探索复杂图形数据的情况。通过这些透镜，我们理顺了杂乱的边，看清了原本无法看清的内容。接下来，我们来看一个专门用于探索运动数据的时间特征的透镜。

用透镜探索运动数据的时间特征

在第 3.4.3 节中，我们介绍了可视化时空数据的几个难点。想要同时完整详细地显示空间、时间和数据属性通常是十分困难的。通常我们都会详细显示其中两个方面的属性，然后根据所选数据部分的需求以交互方式来添加第三个方面的属性。本部分中，我们将通过一个可操作的透镜来强化空间和属性的图形，从而整合时间特征。

我们的想法是将时空运动数据转换为二维图形，如图 4.34 所示。地图提供了空间背景，线条代表车辆移动的轨迹，其中颜色表示速度。我们可以从图中看到，汽车以一定的速度行驶。时间透镜将帮助我们看到[55]具体时间。

如图 4.34 所示，左侧的辅助圆形图中是透镜。其内部显示的是透镜覆盖的轨迹点的缩放副本。与时间相关的速度属性则显示在透镜内部周围的环形直方图中。从图中可以看出，选定区域内的运动主要发生在 9—10 点和 18—19 点，速度分布均匀。另外，用直线将透镜内部的各个点连接在一起，形成更细的粒度，我们可以看到更多的细节。例如，位于 18:15 的灰色轨迹就表示 18:15 左右发生的运动。

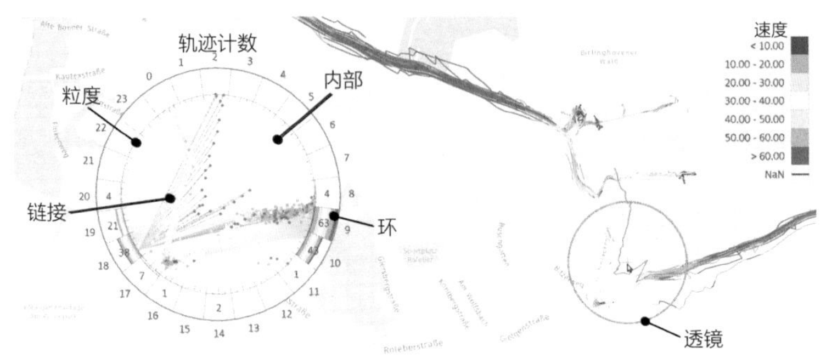

图 4.34 用于查询运动数据的时间特征的透镜

上述结论如果单纯用普通的方法根本无法获得，所以只能依靠透镜。这也很好地证明了透镜在根据需求访问附加信息和分析复杂数据细节时是多么有用。

接下来，我们来进一步研究可以编辑数据的透镜。

使用透镜对半自动图形进行编辑

在数据探索的过程中，我们可能偶尔会需要对一些数据进行纠正，例如插入缺失的元素、更新错误的数据值或删除明显的异常值等。本节的内容就是介绍如何使用透镜来对数据进行实时编辑。

图 4.35 所示是一个关于图表编辑的例子，而我们的任务是将一个具有十几条边的节点插入网络中。很明显，手动定位节点并放置每一条边是一项让人发狂的工作，需要花费大量时间。尽管图形布局算法可以计算出高质量的布局，但问题是大多数算法都会对全局进行重新计算，这就会推翻我们之前可能已经存储于脑海里的数据地图。所以我们需要一个工具，这个工具可以让我们编辑局部数据而且免于密集的体力劳动，也无须对全局进行更改。

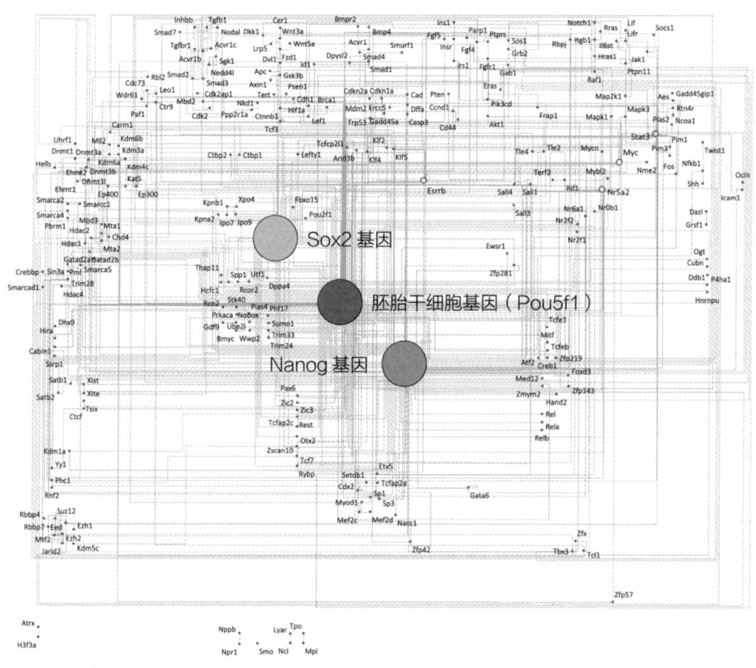

图 4.35　生物网络的正交节点连接图

这时我们再次搬出透镜这个万能工具。根据其用途，这种透镜可以被称为编辑透镜[56]。它支持三种基本的编辑操作：添加、更新和删除。图 4.36 所示就是用于添加、更新和删除图形节点的透镜操作流程。其中唯一的手动操作是将透镜放置在图形中的指定编辑区域。从某种意义上说，编辑透镜是一种便利的自动化解决方案。

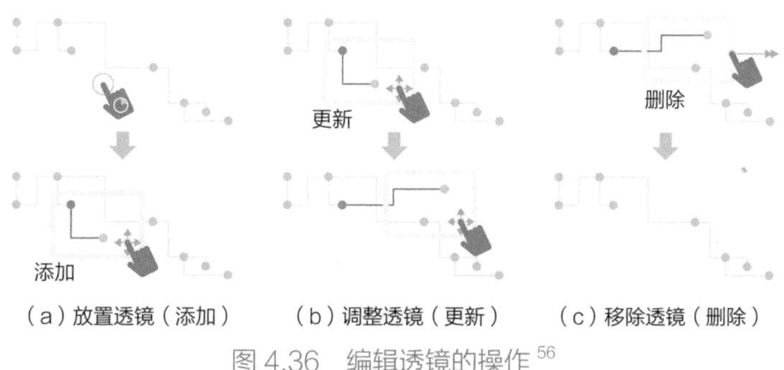

（a）放置透镜（添加）　（b）调整透镜（更新）　（c）移除透镜（删除）

图 4.36　编辑透镜的操作[56]

编辑透镜的自动功能由两个步骤组成。第一步，在镜头内部确定一个合适的未占用区域，并保证其内部可以放置需要编辑的项目。第二步，根据不同图形布局标准的启发式算法，例如到其他节点的最大距离、较短的总边长度和较少的边弯曲次数等，来计算未占用区域内的精确点。

在编辑的过程中，用户可以自由地移动和调整透镜大小。透镜会进行自动计算并给出关于合适的节点位置和边的建议，用户采纳建议后，透镜才会对数据进行编辑。

总而言之，编辑透镜将完全的手动编辑操作简化为半自动编辑操作，用户只需要划定一个粗略的区域而不需要确定精确的位置或路线，剩下的都交由透镜来处理。透镜的算法部分精确地计算出方案并给用户发出建议，用户直接在屏幕上点击鼠标就可以了。最后，透镜被集成到常规图形中，这样一来，数据的分析和编辑就可以同时进行了。

至此，我们结束了在可视化环境下使用互动透镜的旅程。除了介绍透镜背后的概念以外，文中还列举了几个透镜的例子。这些透镜可以用于许多不同的任务，包括查看细节、探索图表、合并时间信息，甚至编辑数据。有关透镜的更多信息，感兴趣的读者请自行参阅本章末尾的参考文献。

透镜是一种用于数据探索和分析的多功能交互式操作，其优点在于可以胜任许多不同的任务。在下一节中，我们将重点放在图形对比上，并引入一套全面的交互技术。

4.7　交互式图形比较

图形比较是数据分析活动中的一项核心功能。用户通过比较数据的不同部分，可以制定、认可或推翻原始假设，从而得出正确的结论以及更好地理解数据。

初级比较通常是深度分析数据的前奏。比如，我们可以通过比较一段时间内股票价格变化的连续值来确定股票的变化趋势，通过该变化趋势就可以发现具有类似趋势的对象。再比如，通过不同对象之间的比较可以了解更多的信息，基于这些信息，我们就可以研究一年内的某段时间中特定行为的发生情况。通常我们也会通过比较数据的定量情况来获取它们的关联程度。与比较类似的概念是相似性（或相异性），它在许多高等级信息生成中起着重要作用。

本节主要介绍专门为图形比较而设计的交互技术。但在我们开始之前，需要先了解什么是比较，以及如何进行图形的比较。

4.7.1 基础和要求

我们所说的“比较”到底是什么意思？给定单个数据值 p 和 q（或一组值 P 和 Q），任务是比较它们之间的关系 r，也就是 prq（或 PrQ）。其中 r 的关系是 $r \in \{<, \leqslant, =, \geqslant, >\}$。在比较时间数据（如之前、期间、之后）和空间数据（如内含、重叠、相交）时，r 存在特定的关系。

有三种基本的图形设计方案专门用于对比任务：并列、叠加和突出视觉效果[57]。图 4.37 中就是用于比较任务的图形设计方案示例。并列指的是在不同的空间中并列显示数据。叠加指的是通过叠加功能将数据堆叠在一个视觉空间中。突出视觉效果用于表示被比较数据的数值差异。

图 4.37 用于比较任务的图形设计方案

然而，在没有专用工具的情况下直接比较数据通常很麻烦。例如，假设我们在彩色电子表格图形的不同部分发现了两个有趣的对象，为了比较它们，我们首先要观察一个对象并记住它，然后观察第二个对象，同时将其与脑海里存储的第一个对象进行比较。这一系列操作需要反复查看，而且很容易出错，因为实际上与第二个对象进行比较的是存在于短期记忆中的第一个对象。

通过上文的描述可知，图形比较涉及多个动作，动作之间需要紧密配合才能达到更高的分析水平。从交互的角度来看，图形比较包括三个阶段：

1. 选择要比较的信息 a。

2. 选择被比较的信息 b。

3. 目视比较信息 a 和 b。

从上述三个阶段我们可以推断出具体的操作要求。第一，必须以交互的方式选择一组用于比较的候选对象。由于人类的记忆能力有限，所以候选对象的数量不宜过多[58]。但是，在数据研究期间，随着任务目标和用户兴趣的变化，有些候选对象会根据实际情况被排除在候选队列外，还有些新的候选对象会被加入进来。

第二，要比较的对象必须经过重新排列以便于比较。这一步相当关键，因为许多标准的图形是根据一些固定的布局算法或受客观事实制约（如地理位置）来安排数据，并未考虑到后期的比较，各个对象之间可能存在较大的距离差，所以就需要用户的眼睛必须经常在屏幕的不同部分之间来回切换，操作难度很高。另外，在使用第 4.5 节中介绍过的可缩放图形界面研究较大数据时，不能保证所有相关数据都是在视口中可见的，所以在比较的过程中，我们还需要进行许多手动导航的步骤。同时，短期记忆不仅要存储数据的位置，还要存储它们的图形。

第三，在解决了以上问题以后，就进入了实际比较的环节。并列、叠加和突出视觉效果构成了比较任务的基本图形设计方案。然而，对于对象数据来说，目前还不知道用哪种方案更为妥当。因此，用户应该根据实际需要来进行选择。

总而言之，图形比较是一个高度动态的过程，需要灵活地将比较任务的各个阶段联系起来，并不断调整比较分析活动中不断变化的目标。在接下来的内容里，我们将介绍用于图形比较的专用工具。在第 4.7.2 节中，我们的重点是图形比较的自然性。稍后在 4.7.3 节中，我们将进一步讨论如何降低比较任务的成本。

4.7.2　自然启发式比较

自然交互是交互领域研究的一个主题，其宗旨是从人类的自然行为中汲取灵感进而增强交互体验。按照这种思路，我们首先看一看人类是如何自然地比较信息的，然后再模仿人们的自然行为来设计比较方案[59]。图 4.38 所示是人类在对纸质信息进行比较时常用到的三种基本方法：

（a）并排比较：将需要比较的纸张并排放在一起进行比较。

（b）透光比较：将需要比较的纸张叠在一起，利用光线穿透纸张，让信息混合在一起进行比较。

（c）翻页比较：将需要比较的纸张叠在一起，通过快速翻页的方式进行比较。

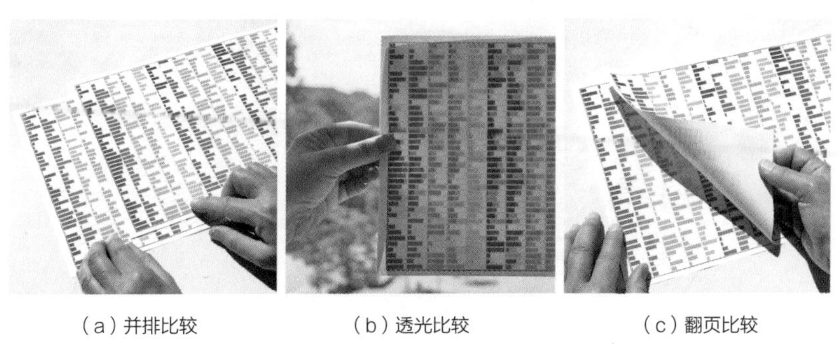

（a）并排比较　（b）透光比较　（c）翻页比较

图 4.38　人类比较纸质信息时的三种基本方法

我们如果要模仿这些自然方法，首先要为所涉及的视觉组件和交互过程设计出方案。

在可视化组件方面，我们需要创建一个虚拟的比较工作台和一份虚拟纸张。根据第 4.5 节中的内容，工作台是一个可缩放的可视化空间，而纸张则是驻留在该可缩放空间中的图形。在这个工作台上，图形可以自由移动，就像在桌子上移动纸张一样灵活自如。下面我们来解释一下如何使用可视化组件来进行自然比较。

选择比较的对象

第一个阶段，我们从选择要比较的对象开始。当用户发现他们感兴趣的对象后，就要去进行比较，首先可以简单地用一个弹性矩形来标记对象。然后，系统会创建一个与标记区域对应的新图形，也就是说，系统会创建一个全局图形的子图形。创建好之后，该子图形将作为独立图形存在于可视化空间中。

我们在工作台上可以直接将整个图形剪切为只包含比较对象的图形片段。在现实世界中如此操作的话，用户可能就会忘记比较对象的来源，而计算机上则可以始终保留比较对象和来源之间的从属关系，也就是说，我们可以从视图中追溯比较对象和来源，因此用户就不再需要在心里默记这些信息。

比较的图形中还可以根据需要插入用于显示子图形从属关系的视觉提示。图 4.39 所示是一个矩阵图的情况，可以看出系统在大矩阵中创建了两个子矩阵。当用户指向左侧时，红色框就会指出子矩阵在大矩阵中的来源位置。

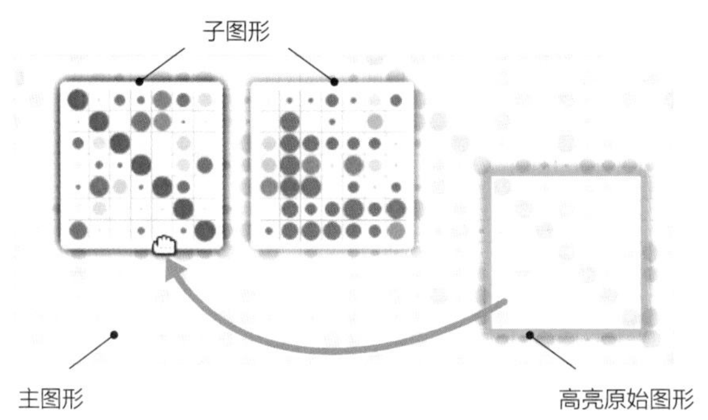

图 4.39 创建用于比较的子图形

红色框表示子图形在主图形中的来源位置

安排比较

第二个阶段是安排要比较的图形。使用拖动手势就可以实现在可视化空间中排列图形，就像在桌子上移动纸张一样简单。在现实世界中，人们利用纸张的边缘或桌面上的图案来辅助对齐，而在工作台上则可以使用捕捉功能。捕捉功能会自动将图形与某些元素对齐，这样在很大程度上就可以避免用户手动进行对齐调整。图 4.39 的示例中显示的是使用捕捉功能来实现矩阵单元的对齐。

图形比较

第三个阶段是比较图形。我们从最基础的角度入手，先提取需要比较对象的具体细节。我们在第三章中曾指出，将数据转换成图形有多种方案。在这个前提下，我们将主图形和子图形作为要比较的对象。接下来，我们来看一看模仿自然比较的三种方案：并排、透光和翻页，请见图 4.40。

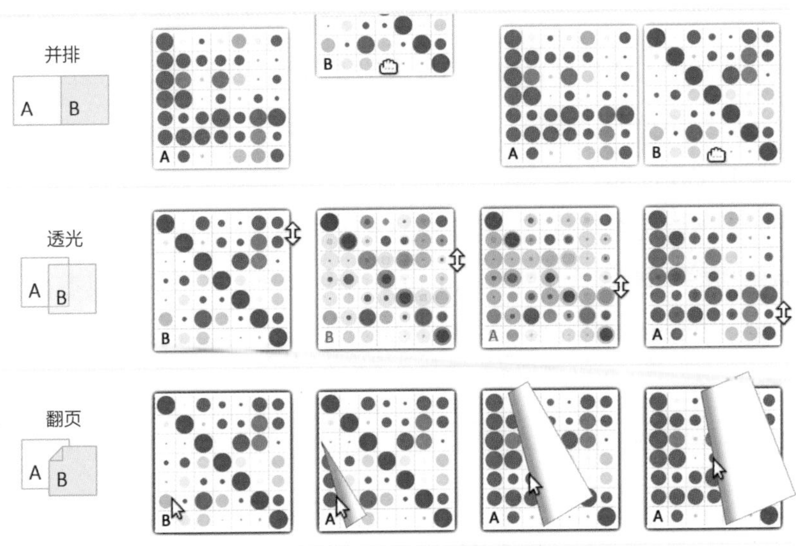

图 4.40　自然比较方案图示

并排比较

并排比较为我们提供了完整的数据图形。在比较细节时，图形之间的无效空间需要我们自行想象。另外，用户还需要用目视来检查两个图形之间的共同特征。

例如，当我们比较位置 $[i, j]$ 处的矩阵单元时，可以很容易地沿着第 i 行在两个矩阵之间横向移动。但是请注意，必须要使目光正确地停留在第 j 列。这对于简单的例子来说毫无难度，但当面对更大的矩阵时肯定就需要人工计算数目。在更复杂的图形中，眼睛可能需要来回移动多次才能确保看到的比较对象相同。

透光比较

与现实世界中的纸张信息比较一样，工作台上的图形也可以进行重叠。实际上，人们经常故意将纸叠放在一起，创造出一个统一的比较平台，虽然纸张是对齐了，但是还需要一种机制来透过纸张查看后面叠放在一起的用于比较的纸张。那么解决的方法是将叠放在一起的纸张对着光，通过改变相对光源的角度来查看透射的信息。

在计算机上，我们可以通过混合透明功能来实现这一机制。也就是说，图形有透明功能，用户可以通过调整透明度来改变透明级别，再使用照明功能来显示比较图形的形状和大小。但是，混合图形意味着颜色也会混合，为彩色图形的比较带来了麻烦。

同时，即使用照明功能，也很难确定混合图形中的某些特征来源。或者说，照明功能更倾向于以损失单个数据的分离性为代价进行数据合并。下面我们用翻页比较来解决这个问题。

翻页比较

快速翻书可以让我们比较不同页面上的内容。工作台中的视图也可以实现这个功能：用户可以通过翻页或剥离图形来发现被遮挡的信息，就像在翻阅一本虚拟的书一样。翻页可以解决暂时的遮挡，同时还能保持图形的对齐状态。

在图形设置中，翻页功能应该直接出现在用户焦点所在的位置，通常是在指针光标 P 的位置。知道 P 的位置后，可以应用一种启发式的方法从一组比较队列中确定翻页原点 O 和翻页锚点 A。在真正的纸张中，折叠原点 O 对应我们抓取一页进行翻动的位置（书脊的对边）。锚点 A 代表纸张折叠时所处的位置（书脊），对应在真正的纸张中就是装订点的位置。最后，如图 4.41 所示，用一条从 P 开始并垂直于 PA 的线作为翻页轴。

翻页功能的图形可以设计成许多种风格。如图 4.42 所示，这些风格在自然度、信息丰富度和遮挡程度上有所不同。例如，类似于自然纸张翻页的视觉效果会使翻页时的纸张背面显示为空白。信息更丰富的风格则会用额外的信息来填充纸张背面。无遮挡风格可以设置为仅显示细微的颜色渐变。

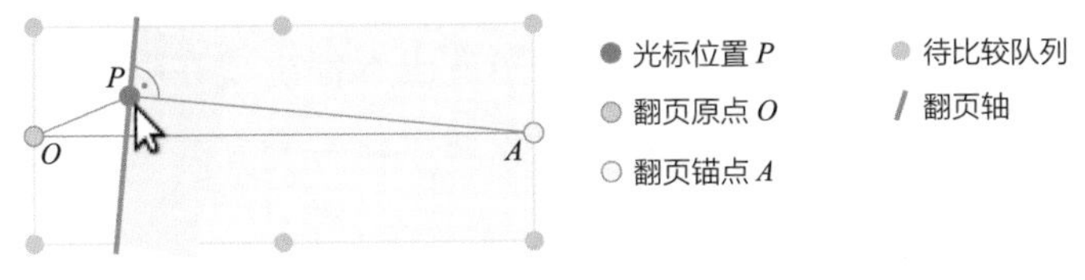

图 4.41　翻页示意图

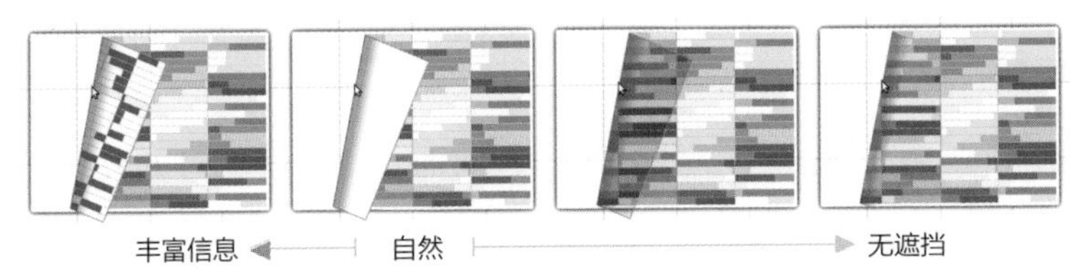

图 4.42　丰富信息、自然和无遮挡三种翻页效果

为了体现出一种真实自然的感觉，翻页功能使用了一个简单的基于物理弹簧原理的系统来设置动态效果。动态效果从弹簧受力开始，将视图从原点 O 平滑地拉到指针位置 P。当用户调整指针时，P 会更新，以便翻页顺利进行。当用户释放指针时，弹簧作用逆转，将图形从指针 P 拉回到折叠原点 O，这样就实现了真实的翻页效果。动态视觉反馈的出现也意味着用户完成了折叠比较的流程。

现在来回顾一下本部分的内容。我们对一系列交互式图形比较技术进行了探讨。通过动态提取子视图，我们可以灵活地确定要比较的对象。并排、透光和翻页功能使用户能够以不同的方式进行实际比较。来源于真实世界的自然灵感使比较变得更简单直观。然而，还有一个问题仍然存在：这些方法到底都适用于什么场景？这个问题的答案就需要大家进一步研究。

到目前为止，我们还没有提到图形比较（与传统纸媒相比）的一个重要优势：自动计算的能力。例如，图形比较可以自动计算出差异并将差异直接显示出来。在下一节中，我们将延伸介绍一下比较的其他方面，重点将从自然启发转向减少数据比较的交互成本以及自动计算方面。

4.7.3 降低比较成本

在采取措施降低成本之前，首先要知道成本都出现在哪个环节。在第 4.2.1 节中，我们了解到交互成本通常都来源于执行交互环节和评估图形环节。对比较来说，可以确定存在以下成本：

- 选择比较对象的成本
- 执行比较的成本
- 解读数据的成本

为了降低这些比较成本，我们将结合前面几节中介绍过的几种功能来实现这一点，其中包括第 4.4 节中的自动选择功能、第 4.5 节中的有效图形和导航快捷方式功能，以及第 4.6 节中的透镜功能。我们先从降低选择成本开始介绍。

半自动选择比较对象

对于传统纸媒中的非交互式数据可视化，用户进行比较的大部分成本都用在记忆数据的位置以及特征。在计算机上，交互式选择操作使用户能够专心标记和突出目标数据（参见第 4.4 节），这就有效地减轻了人的精神负担。

由于用户的目标在数据探索过程中经常发生变化，所以就有必要通过在分析方案中集成自动功能来降低选择的成本。这样做的目的是减少用户手动选择数据元素（或数据子集）的次数，也就是说，用户只需要手动选择一个数据（n），其余的数据（$n-1$）都由自动功能来完成选择。

这种操作的效果很大程度上取决于自动选择的标准。在比较中，可以根据数据的相似性（或不相似性）进行排序。换句话说，当用户选择第一个数据元素时，那么与 $n-1$ 最相似（或最不相似）的元素会被自动添加到选择中。对于不同类型的数据，有许多种既有的相似性标准可用。比如欧氏距离或曼哈顿距离适用于数值型数据，编辑距离或汉明距离适用于字符串型数据。分类数据则需要专门的距离方案[60]。在需要获取复杂数据子集的相似性的情况下，就可以将自动选择扩展到多维量度或子空间量度[61]。

除了以相似性为基础，自动选择功能还可以基于其他方面来运行。比如数据内部（图形）结构范围或者兴趣度，例如第五章第 5.2.1 节中的内容。

无论如何，自动选择功能对用户来说都是帮助巨大的：一次点击就可以同时选择 n 个比较对象，这就相当于时间成本从 $O(n)$ 一下子降到了 $O(1)$。当然，用户也可以采取额外的手动操作来添加或者重新设定自动选择的标准。

用于比较的动态排列和视觉线索

选择出要比较的对象之后，下一步就是对它们进行详细比较。然而，在我们获得足够的信息并得出比较的结论之前，为了减少在要比较的数据之间来回切换的时间，通常会手动寻找比较对象。所以系统应该自动将信息放到用户需要的位置上，而不是让用户去收集所需的信息。为此，必须要将对象数据进行动态地重新排列。

基本操作是创建一个并排的排列图用于在平面上进行比较。画出一个圆环，即比较环[62]。如图 4.43 所示，比较环是一种环形排列的插槽，插槽内填充用于比较的数据，在我们的案例中是等值线地图的区域。执行比较时，之前选择的数据将从原始位置被重新移动到插槽里。由于所有相关数据现在都显示在比较环的插槽里，因此用户可以更直接、更容易地进行比较。

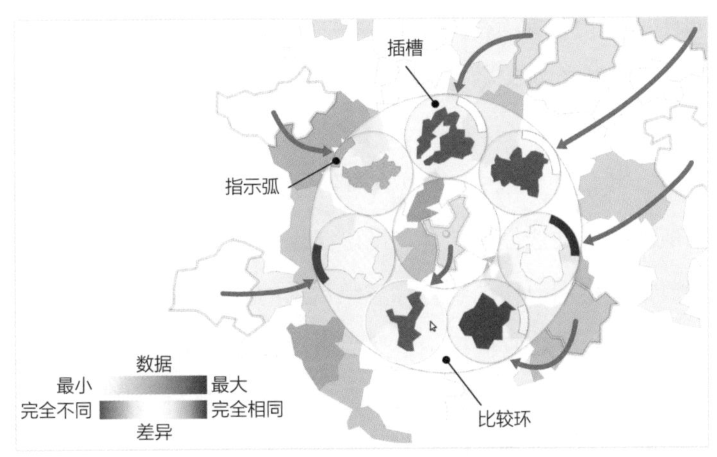

图 4.43　用环形重新定位选定区域以便进行比较

为了便于说明，已对地图背景进行了去饱和处理

然而，由于重新移动的数据已经离开了其原始位置，这可能会对其他分析目标产生负面影响。因此，指示弧负责指向插槽内数据的原始位置方向。弧度越宽（最大 90°）代表原始位置越远，而弧度越窄（最小 10°）代表原始位置越近。

我们还可以进一步地扩展指示弧的功能。在计算当前插槽与所有其他插槽之间的差异时，为了凸显出细微的变化，我们可以为指示弧填充颜色。在图 4.43 中，左下角渐变的红蓝色标就表示鼠标指针下的插槽与比较对象之间的差异。

比较环的优点在于，用户不再需要自己收集数据和记忆数据特征，因为比较环会解决这些问题。另外，通过计算得出的局部差异会用颜色表示出来，这也使我们能够发现原始图形中不明显的细节，降低比较的成本。

通过导航快捷方式理解背景数据

到目前为止，在比较环节中，比较环为我们分担了绝大部分工作。为了进一步弄清楚数据的某些特征，我们还需要了解更多数据的空间情况，而这个操作仍然需要我们手动导航到图形中的各个数据位置。为了降低导航成本，我们采用了第 4.5.3 节中介绍过的导航快捷方式功能。通过这个功能，比较操作的每个时间节点都充当了平滑动态效果的触发器，该动态效果将用户（和比较任务）带到了对象数据的原始位置。因此，使用导航功能也极大地减轻了用户的负担。

除此之外，我们在第 4.5.3 节中曾提到过“来去法”效应，将导航快捷方式与基于相似性的自动选择相结合，可以实现一种全新的“来去法”导航，再通过导航快捷方式将用户移动到目标对象数据的区域。如果我们在区域中找到某些感兴趣的数据，先将它们标记，然后自动选择功能会将相关数据带到比较环中供我们检查。随后，每个新带来的数据元素都可以作为传输门，用于前往另一个区域继续探索。这种导航的有趣之处在于，它将语义（数据相似性）和空间（数据区域）关系组合起来作为通往数据区域的路径。

交互式图形比较的部分就介绍到这里。我们从文中可以了解到，图形比较是一项高级操作，其中涉及如下内容：在本节的第一部分中，我们在计算机上模仿了人类的自然比较行为，希望将自然比较方法用于数据分析之中。在第二部分中，我们提出了几种通过自动功能加上交互式操作来降低比较成本的方法。至此，我们已经获得了一整套专门用于图形比较的技术。上述所有技术的重点是，在选择数据、重新布局图形和实际整理数据方面，图形比较需要具有高度的灵活性。

在本章的大部分内容中，我们一直在重点介绍特定的数据分析任务，这些任务由人类用户通过某种渠道以图形和交互操作的方式来完成。然而，我们却在很大程度上忽略了有关用于交互操作和视觉输出设备的问题。前文中的所有示例都默认使用的是普通显示器、鼠标和键盘。在下一节中，我们将抛开这些内容，研究如何在不同的显示环境和不同的交互方式下进行交互式数据分析。

4.8　新的交互操作方式

大多数现有的可视化方案和交互操作方法的共同点都是基于常规桌面工作场所而制定的。然而，早在 1985 年，研究人员就认识到了人机交互新技术的重要性[63]：

> 但是，如果我们只局限于构建一个界面，让我们满足于已经可以做的事情，满足于已经可以思考的方式，那么我们将错过全新技术带来的令人兴奋的未来：新的思维，新的领域。（哈钦斯，1985）

多年以前，EGA、MCGA 和 VGA① 显卡以及计算机鼠标是当时的新技术。

① EGA：Enhanced Graphics Adapter 的缩写，意为增强图形适配器，是一种计算机显示标准定义。
MCGA：Multicolor Graphics Adapter 的缩写，意为多色图形适配器。
VGA：Video Graphics Array 的缩写，意为视频图形阵列。——编者注。

如今，新的显示技术则转变为大型显示墙或小型移动显示器，两者都拥有极高的分辨率输出。新的形状和强大的像素密度使我们可以调整现有的可视化技术或设计新的可视化方案。多点触控和手势操作等现代交互技术极大地拓宽了任务范围，同时我们也需要重新思考现有的交互式可视化解决方案。

在本节中，我们将介绍交互式可视化解决方案如何与现代输入模式和输出设备配合使用。我们首先从基本的触摸操作开始。在此基础上，我们再看一看有形的可视化图形。最后，我们将了解空间交互技术是如何用于大型高分辨率显示墙的可视化任务中的。

4.8.1 触摸操作

现代科技中，触摸操作已经变得越来越流行。通过直接触摸设备屏幕，就能十分方便地对数据进行探索和分析。触摸技术让操作变得非常直接，这都是因为交互就发生在可视化显示的地方——显示屏上。

然而，这还不是真正的直接操作，我们必须要解决一些关键问题。首先，使用当前的触摸技术时，巴克斯顿（Buxton）的三态图形输入模型（见第 4.3.1 节）只有两种状态可用。也就是说，手不可能像鼠标那样在图形上悬停，我们要么接触屏幕，要么就是不接触屏幕。

其次，触摸操作不太精确。虽然熟练的用户可以将鼠标指针定位在像素的精确位置上，但是在触摸屏上，我们通常无法准确地触摸到某个像素。这是因为人受到自身的运动神经和肢体尺寸的限制，人的指尖要比一个像素大很多。此外，由于触摸操作缺少悬停状态，因此无法在触发动作之前纠正初始接触点，一旦手指落在屏幕上，操作就会被记录下来。

还有一个问题是，我们在操作的时候，手或手臂会覆盖显示器上的信息。另外，从交互设计的角度来看，多点触控也非常重要。本章内容不对上述触控技术问题做深入讨论。想要了解更多详情，请参阅本章末尾的参考文献。

在这里，我们将分别用鼠标操作、键盘操作和触摸操作来实现时间数据的可视化，也就是制作 SpiraClock 图形。

触摸式 SpiraClock 图形

SpiraClock 是一种可视化日程的技术，例如个人日程或公交时刻表[64]。SpiraClock 的指针显示当前时间，表盘中有一个螺旋图形用来显示未来的时间。日程安排被标记为螺旋段，每个完整的螺旋代表未来的一小时。

图 4.44 所示就是一个简单的示例，当前时间为 3:55。5 分钟后，下一个日程安排将开始，并且持续 15 分钟。随着螺旋上旋，在半小时的休息后，会有另一个持续 25 分钟的日程安排。再复杂一点的话，我们还可以看到更多的未来日程安排。随着时间的推移，日程安排逐渐向外圈推移并最终退出螺旋，而未来的日程安排则从表盘中心处进入螺旋。

图 4.44　通过 SpiraClock 来显示未来日程安排

为了让用户能够及时查看日程并调整 SpiraClock，我们可以采取以下操作：

- 随着时间导航
- 调整未来图形
- 查询详细信息

那么问题就来了，如何使用鼠标和触摸来执行这些操作？我们先看看用鼠标该怎么做，再看看触摸该怎么做。

鼠标操作

用户可以通过拖动手势来旋转时钟指针，临时设置不同的时间。而通过拖动螺旋，可以缩小或扩大未来日程安排的信息。向表盘中心拖动会减少螺旋数量，向表盘边缘拖动则会增加螺旋数量。最后，只需将鼠标悬停在日程安排上，即可查询详细的文本信息，同时还有相应信息的提示。

触摸操作

为了使用触摸操作，就要将基于鼠标操作设计的方案转换为基于触摸操作设计的方案。乍一看，从鼠标到触摸的转变似乎很简单：与其操作鼠标，不如直接在显示屏上触摸。然而，由于触摸的精度有限，用户可能很快就会发现很难抓住时钟的指针。

解决精度问题的一种方法就是放大时钟的指针。然而，粗大的指针不仅看起来很笨拙，还会遮挡数据。最关键的问题是，大号的时钟指针使得在表盘里执行拖动动作变得更加困难，因为我们可能会意外地碰到指针。为了解决这个问题，可以使用一种专用的触摸手势：捏。捏是在触摸设备上执行缩放功能的标准操作。在我们的例子中，用捏的动作来缩放螺旋，即用一个手指旋转指针，用两个手指捏住的动作来操作螺旋。

另一种方法是将图形和触摸分离[65]。也就是说，在 SpiraClock 图形之外再单独创建一个不可见的图形，专门用于触摸。通过这种方式，SpiraClock 图形可以保持正常外观，而时钟指针则通过另一个不可见的图形变得更容易触摸。

最后，我们还要想办法来显示事件的详细信息。由于悬停与触摸操作不兼容，所以我们必须采取与鼠标操作不同的方法。这一次，我们使用了一个简单的轻触动作，这个动作就是一次短暂的轻触。轻触日程安排时显示详细的文本信息，再次轻触日程安排（或背景）就取消显示。

但是时钟指针的厚度增加了，那么当时钟指针与日程重叠时，会不会产生问题？是的，的确如此。但轻触是一种离散操作，而时钟指针的拖动则是连续操作。这意味着轻触的时间十分短暂，很容易被检测到。因此，在轻触时短暂地忽略指针的因素，用户只需关注日程安排即可。

正如文中所述，在关于 SpiraClock 图形的三个简单操作方面，我们必须仔细考虑从鼠标到触摸的过渡。表 4.4 提供了两种操作的对比。我们不能说这两种操作哪种更好，或者说哪种会更具有压倒性的优势。毕竟在为数据图形设计触摸操作时，这两种操作都表现出了便捷的一面。

表 4.4　在 SpiraClock 中采用鼠标操作与触摸操作的对比

动作	鼠标	触摸
时间导航	用拖动手势旋转时钟指针	在放大的时钟指针上拖拽
调整未来图形	用拖动手势调整螺旋数量	在任意位置采取捏的手势
查询详细信息	鼠标指针悬停	轻触

在下一节中，我们将继续探索数据的现代化技术，主要是研究从触屏操作技术到屏幕的有形操作技术。

4.8.2　有形操作

有形用户界面是一个广泛的研究领域[66]，其目的是缩小计算机上的虚拟世界与执行操作的真实世界之间的差距。两个世界之间的联系工具是实体，即所谓的有形物。有形物通过物理操作将内容传输给计算机上的虚拟对象。从这个意义上说，鼠标操作已经属于一种有形操作，但还是相当间接。

通过直接在水平的触摸显示屏上使用圆盘或立方体等有形组件可以实现更直接的有形互动。为了尽量减少遮挡，有形组件通常由半透明材料制成，如丙烯酸玻璃或铝箔。各种各样的肢体动作都可以通过有形组件来完成，比如可以在显示屏上放置和移动有形物体。此外，它们可以旋转或定位，或者以不同的面朝上放置。这些有形操作提高了在触摸屏上进行交互式数据探索的可能性。然而，具体操作和图形的可视化仍然停留在二维平面显示器上。

接下来，我们来看一种全新的方法，这种方法通过将有形操作扩展到显示屏上方的三维空间中来提供更强大的可视化和操作功能。

图板

我们首先来介绍一下图板的基本结构。与之前一样，平面显示器负责将数据可视化并接收用户的触摸操作。我们在这个基本结构中添加图板[67]。

图板可以被看作是一种轻量级的“设备”，它在平面显示器上方的空间中充当附加显示器。举一个最简单的例子，图板可以是一块纸板，用户可以在其表面投射可视化图形。在这种情况下，图板既可以主动显示，也可以被动显示，例如平板电脑就属于一种图板。

图板的一个关键特征是它们具有空间感知能力。通过持续地追踪，系统时刻都知道图板的位置和方向。这就为交互操作开辟了全新的可能性，如图 4.45 所示。图板的扩展功能包括了基本的三维平移和旋转，以及翻转、倾斜和摇晃手势。通过图板的各种功能，我们可以创建一个交互工具箱，用户可以从图板的外观推断其具备哪些交互功能。用户还可以同时使用多个图板进行高级交互操作，并为可视化目标创建显示空间。

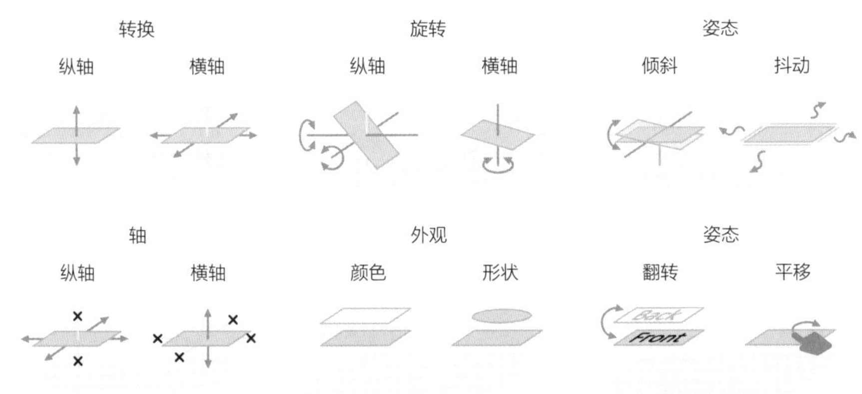

图 4.45　利用图板实现更多交互功能

然而，提供扩展功能只是图板的一部分作用。另一部分作用是利用它们为可视化场景创建出交互操作资源库，而这取决于与任务目标一致的数据特征及可视化图形。

下面，我们来研究两个图板的应用示例。在第一个示例中，我们将把图板作为透镜，使其应用于离散图中。在第二个例子中，我们用两个图板来直观地比较图形矩阵。对于这两个例子，本章前部分已经给出了常规的处理方法，我们现在再来看一看如何利用有形交互来创造出一种更实际的数据探索体验。

图板透镜

第一个例子中的主要图形是一个离散图。为了消除图中数据密集部分的混乱，我们可以使用第 4.6.3 节中提到的透镜。在标准的鼠标加键盘的操作中，透镜可以通过拖动手势在整个图形中移动，以此来确定它应该在的位置。而放大程度通常可通过标准滑块或定制滑块来进行调节。

现在，我们让虚拟透镜变为图板透镜，使其效果更加真实直接。如图 4.46 所示，将圆形图板放置于平面显示器的上方。图形中需要放大的对象的位置决定了图板的水平位置（即显示器上的虚线圆圈），实际的透镜效果被投射到图板上，然后平面显示器和图板之间就产生了直接联系。

在交互操作中还可以利用图板来控制缩放功能，具体操作有如下几种方式：第一，通过将图板沿垂直方向上下移动来缩小或放大视图。图 4.46 中显示了第二种方式，将图板围绕垂直轴旋转，圆形刻度显示当前的缩放度数。

图 4.46　用图板透镜放大信息

至此，我们获得了一个可以通过物理操作来进行调整的图板透镜，在透镜所在的位置可以立刻获取图形反馈。在第一个例子中，我们可以用一只或两只手来控制一个图板。接下来，我们将添加第二个图板，并且同时操作这两个图板来完成比较。

图板的比较

现在，平面显示器上显示的是一个基础图形。如第 3 章第 3.5.2 节所述，这是一个基础的矩阵图。如图 4.47 中所示，我们将使用两个矩形图板。为了选定要比较的子矩阵，用户在显示器上方水平移动图板，并通过用拇指划过图板边上的特定点来确定选择。

图 4.47　用两个图板来比较矩阵数据

确定选择以后，图板将冻结该图形并无视任何水平移动，保持所选图形的形状不发生改变。此时，用户将两个图板并排排列来进行更仔细的检查和比较。如果图板上显示的内容非常相似，那么系统就会自动识别出用户的比较意图，并将矩阵的整体视觉效果添加到图板中。在我们的例子里，绿色框架就代表着两个图板彼此非常相似。

如果用户还打算继续与数据中其他区域的图形进行比较，就需要将图板从冻结状态中唤醒。唤醒冻结对象的一个自然动作是摇晃它，而这也是用户解除图板冻结的方法：只需沿水平方向摇动图板，再从矩阵的其他区域开始选择图形即可。

图板提供了一种与数据图形进行交互的全新方法。这种方法不仅适用于放大和比较任务，也同样适用于广泛的图形分析任务。图 4.48 所示是一些高级的应用示例。在图 4.48（a）中，可以通过抬高或降低图板来控制多变量平面坐标图的采样率。图 4.48（b）中，通过在节点连接图上方升高或降低图板的位置，用户就可以访问到该层次图中的不同图层。图 4.48（c）中的图板可以被当作是时空立方体图形的一个时空数据切片。

（a）平面坐标图

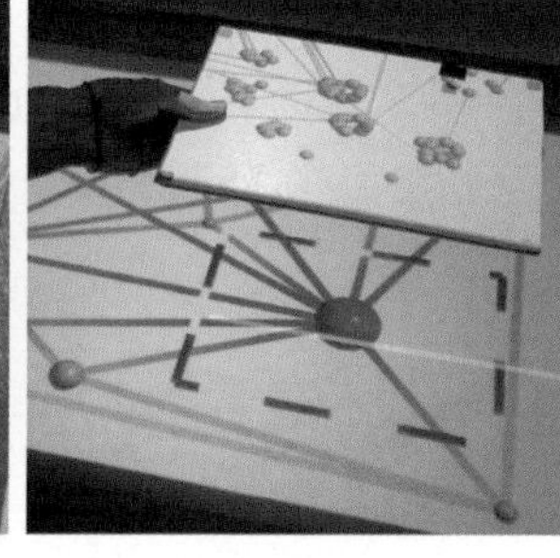
（b）节点连接图

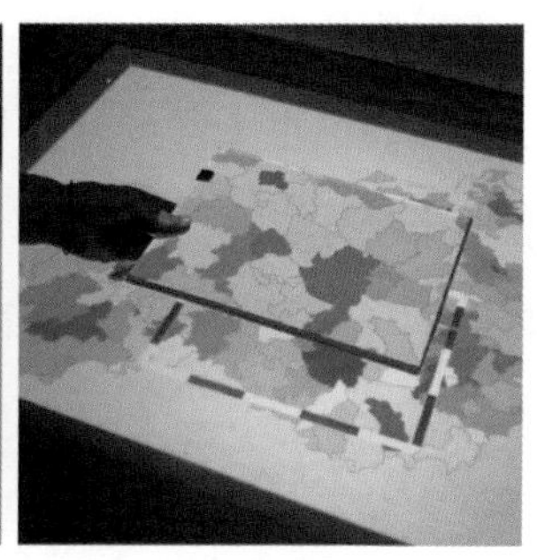
（c）时空立方体

图 4.48　用于不同图形的图板

从概念的角度来看，图板通过多种方式来增强用户的操作体验和图形效果，并且集成了显示和交互设备，允许我们直接与图形进行交互。另外还可以通过建立在平面图形之上的可视三维操作来扩展常见的二维交互。由此产生的增强型互动体验和扩展的物理显示空间共同创造的是一种实际的体验，否则纯粹是虚拟的行为。

对用户研究的结果表明，在可视化场景中的分层可缩放信息空间中进行操作时，图板确实是一种很有发展前景的方案[68, 69]。但是，开发一种增强型的操作方案并提供证据证明其强大的扩展能力还只是一个开始。考虑到不同类型的数据和不同的用户任务以及面对的庞大数据分析场景，采用哪种交互操作最合适还有待进一步研究。

图板、触摸设备和鼠标键盘都离不开人类的双手。接下来，我们来介绍一种不需要用手进行操作的方式，也就是体感操作。

4.8.3　体感操作

到目前为止，我们已经介绍了常规显示器、二维平面显示器和图板等可视化设备，这些设备和其他具有传统像素分辨率的输出设备通常受到显示尺寸的制约。由于技术的进步，现在越来越多的用户可以负担得起大型高分辨率显示器。这种显示器具有更大的物理尺寸和更高的像素分辨率，对于可视化应用具有明显的优势。特别是在大数据时代，能够可视化更多信息是一个令人兴奋的前景。

然而，更大的尺寸和更多的像素也带来了更新的挑战。单独使用鼠标或触摸来操作已经越来越不切实际，因为即使能做到，可在面对超大的显示器时也是毫无意义。因此，我们需要新的解决方案来实现在大型高分辨率显示器上的交互操作。在本节中，我们来看一看如何在大型屏幕墙面前使用体感操作来探索具有多个细节层次的图形[70]。

屏幕墙

我们先来组装一块屏幕墙。如图 4.49 所示，该墙由 24 个独立显示器组成，面积为 3.7 米×2.0 米，总分辨率为 11520×4800，总计约 5500 万像素。我们要探索的数据是一个分为三个细节层次的图形。该图形基于节点连接图形，外围附有用来分组的文本标签和外壳。单个节点可以通过展开或折叠的方式在图形上显示或隐藏信息。在常规的桌面环境中，展开和折叠的操作通常是通过点击鼠标或触摸屏幕来执行的。而面对如此大的屏幕墙，这种操作显然是不切实际的。

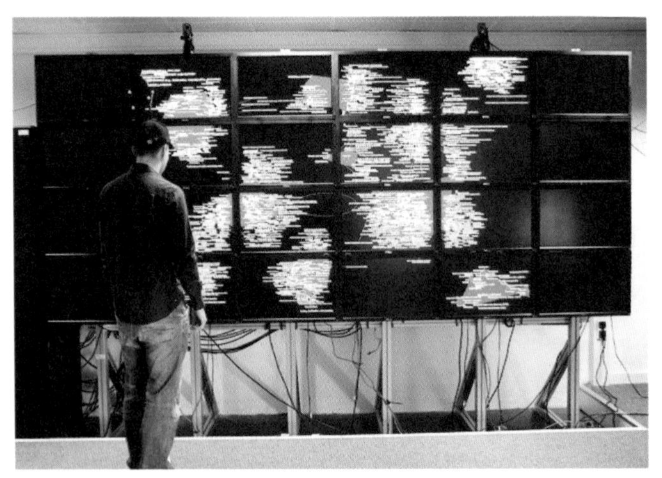

图 4.49　在大型高分辨率屏幕墙上进行图形探索[71]

体感操作

体感操作的基本原理是通过抓取用户在大屏幕前的身体运动来控制显示的详细程度。这需要放置一个运动跟踪系统，这个系统可以获取有关用户的位置和方向（6个自由度）等信息。

接下来，通过用户所在的位置调整全局的细节级别。如图4.50(a)所示，显示墙前面的空间被由远及近地细分为多个区域，每个分区对应一个精细度级别。当用户靠近屏幕墙时，图形的精细度就会增加。远离屏幕墙时，图形的精细度就会降低。这种方法也被称为距离效应[72]。它的灵感来源于人类的自然行为：人类通常会走到感兴趣的东西前，仔细研究它，再后退一步，看看整体情况。

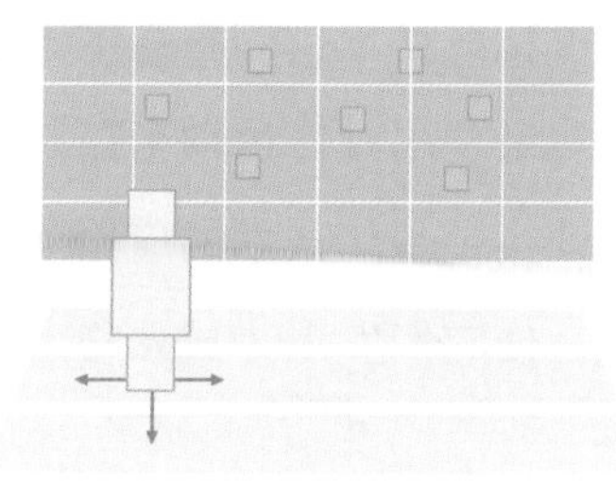

（a）全局控制的区域

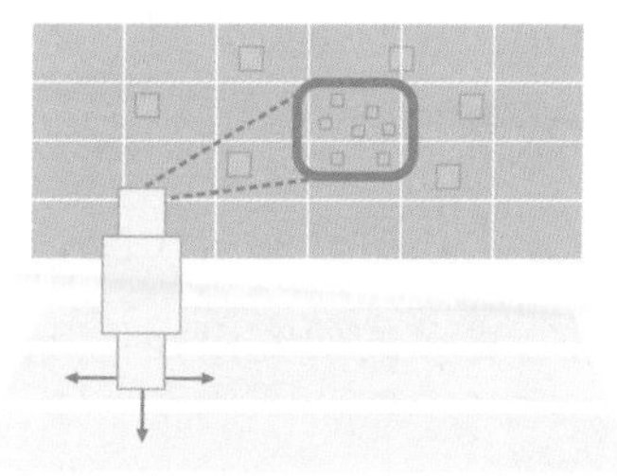

（b）眼球跟踪加透镜控制局部区域

图4.50　体感操作

用户通过变换位置可以全面控制显示的精细度级别，而我们还需要一种方法来确定哪个位置可以对应哪个精细度级别。运动跟踪系统（跟踪用户的运动位置和方向），可以估算用户的注视方向。借助专用的眼球跟踪技术，估算的精度可以进一步提高。如图4.50（b）所示，用户观察的位置上会自动出现一个透镜嵌入图形中，透镜内的节点会自动展开，以显示更详细的信息。用户通过移动头部，可以快速扫描图形并获取详细信息。提前设置跟踪精度和折叠的动态效果，有助于避免用户因头部摇晃而引起眩晕，并可以保持合理稳定的可视化效果。

用户的身体运动不仅可以用于控制精细度级别，还可以用于控制图形中显示的标签大小。当用户站在屏幕墙附近时，图形将显示数量更多、尺寸更小的标签。而当用户站在离屏幕墙较远的位置时，图形就会显示数量较少但尺寸更大的标签。通过这种方式，可以平衡制作和解读图形的成本。

初步研究的结果表明，在传统操作方式无效的情况下，通过在屏幕墙前进行体感操作确实是一种很好的方案[73]。一方面，人类的身体运动不仅能更好地匹配显示规模，还能更符合与真实世界对象进行自然交互时的方式。根据用户反馈，在屏幕墙前面进行体感操作要比其他操作方式容易得多。但另一方面，透镜在显示信息细节方面也有着较强的自主性。

至此，我们了解了如何调整图形的精细度。事实证明，体感操作在其他情况下也非常适用。例如缩放操作就可以通过体感操作来轻松实现[73]。其他研究结果表明，体感操作也同样适用于更高级别的数据分析[74]。

在本章中，我们重点介绍了交互式可视化数据分析的新技术。首先是鼠标交互，其次是有形交互和触摸交互，最后是利用身体运动来控制视觉效果的体感交互。上述所有的交互技术都充分证实了现代技术的应用前景，但我们还需要进行更多的研究以强化其可靠性，使它们发展为成熟稳定的图形交互操作系统。

4.9 本章总结

可视化操作的宗旨是帮助人们形成一种用于理解复杂对象的心理模型，这里所说的“复杂对象”就是海量数据、复杂模型或动态系统等。“形成”一词意味着视觉输出不是可视化操作的最终产物，而是一种“身临其境”的探索。而在该探索过程中，我们能够轻松地解决很多问题。

纵观本章全篇，我们从不同的角度研究了人在交互操作中的作用、交互操作的任务、交互操作的数据以及用于交互操作的技术。在第一部分中，我们介绍了为什么在可视化数据分析场景中需要进行交互操作。在第二部分中，我们讨论了用户通过一般的交互操作概念和具体的交互操作技术能实现什么目的。在最后一部分中，我们了解了如何使用现代交互模式进行交互操作。同时，我们在每一部分中都列举了若干示例来辅助说明交互操作是如何用于数据分析活动的。

结语

有效的交互技术综合考虑了用户因素、分析目标因素、数据特征因素以及分析环境因素等因素。人机交互技术内容涵盖之广，本书中提到的内容可以说仅是沧海一粟。尽管如此，下面还是要列举一些关于可视化数据分析中交互设计的专业评价。

设计交互操作的一个基本原则是，在设计伊始就要考虑到输出和输入。哈钦斯等人曾于 1985 年说道[75]：

> ……输出图形应该属于输入操作的一个组成部分，这才是输入和输出之间的正确关系。（哈钦斯等，1985）

将这句话应用到本书中，意味着无论我们最终显示出了什么，都肯定与交互有关。无论想要输入系统中的是什么，都需要一个可直接操作的图形，如果之后再在图形中添加交互功能，可能就会带来不少的麻烦并增加开发成本。

适合于分析任务的交互操作

由于数据的探索和分析任务的复杂性以及互动模式的丰富性，所以找到一种适用于分析任务的交互方式就变得非常重要。这里有两个要求：互动操作不能有冲突，成本要低。

在数据分析中，互动绝不可少。“不能有冲突”意味着互动必须与对应的任务相关联。为此，互动操作的规则必须要区分明确。比如在手势操作时要区分悬停、单击或双击等动作。此外，互动操作的场地也是一个重要因素。也就是说，即使我们的手势操作相同，但分析场地不同，在这种情况下，单击地图、单击数据项和单击背景也都会产生截然不同的操作结果。另外，还有交互操作的顺序或时间，但这就属于更复杂的影响因素了。

说到复杂的交互，还有一个要点，那就是关于交互成本：交互应该具有低廉的成本。每次互动操作都要付出成本代价的，交互操作的频率越高，总成本就越高。因此，在选择交互操作方案时应该考虑任务的便利性以及对交互操作的成本进行预估。在此基础上，我们可以择优选择。如果分析任务中涉及大量操作，那么就要选择成本可控的操作方案。而只有在操作较少的任务中，才可以使用成本略高的操作方案。

交互操作 + 自动功能

自动功能的加入明显降低了交互成本，那么我们应该确定哪些操作需要手动进行，哪些操作可以自动进行。本书并不是强制一定要加入自动功能，而是建议在手动操作中加入自动功能。本章就如何通过加入自动功能来减轻手动操作工作量做了一些介绍，毕竟，给用户出色的体验是系统（以及系统的设计者）的责任，我们都应该仔细考虑如何通过自动功能的辅助来降低交互成本。

关于人机交互的章节就到此结束。正如文中所说，交互是可视化数据分析方法中的一个不可或缺的组成部分。在下一章里，我们将介绍大数据分析中必备的计算分析功能。

综合文献

DIX A, FINLAY J, ABOWD G D.,AND BEALE,R.*Human-Computer Interaction*.3rd edition.Pearson Education,2004.

SHNEIDERMAN B, PLAISANT C. *Designing the User Interface: Strategies for Effective Human-Computer Interaction*.5th edition.Addison-Wesley,2009.

TOMINSKI C. *Interaction for Visualization*.Synthesis Lectures on Visualization 3.Morgan & Claypool,2015.doi:10.2200/S00651ED1V01Y201506VIS003.

SEDIG K, PARSONS P. *Design of Visualizations for HumanInformation Interaction: A Pattern-Based Framework.Vol.4*.Synthesis Lectures on Visualization.Morgan and Claypool Publishers,2016.doi:10.2200/S00685ED1V01Y201512VIS005.

DIMARA E, PERIN C. What is Interaction for Data Visualization?. *IEEE Transactions on Visualization and Computer Graphics* 26.1(2020),pp.119–129.doi:10.1109/TVCG.2019.2934283.

可缩放可视化

BEDERSON B B, HOLLAN J D. Pad++: A Zooming Graphical Interface for Exploring Alternate Interface Physics. *Proceedings of the ACM Symposium on User Interface Software and Technology(UIST)*.ACM Press,1994,pp.17–26.doi: 10.1145/192426.192435.

FURNAS G W, BEDERSON B B. Space-Scale Diagrams: Understanding Multiscale Interfaces. *Proceedings of the SIGCHI Conference Human Factors in Computing Systems(CHI)*.ACM Press,1995,pp.234–241.doi:10.1145/223904.223934.

FURNAS G W. Effective View Navigation. *Proceedings of the SIGCHI Conference Human Factors in Computing Systems (CHI)*.ACM Press,1997,pp. 367–374. doi:10.1145/258549.258800.

Bederson B B. The Promise of Zoomable User Interfaces. *Behaviour & Information*

Technology 30.6(2011),pp.853–866.doi: 10.1080/0144929X.2011.586724.

可视化透镜

BIER E A, STONE M C, PIER K, BUXTON W, DEROSE T D. Toolglass and Magic Lenses: the See-Through Interface. *Proceedings of the Annual Conference on Computer Graphics and Interactive Techniques (SIGGRAPH)*.ACM Press,1993,pp.73–80. doi:10.1145/166117.166126.

THIEDE C, FUCHS G, SCHUMANN H. Smart Lenses. *Proceedings of the Smart Graphics(SG)*.Springer,2008,pp.178–189.doi:10.1007/978-3-540-85412-8_16.

TOMINSKI C, GLADISCH S, KISTER U, DACHSELT R, SCHUMANN H. Interactive Lenses for Visualization:An Extended Survey. *Computer Graphics Forum* 36.6(2017),pp.173–200.doi:10.1111/cgf.12871.

视觉比较

GLEICHER M, ALBERS D, WALKER R, JUSUFI I, HANSEN C D, ROBERTS J C. Visual Comparison for Information Visualization. *Information Visualization* 10.4 (2011),pp.289–309.doi:10.1177/1473871611416549.

VON LANDESBERGER T.Insights by Visual Comparison:The State and Challenges. *IEEE Computer Graphics and Applications* 38.3(2018),pp.140–148. doi:10.1109/MCG.2018.032421661.

GLEICHER M. Considerations for Visualizing Comparison. *IEEE Transactions on Visualization and Computer Graphics* 24.1(2018),pp.413–423.doi:10.1109/TVCG.2017.2744199.

超越鼠标和键盘

LEE B, ISENBERG P, RICHE N H, CARPENDALE S. Beyond Mouse and Keyboard: Expanding Design Considerations for Information Visualization Interactions. *IEEE*

Transactions on Visualization and Computer Graphics 18.12 (2012),pp.2689–2698. doi:10.1109/TVCG.2012.204.

ISENBERG P, ISENBERG T, HESSELMANN T, LEE B, VON ZADOW U, TANG A. Data Visualization on Interactive Surfaces:A Research Agenda. *IEEE Computer Graphics and Applications* 33.2(2013),pp.16–24.doi: 10.1109/MCG.2013.24.

JANSEN Y, DRAGICEVIC P. An Interaction Model for Visualizations Beyond The Desktop. *IEEE Transactions on Visualization and Computer Graphics* 19.12(2013),pp. 2396–2405.doi:10.1109/TVCG.2013.134.

MARRIOTT K, SCHREIBER F, DWYER T, KLEIN K, RICHE N H, ITOH T, STUERZLINGER W, THOMAS B H. *Immersive Analytics*. Springer,2018.doi:10.1007/978-3-030-01388-2.

参考文献

1. BERTIN J. *Graphics and Graphic Information-Processing*.de Gruyter,1981.

2. SPENCE R. *Information Visualization: Design for Interaction*.2nd edition. Prentice Hall,2007.

3. KIRSH D, D MAGLIO P. On Distinguishing Epistemic from Pragmatic Action. *Cognitive Science* 18.4 (1994), pp. 513– 549. doi: 10.1207/s15516709cog1804_1.

4. YI J S, AH KANG Y, STASKO J T, JACKO J A. Toward a Deeper Understanding of the Role of Interaction in Information Visualization. *IEEE Transactions on Visualization and Computer Graphics* 13.6 (2007), pp. 1224–1231. doi: 10.1109/ TVCG.2007.70515.

5. SEDIG K, PARSONS P. Interaction Design for Complex Cognitive Activities with Visual Representations: A Pattern-Based Approach. *AIS Transactions on Human-Computer Interaction* 5.2 (2013), pp. 84–133.

6. NORMAN D A. *The Psychology of Everyday Things*. Basic Books, 1988.

7. NORMAN D A. *The Design of Everyday Things*. Revised and expanded edition. Basic Books, 2013.

8. LAM H. A Framework of Interaction Costs in Information Visualization. *IEEE Transactions on Visualization and Computer Graphics* 14.6 (2008), pp. 1149–1156. doi:

10.1109/TVCG.2008. 109.

9. HUTCHINS E L, HOLLAN J D, NORMAN D A. Direct Manipulation Interfaces. *Human-Computer Interaction* 1.4 (1985), pp. 311–338. doi: 10.1207/s15327051hci0104_2.

10. SHNEIDERMAN B, PLAISANT C. *Designing the User Interface: Strategies for Effective Human-Computer Interaction*. 5th edition. Addison-Wesley, 2009.

11. COOPER A, REIMANN R, CRONIN D. *About Face 3: The Essentials of Interaction Design*. Wiley, 2007.

12. SHNEIDERMAN B. Dynamic Queries for Visual Information Seeking. *IEEE Software* 11.6 (1994), pp. 70–77. doi: 10.1109/ 52.329404.

13. SPENCE R. *Information Visualization: Design for Interaction*. 2nd edition. Prentice Hall, 2007.

14. LIU Z, HEER J. The Effects of Interactive Latency on Exploratory Visual Analysis. *IEEE Transactions on Visualization and Computer Graphics* 20.12 (2014), pp. 2122–2131. doi: 10.1109/TVCG.2014.2346452.

15. SHNEIDERMAN B, PLAISANT C. *Designing the User Interface: Strategies for Effective Human-Computer Interaction*. 5th edition. Addison-Wesley, 2009.

16. ELMQVIST N, MOERE A V, JETTER H C, CERNEA D, REITERER H, JANKUN-KELLY T. Fluid Interaction for Information Visualization. *Information Visualization* 10.4 (2011), pp. 327–340. doi: 10.1177/1473871611413180.

17. HEER J, SHNEIDERMAN B. Interactive Dynamics for Visual Analysis. *Communications of the ACM* 55.4 (2012), pp. 45– 54. doi: 10.1145/2133806.2133821.

18. BUXTON W. A Three-state Model of Graphical Input. *Proceedings of the IFIP International Conference on HumanComputer Interaction (INTERACT)*. North-Holland, 1990, pp. 449–456.

19. KRASNER G E, POPE S T. A Cookbook for Using the ModelView-Controller User Interface Paradigm in Smalltalk-80. *Journal of Object-Oriented Programming* 1.3 (1988), pp. 26–49.

20. BECKER R A, CLEVELAND W S. Brushing Scatterplots. *Technometrics* 29.2 (1987), pp. 127–142. doi: 10.2307/1269768.

21. MARTIN A R, WARD M O. High Dimensional Brushing for Interactive Exploration of

Multivariate Data. *Proceedings of the IEEE Visualization Conference (Vis)*. IEEE Computer Society, 1995, pp. 271–278. doi: 10.1109/VISUAL.1995.485139.

22. AHLBERG C, SHNEIDERMAN B. Visual Information Seeking: Tight Coupling of Dynamic Query Filters with Starfield Displays. *Proceedings of the SIGCHI Conference Human Factors in Computing Systems (CHI)*. ACM Press, 1994, pp. 313–317. doi: 10.1145/191666.191775.

23. SHNEIDERMAN B. Dynamic Queries for Visual Information Seeking. *IEEE Software* 11.6 (1994), pp. 70–77. doi: 10.1109/ 52.329404.

24. WILLS G J. Selection: 524,288 Ways to Say "This is Interesting". *Proceedings of the IEEE Symposium Information Visualization (InfoVis)*. IEEE Computer Society, 1996, pp. 54–60. doi: 10.1109/INFVIS.1996.559216.

25. RICHE N H, LEE B, PLAISANT C. Understanding Interactive Legends: a Comparative Evaluation with Standard Widgets. *Computer Graphics Forum* 29.3 (2010), pp. 1193–1202. doi: 10.1111/j.1467-8659.2009.01678.x.

26. EICK S G. Data Visualization Sliders. *Proceedings of the ACM Symposium on User Interface Software and Technology (UIST)*. ACM Press, 1994, pp. 119–120. doi: 10.1145/192426. 192472.

27. HALL K W, PERIN C, KUSALIK P G, GUTWIN C, CARPENDALE M S T. Formalizing Emphasis in Information Visualization. *Computer Graphics Forum* 35.3 (2016), pp. 717–737. doi: 10.1111/cgf.12936.

28. WOLFE J M, HOROWITZ T S. What Attributes Guide the Deployment of Visual Attention and How do They do it? *Nature Reviews Neuroscience* 05.6 (2004), pp. 495–501. doi: 10. 1038/nrn1411.

29. HEALEY C G, ENNS J T. Attention and Visual Memory in Visualization and Computer Graphics. *IEEE Transactions on Visualization and Computer Graphics* 18.7 (2012), pp. 1170–1188. doi: 10.1109/TVCG.2011.127.

30. MARTIN A R, WARD M O. High Dimensional Brushing for Interactive Exploration of Multivariate Data. *Proceedings of the IEEE Visualization Conference (Vis)*. IEEE Computer Society, 1995, pp. 271–278. doi: 10.1109/VISUAL.1995.485139.

31. DOLEISCH H, HAUSER H. Smooth Brushing for Focus+Context Visualization of Simulation Data in 3D. *Journal of WSCG* 10.1–3 (2002), pp. 147–154. url: http://wscg.zcu.cz/wscg2002/Papers_2002/E71.pdf.

32. BUJA A, MCDONALD J A, MICHALAK J, STUETZLE W. Interactive Data Visualization Using Focusing and Linking. *Proceedings of the IEEE Visualization Conference (Vis)*. IEEE Computer Society, 1991, pp. 156–163, 419. doi: 10.1109/ VISUAL.1991. 175794.

33. YU L, EFSTATHIOU K, ISENBERG P, ISENBERG T. Efficient Structure-Aware Selection Techniques for 3D Point Cloud Visualizations with 2DOF Input. *IEEE Transactions on Visualization and Computer Graphics* 18.12 (2012), pp. 2245–2254. doi: 10.1109/TVCG.2012.217.

34. HEER J, AGRAWALA M, WILLETT W. Generalized Selection via Interactive Query Relaxation. *Proceedings of the SIGCHI Conference Human Factors in Computing Systems (CHI)*. ACM Press, 2008, pp. 959–968. doi: 10.1145/1357054.1357203.

35. CHEN H. Compound Brushing Explained. *Information Visualization* 3.2 (2004), pp. 96–108. doi: 10.1057/palgrave.ivs. 9500068.

36. BEDERSON B B. The Promise of Zoomable User Interfaces. *Behaviour & Information Technology* 30.6 (2011), pp. 853–866. doi: 10.1080/0144929X.2011.586724.

37. SPENCE R. *Information Visualization: Design for Interaction*. 2nd edition. Prentice Hall, 2007.

38. BAUDISCH P, ROSENHOLTZ R. Halo: A Technique for Visualizing Off-Screen Objects. *Proceedings of the SIGCHI Conference Human Factors in Computing Systems (CHI)*. ACM Press, 2003, pp. 481–488. doi:10.1145/642611.642695.

39. GUSTAFSON S, BAUDISCH P, GUTWIN C, IRANI P. Wedge: Clutter-Free Visualization of Off-Screen Locations. *Proceedings of the SIGCHI Conference Human Factors in Computing Systems (CHI)*. ACM Press, 2008, pp. 787–796. doi: 10.1145/1357054.1357179.

40. GLADISCH S, SCHUMANN H, TOMINSKI C. Navigation Recommendations for Exploring Hierarchical Graphs. *Advances in Visual Computing: Proceedings of the International Symposium on Visual Computing (ISVC)*. Springer, 2013, pp. 36–47. doi: 10.1007/978-3-642-41939-3_4.

41. FRISCH M, DACHSELT R. Visualizing Offscreen Elements of Node-Link Diagrams. *Information Visualization* 12.2 (2013), pp. 133–162. doi: 10.1177/1473871612473589.

42. GLADISCH S, SCHUMANN H, TOMINSKI C. Navigation Recommendations for Exploring Hierarchical Graphs. *Advances in Visual Computing: Proceedings of the*

International Symposium on Visual Computing (ISVC). Springer, 2013, pp. 36–47. doi: 10.1007/978-3-642-41939-3_4.

43. MOSCOVICH T, CHEVALIER F, HENRY N, PIETRIGA E, FEKETE J D. Topology-Aware Navigation in Large Networks. *Proceedings of the SIGCHI Conference Human Factors in Computing Systems (CHI)*. ACM Press, 2009, pp. 2319–2328. doi: 10.1145/1518701.1519056.

44. TOMINSKI C, ABELLO J, SCHUMANN H. CGV – An Interactive Graph Visualization System. *Computers & Graphics* 33.6 (2009), pp. 660–678. doi: 10.1016/j.cag.2009.06.002.

45. VAN WIJK J J, NUIJ W A A. A Model for Smooth Viewing and Navigation of Large 2D Information Spaces. *IEEE Transactions on Visualization and Computer Graphics* 10.4 (2004), pp. 447–458. doi: 10.1109/TVCG.2004.1.

46. AIGNER W, MIKSCH S, SCHUMANN H, TOMINSKI C. *Visualization of Time-Oriented Data*. Springer, 2011. doi: 10.1007/978- 0-85729-079-3.

47. TOMINSKI C, ABELLO J, SCHUMANN H. Axes-Based Visualizations with Radial Layouts. *Proceedings of the ACM Symposium on Applied Computing (SAC)*. ACM Press, 2004, pp. 1242–1247. doi: 10.1145/967900.968153.

48. TOMINSKI C, GLADISCH S, KISTER U, DACHSELT R, SCHUMANN H. Interactive Lenses for Visualization: An Extended Survey. *Computer Graphics Forum* 36.6 (2017), pp. 173–200. doi: 10.1111/cgf.12871.

49. BERTINI E, RIGAMONTI M, LALANNE D. Extended Excentric Labeling. *Computer Graphics Forum* 28.3 (2009), pp. 927– 934. doi: 10.1111/j.1467-8659.2009.01456.x.

50. PINDAT C, PIETRIGA E, CHAPUIS O, PUECH C. JellyLens: Content-aware Adaptive Lenses. *Proceedings of the ACM Symposium on User Interface Software and Technology (UIST)*. ACM Press, 2012, pp. 261–270. doi: 10.1145/2380116.2380150.

51. KISTER U, REIPSCHLÄGER P, DACHSELT R. Multi-Touch Manipulation of Magic Lenses for Information Visualization. *Proceedings of the International Conference on Interactive Tabletops and Surfaces (ITS)*. ACM Press, 2014, pp. 431–434. doi: 10.1145/2669485.2669528.

52. ELLIS G, DIX A J. The Plot, the Clutter, the Sampling and its Lens: Occlusion Measures for Automatic Clutter Reduction. *Proceedings of the Conference on Advanced Visual Interfaces (AVI)*. ACM Press, 2006, pp. 266–269. doi: 10.1145/1133265.1133318.

53. SARKAR M, BROWN M H. Graphical Fisheye Views. *Communications of the ACM*

37.12 (1994), pp. 73–83. doi:10.1145/198366.198384.

54. TOMINSKI C, ABELLO J, VAN HAM F, SCHUMANN H. Fisheye Tree Views and Lenses for Graph Visualization. In: *Proceedings of the International Conference Information Visualisation (IV)*. IEEE Computer Society, 2006, pp. 17–24. doi: 10.1109/IV.2006. 54.

55. TOMINSKI C, SCHUMANN H, ANDRIENKO G, ANDRIENKO N. Stacking-Based Visualization of Trajectory Attribute Data. *IEEE Transactions on Visualization and Computer Graphics* 18.12 (2012), pp. 2565–2574. doi:10.1109/TVCG.2012.265.

56. GLADISCH S, SCHUMANN H, ERNST M, FÜLLEN G, TOMINSKI C. Semi-Automatic Editing of Graphs with Customized Layouts. *Computer Graphics Forum* 33.3 (2014), pp. 381–390. doi:10.1111/cgf.12394.

57. GLEICHER M, ALBERS D, WALKER R, JUSUFI I, HANSEN C D, ROBERTS J C. Visual Comparison for Information Visualization. *Information Visualization* 10.4 (2011), pp. 289–309. doi:10.1177/1473871611416549.

58. PLUMLEE M, WARE C. Zooming versus Multiple Window Interfaces: Cognitive Costs of Visual Comparisons. *ACM Transactions on Computer-Human Interaction* 13.2 (2006), pp. 179–209. doi:10.1145/1165734.1165736.

59. TOMINSKI C, FORSELL C, JOHANSSON J. Interaction Support for Visual Comparison Inspired by Natural Behavior. *IEEE Transactions on Visualization and Computer Graphics* 18.12 (2012), pp. 2719–2728. doi:10.1109/TVCG.2012.237.

60. BORIAH S, CHANDOLA V, KUMAR V. Similarity Measures for Categorical Data: A Comparative Evaluation. *Proceedings of the SIAM International Conference on Data Mining (SDM)*. Society for Industrial and Applied Mathematics, 2008, pp. 243– 254. doi:10.1137/1.9781611972788.22.

61. TATU A, MAASS F, FÄRBER I, BERTINI E, SCHRECK T, SEIDL T, KEIM D A. Subspace Search and Visualization to Make Sense of Alternative Clusterings in High-dimensional Data. *Proceedings of the IEEE Conference on Visual Analytics Science and Technology (VAST)*. IEEE Computer Society, 2012, pp. 63– 72. doi: 10.1109/VAST.2012.6400488.

62. TOMINSKI C. CompaRing: Reducing Costs of Visual Comparison. *Short Paper Proceedings of the Eurographics Conference on Visualization (EuroVis)*. Eurographics Association, 2016, pp. 137–141. doi:10.2312/eurovisshort.20161175.

63. HUTCHINS E L, HOLLAN J D, NORMAN D A. Direct Manipulation Interfaces.

Human-Computer Interaction 1.4 (1985), pp. 311–338. doi:10.1207/s15327051hci0104_2.

64. DRAGICEVIC P, HUOT S. SpiraClock: A Continuous and NonIntrusive Display for Upcoming Events. *Proceedings of the SIGCHI Conference Human Factors in Computing Systems (CHI)*. Extended Abstracts. ACM Press, 2002, pp. 604–605. doi:10.1145/506443.506505.

65. CONVERSY S, BARBONI E, NAVARRE D, PALANQUE P. Improving Modularity of Interactive Software with the MDPC Architecture. *Engineering Interactive Systems: EIS 2007 Joint Working Conferences*, EHCI 2007, DSV-IS 2007, HCSE 2007, Salamanca, Spain, March 22-24, 2007. Selected Papers. Edited by Gulliksen, J., Harning, M. B., Palanque, P., van der Veer, G. C., and Wesson, J. Springer, 2008, pp. 321–338. doi:10.1007/978-3-540-92698-6_20.

66. SHAER O, HORNECKER E. Tangible User Interfaces: Past, Present and Future Directions. *Foundations and Trends in Human-Computer Interaction* 3.1–2 (2010), pp. 4–137. doi:10.1561/1100000026.

67. SPINDLER M, TOMINSKI C, SCHUMANN H, DACHSELT R. Tangible Views for Information Visualization. *Proceedings of the International Conference on Interactive Tabletops and Surfaces (ITS)*. ACM Press, 2010, pp. 157–166. doi: 10.1145/1936652.1936684.

68. SPINDLER M, MARTSCH M, DACHSELT R. Going Beyond the Surface: Studying Multi-layer Interaction Above the Tabletop. In: *Proceedings of the SIGCHI Conference Human Factors in Computing Systems (CHI)*. ACM Press, 2012, pp. 1277–1286. doi:10.1145/2207676.2208583.

69. SPINDLER M, SCHUESSLER M, MARTSCH M, DACHSELT R. Pinch-Drag-Flick vs. Spatial Input: Rethinking Zoom & Pan on Mobile Displays. *Proceedings of the SIGCHI Conference Human Factors in Computing Systems (CHI)*. ACM Press, 2014, pp. 1113–1122. doi:10.1145/2556288.2557028.

70. LEHMANN A, SCHUMANN H, STAADT O, TOMINSKI C. Physical Navigation to Support Graph Exploration on a Large HighResolution Display. *Advances in Visual Computing: Proceedings of the International Symposium on Visual Computing (ISVC)*. Springer, 2011, pp. 496–507. doi:10.1007/978-3-642- 24028-7_46.

71. TOMINSKI C. *Interaction for Visualization*. Synthesis Lectures on Visualization 3. Morgan & Claypool, 2015. doi:10.2200/S00651ED1V01Y201506VIS003.

72. BALLENDAT T, MARQUARDT N, GREENBERG S. Proxemic Interaction: Designing

for a Proximity and Orientation-Aware Environment. *Proceedings of the International Conference on Interactive Tabletops and Surfaces (ITS)*. ACM Press, 2010, pp. 121–130. doi:10.1145/1936652.1936676.

73. JAKOBSEN M R, HAILE Y S, KNUDSEN S, HORNBÆK K. Information Visualization and Proxemics: Design Opportunities and Empirical Findings. *IEEE Transactions on Visualization and Computer Graphics* 19.12 (2013), pp. 2386–2395. doi:10.1109/TVCG.2013.166.

74. ANDREWS C, NORTH C. The Impact of Physical Navigation on Spatial Organization for Sensemaking. *IEEE Transactions on Visualization and Computer Graphics* 19.12 (2013), pp. 2207– 2216. doi:10.1109/TVCG.2013.205.

75. HUTCHINS E L, HOLLAN J D, NORMAN D A. Direct Manipulation Interfaces. *Human-Computer Interaction* 1.4 (1985), pp. 311–338. doi:10.1207/s15327051hci0104_2.

第五章 自动分析辅助

我们在前面的章节中介绍了交互式可视化数据分析的基本方法。时至今日，各种数据越来越复杂，越来越庞大，我们也越来越难以应付规模暴增的各种信息。交互式可视化数据分析的内容也越来越臃肿，操作也越来越烦琐。所以我们迫切需要自动分析功能的辅助。可视化分析领域的先驱丹尼尔·基姆（Daniel Keim）曾说过[1]：

> 可视化分析过程由交互式可视化图形和自动分析功能组成。这主要是因为我们所要面对的数据集既复杂又庞大，无法以直观的方式进行可视化转换。

自动分析功能的主要目的是提取基本数据特征。图形中如果只显示关键特征而不显示原始数据的话，会极大地提升图形的易读性。通过结合可视化分析、交互查询和自动计算，我们可以获取更详细的信息。这一过程在基姆的话中体现得淋漓尽致。引言[1]中曾提到：

> 初步分析
>
> 找重点
>
> 缩放，筛选，深入分析
>
> 找细节（基姆等，2006）

本章的重点是介绍用于大型复杂数据分析的计算方法。虽然主要讲的是分析步骤，但实际上它也是受到了自动功能、图形和交互操作的共同作用，这种作用真正地推动了数据探索和解读方式的发展。

本章的每一节都会简要介绍一种应用于分析步骤的基本方法以及执行该方法的几种技术。所有的方法都是为了降低操作的复杂程度，使图形分析变得更容易。每种方法都各不相同，第 5.1 节主要介绍如何降低图形的复杂性，第 5.2 节主要介绍如何提取相关数据和特征来缩小分析范围，第 5.3 至第 5.5

节是关于如何降低数据的空间复杂性的介绍。其中第 5.3 节主要是介绍如何通过数据抽象方法来减少数据域的基数，第 5.4 节是介绍如何通过将相似的数据分组来减少数据元素的数量，第 5.5 节是介绍如何降低维度并将其作为分析关键信息数据变量的一种方式。

现在让我们开始第五章的介绍。首先从降低图形复杂性的方法开始。

5.1 分离图形

在面对大数据时，不免会遇到过度绘制和图形内容混乱的问题。我们首先能够采取的方法，或者说最重要的方法就是将图形分离。这里有两个基本方法：计算图形密度和组织图形束。

5.1.1 计算图形密度

基于密度的图形主要用于表达数据的分布情况，而不是显示单个数据值。其基本方法是计算在特定时间段内有多少个数据值，或者计算特定区域内的图形对象数量。接下来，我们用两个例子来说明这两种方法：基于数据密度的连续离散图，以及基于图形密度的独立焦点 + 背景图。

数据密度

传统的离散图用点来代表数据。对于非常大的数据，图上就会有密密麻麻的点，这样就没法统计到底有多少个数据点。

连续离散图可以通过将连续密度函数转换为图形[2]的方式来解决这个问题。具体操作是这样的，将数据域投射到空间中，而空间中的离散图的范围则跨过 x 轴和 y 轴。从理论上讲，虽然新的图形还是连续的，但其密度却是通过离散图中的数据计算得来的。然后再通过添加内容便可得到连续图形。

图 5.1 所示是标准离散图和基于数据密度而制做出的连续离散图的对比。两个图都显示了相同的“blunt-fin”数据集。通过基于密度的图形，数据中的内部结构会变得清晰可见。

（a）标准离散图

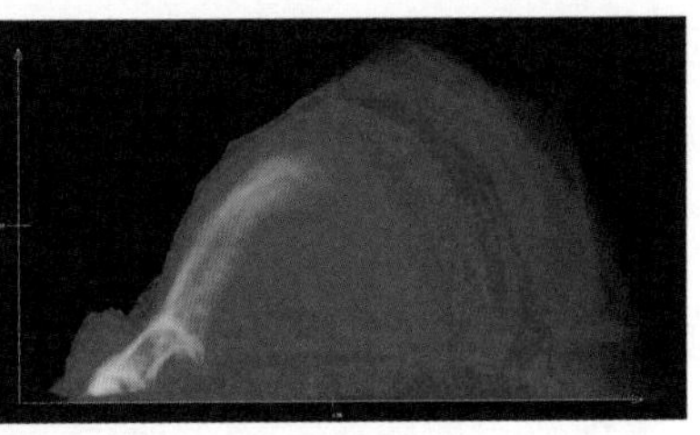

（b）连续离散图

图 5.1　标准离散图和连续离散图的对比

图形密度

与离散图不同，平行坐标图用平行轴上的多段线来代表数据。如果是大型数据集，就需要绘制大量多段线，这样就会严重扰乱视觉效果。对于这种情况，虽然可以使用基于数据密度的制图方法来解决这个问题，但是我们这一次打算用图形的视觉密度来解决[3]。通过计算视觉密度，不仅可以发现总体变化趋势，还可以发现异常值等其他细节，其他非必要的数据也可以做弱化处理。

图 5.2 显示了如何确定平行坐标中的视觉密度，以及如何相应地调整图形。为了便于说明，我们从图 5.2（a）开始，以仅包含两个平行轴的最基本情况为例来进行讲解。

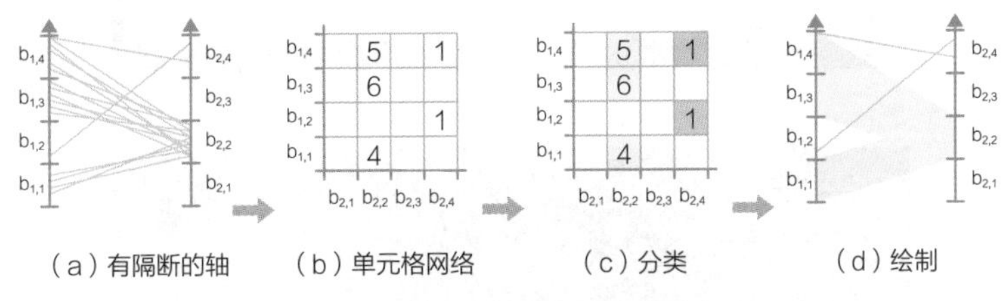

（a）有隔断的轴　（b）单元格网络　（c）分类　（d）绘制

图 5.2　在平行坐标图中测定图形密度

第一步，将轴上的数据定义为隔断 $b_{i,j}$，其中 i 表示轴，j 表示每个轴上的隔断。

第二步，计算有多少条线从一个轴连到了另一个轴的单元格上，然后将这些隔断间的连接数量填写在格子图中。我们可以在图 5.2（b）中看到，这是一个由独立隔断组成的单元格网络。例如，$b_{1,1}$ 和 $b_{2,2}$ 之间有四条线，那么在对应的单元格里就写上 4。最后计算出所有单元格的数量。

第三步，将所有单元格里的内容分为趋势和细节两类，如图 5.2（c）所示。分类时可以利用阈值、异常值和相似性等属性进行区分。

最后一步，趋势和细节会出现在图形中，其中混合图形代表趋势，单独线条代表细节，如图 5.2（d）所示。

对于带有 m 个轴的标准平行坐标图，我们可以对它们的每对相邻轴重复上述步骤。最后会得到 $m-1$ 个单元格网络，于是全局图形的复杂程度也会降低。

图 5.3 展示了图形密度的优势。图 5.3（a）所示是标准平行坐标图中的折线图。图形杂乱无章，我们没办法从中看出数据的内部结构。图 5.3（b）所示的图形经过了基于密度的制图方法处理。总体趋势用绿色的平行四边形来表示，其中亮绿色代表趋势较强，深绿色则代表趋势较弱，绿色多段线代表数据的细节。通过这幅基于密度绘制的折线图，我们可以很清晰地看出图形中的趋势和细节。

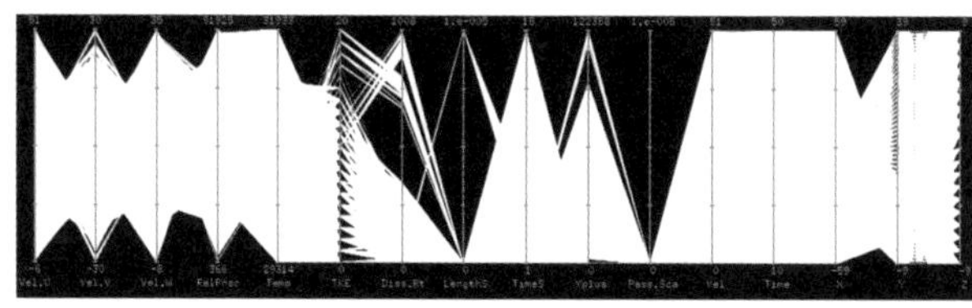

（a）标准折线图

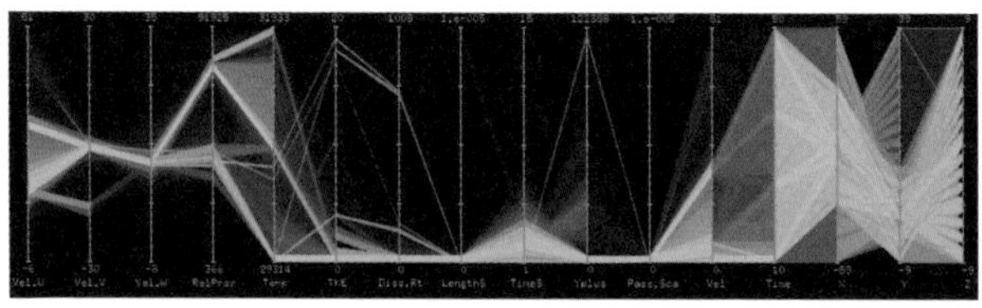

（b）基于密度绘制的折线图

图 5.3　含有超过 300 万个数据的图形

我们可以通过调整分类单元格的数量和分类趋势以及细节的阈值来进一步显示出更详细的图形结构。另外，我们还可以将红色多段线叠加在图形上，以便于将用户选择的数据与自动确定的趋势进行比较，如图 5.4 所示。

图 5.4　用户选择的红色数据与绿色的一般趋势进行比较，赫尔维格 · 豪瑟供图

无论是对数据还是对图形来说，密度法都十分适用于分离图形。在下一节中，我们将讨论另一种解决图形混乱问题的方法，那就是捆绑图形符号。

5.1.2　图形束

我们知道，使用直线或线段作为基本的图形符号很容易出现严重的混乱情况。很多种图形都存在这种困扰，例如，前面提到过的平行坐标图、节点连接图和运动数据轨迹。在本节中，我们通过将基本图形符号进行捆绑的方式来为图形束分离图形。和之前一样，我们的目标是强调图形中的基本结构。

图 5.5 所示就是捆绑的流程。首先来看线条。线条是指示路径的基础，路径由线条的起点和其他路径点组成。这些路径可以通过灵活地调整来形成图形束。所以，我们要确定哪些路径应该属于同一个图形束，以及每个路径应该被如何界定。这两方面都分别基于捆绑环节的显性定义和隐性定义而进行。

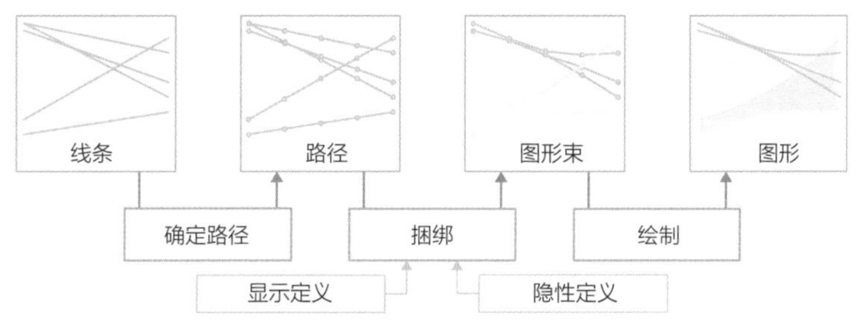

图 5.5　图形束捆绑流程 [4]

显性定义依赖于现有的标准，比如路径可以根据现有的层次结构来进行捆绑[5]。在平行坐标图中，多段线可以根据预先设定的图形束规则[6]来捆绑。需要特别指出的是，根据预先设定来捆绑图形束可以预估出图形布局，但后期修改就比较麻烦。

隐性定义的用法比较灵活，它是将同向的路径捆绑为图形束。我们以力导向捆绑为例[7]进行详细讲解。首先，利用一种通用标准来确定哪些路径符合捆绑条件，然后再借助同向路径之间的弹簧力完成捆绑。因为不需要预先设定规则，所以隐性捆绑要比显性捆绑更灵活。因为图形束可以实时更新，所以调整起来也很方便。

最后一步是将图形束变成图形。这一步有两种方法：绘制一组单独的线条，或者绘制一个紧凑些的几何形状。无论采用哪种方法，重点都是要让图形束具有明显的视觉效果。通常可以给它们赋予颜色，或者增强可视性[8]。最后，用图形混合的方式来解决图形束之间的重叠问题。

图 5.6 显示了图形束的积极作用。背景的树形图显示了程序的从属性结构。树形图节点之间的连接表示结构之间的依赖关系，连接越暗，依赖关系中的分类就越广。如图 5.6（a）所示，如此之多的连接线看起来毫无头绪。在这种情况下，基于现有的层次结构就可以通过将连接捆绑成图形束的方式来简化图形。图 5.6（b）显示了结构之间的主要依赖关系。

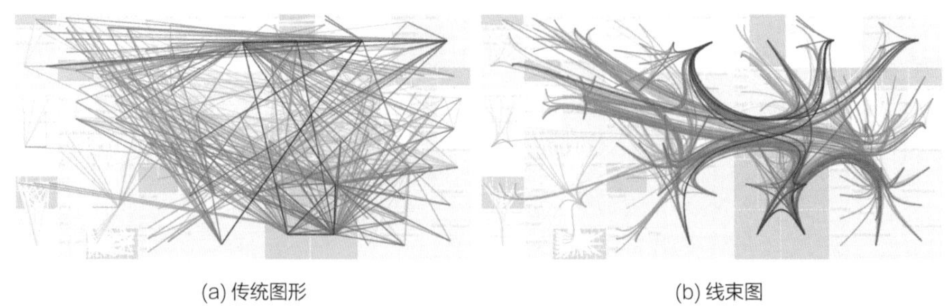

(a) 传统图形　　(b) 线束图

图 5.6　程序的层级从属性图形

本节介绍了通过降低图形的复杂性来简化大型数据集分析的方法。在接下来的几节中，我们来看一看如何降低数据的复杂性。

5.2　相关数据

通常情况下，我们会把注意力放在感兴趣的数据上。但是，如何认定用户感兴趣的数据是哪些？怎么区分感兴趣的数据和无关紧要的数据？当然，用户可以手动选择他们认为重要的数据，但对于大型数据集来说，纯手动操作会非常耗费时间，而且容易出错。本节的主题就是如何使用自动计算来确定用户感兴趣的数据。

自动计算的基本思想是让用户指定（而不是选择）对象数据的特征，然后用自动计算来选择与指定对象特征匹配的数据。我们会介绍两种自动计算方法。其一，我们先来看看什么是兴趣度，以及它是如何帮助我们缩小对象数据范围的。其二，再看一看图形特征的概念，以及图形特征涉及的指定的数据特征和自动提取的数据特征。

5.2.1　兴趣度

兴趣度（DoI）是一个用于捕捉数据的相关性的概念。兴趣度可以用 DoI 函数来表示。DoI 函数为每个数据分配了一个相关性的值。通过确定合适的阈值，我们就可以区分出相关数据和不相关数据，其中相关数据对应于分析目标。在第 2.2.2 节中，我们提到过可以改变目标数据的视觉效果。与此相反，不相关数据的视觉效果可能会变暗，甚至消失。这就大大降低了图形分析的复杂性。

基本方法

早在 20 世纪 80 年代，富尔纳斯（Furnas）就引入了 DoI 函数来表示静态层次结构节点的兴趣度[9]。DoI 函数的基本原理是，节点 n_i 的兴趣度取决于 n_i 到中心节点 n_f 的距离加上 n_i 的先验性。为了便于说明，我们设置了 DoI 函数（n_i，n_f）公式，如下所示：

$$doi\ (n_i,n_f)=dist\ (n_i,n_f)+api\ (n_i)$$

假设中心节点 n_f 位于用户关注的位置中心，$dist$（n_i，n_f）是 n_i 和 n_f 之间最短路径的长度，在数据层次的环境中，将 api（n_i）定义为 n_i 所在的数据层次，即 n_i 到根节点的距离。

图 5.7 所示介绍了 DoI 函数如何为每个节点分配相关值。在图 5.7（a）中，我们可以看到 $dist$（n_i，n_f），而图 5.7（b）中则在 $dist$（n_i，n_f）的基础上添加了 api（n_i）。由于 DoI 函数是一种距离函数，所以值越低代表兴趣度越高。用户预先确定的阈值 r 决定了相关节点和非相关节点的范围。系统根据不同的阈值来自动从层次结构中提取大小不同的相关子结构。图 5.7（c）显示了三个不同阈值，即 r=3、r=5 和 r=7 时的示例。

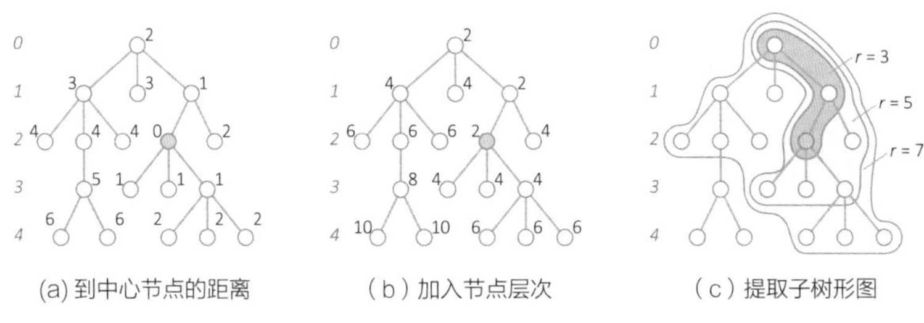

图 5.7　富尔纳斯的 DoI 函数示意图

以上就是富尔纳斯的 DoI 函数的基本示意。DoI 函数可以用于多种图形处理任务，例如，处理多个焦点的节点 [10] 或一般图形 [11]。然而，在大多数情况下，DoI 函数的功能都是预先设定好的，用户无法更改。这就与可视化分析需要适应不断变化的任务需求相悖。接下来，我们来看一种更灵活的方法，这种方法允许用户根据需要来修改 DoI 函数。

灵活构建 DoI 函数

DoI 函数的构建需要模块化设计的组件。我们可以通过如下三个步骤构建 DoI 函数：

1. 设置组件
2. 组合组件
3. 确定范围

第一步，用户设置组件，然后利用组件计算出每个数据元素的相关值。组件设置为 0 和 1，其中 0 表示没有相关性，1 表示最高相关性。高斯函数（Gaussian function）就是其中的一个例子，它具体表示为随着与兴趣度值的差异越来越大，相关性也就越来越低。我们可以设置不同的组件来捕捉相关性的不同方面。比如一个组件可以用于空间距离，另一个组件可以用于时间依赖性或结构性。比如上一个例子中，我们就在层次结构中使用了距离属性。

第二步，组合相关组件来实现全面的 DoI 函数功能。从概念上讲，组合组件的本质就是创建一个函数，这个函数可以接受两个或多个相关值并返回一个组合相关值。富尔纳斯的 DoI 函数中只是添加了一个组件，但是在实际操作中还可以添加更多组件，比如添加加权和来平衡组件带来的影响：权重较重的组件对整体结果的影响要大于权重较轻的组件。另外还可以使用最小值或最大值组合，在最小值组合中，如果所有相关组件都返回高相关性，那么整个组合也会返回高相关性。最大值组合则正好相反，只要任一组件返回高相关性，那么整个组合就会返回高相关性。

现在，我们可以灵活地组合组件来计算数据的相关性。但是，相关值只能代表单个数据本身，并不会考虑数据的客观背景。比如图 5.7（c）中，我们将阈值设置为 r=3，由此提取了一个有三个节点的子树形图，但是还缺少中心节点的结构。现在的子树形图中并不能看出中心节点是否有兄弟节点或从属节点。于是我们可以改变一下阈值，如果将阈值设置为 r=7，那么过高的阈值就会增加太多的冗余信息，而不是中心节点所需的信息。而当阈值设置为 r=5 时，图形就会准确地反映出中心节点所需的信息。但是，要找到合适的阈值是一件很麻烦的事情。

因此，第三步就是在高相关性数据的附近通过扩散来分配相关性。扩散的方式有如下几种：结构扩散，即沿着图形的边缘分配相关性；时间扩散，即通过时间线中的相邻时间段来分配相关性；空间扩散，即在临近的空间区域中分配相关性。通过不同方式的扩散，用户就可以提取到不同的背景信息。

至此，用户现在已经可以指定哪些数据是相关数据了。相关性组件的灵活组合使得用户可以确定哪些数据属性为参考条件，以及它们对最终决策的影响。并且通过扩散还能使用户控制临近数据的相关性程度。

上文中介绍的内容只是一种抽象的概念方案。为了让它能够真正地派上用场，我们还需要一个适用于以上三个步骤的用户界面。这种用户界面通常需要根据所研究的数据进行定制。接下来，我们来通过一个基于 DoI 函数的动态图形可视化分析界面的例子来进行深入研究。

基于 DoI 函数的动态图形可视化分析

动态图形通常又庞大又复杂，对它们的分析也会很困难。我们用合著书籍的作者来举例，其中节点代表作者，共同合著过书的作者之间用边来连接，节点属性代表了作者的个人信息，比如著作数量等。

图 5.8 中显示了从 DBLP[①] 计算机科学书目数据库中提取的五年以来的合著作者的动态网络图形。我们可以从图中非常清楚地看出计算机科学作为一门学科在过去数年中的飞速发展。但同时也可以看到，图中的网络结构已被淹没在大量的新作者和合著作者的关系中。截至 1990 年，这个图形已经饱和，我们完全无法从中看出任何信息。

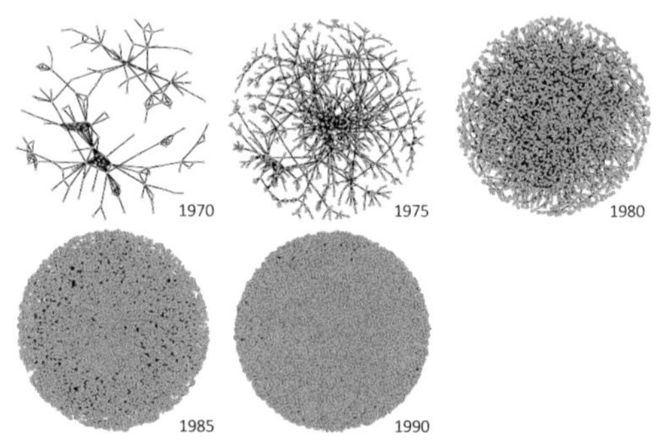

图 5.8　从 DBLP 提取的五年以来的合著作者动态网络图形史蒂芬 · 哈德拉克供图

① DBLP：DataBase systems and Logic Programming 的缩写，意为计算机领域内对研究的成果以作者为核心展开的一个计算机类英文文献的集成数据库系统。——编者注

下面我们就来演示一下如何利用前文中基于 DoI 函数的灵活机制来分析大型动态图[12]。我们将要处理的内容涵盖了 DBLP 数据库从 1990 年到 2011 年间共计 22 年的数据，总共有 914492 个节点和 3802317 条边。首先要在这个大网络图形里设置目标范围。

假设用户的目标是顶级作者，那么什么样的作者属于顶级作者呢？显然，发表文章数量多的作者在很大概率上属于顶级作者。另外，顶级作者可能还有许多共同作者，因为很多文章应该是由顶级作者和共同作者一起署名的。基于以上两点，我们可以定义两个相关性组件：一个是基于文章数量，另一个是基于共同作者数量。我们先要对文章数量进行排序，然后再确定如何扩散相关值。

为了方便用户操作，我们需要设计一个合适的用户界面。图 5.9 所示是一个基于嵌套框架的用户界面。最里面的框架（在图中标注为 specification）

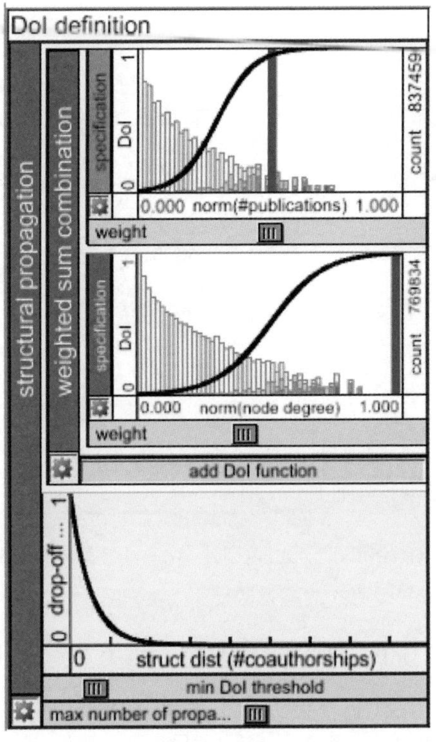

图 5.9 通过嵌套框架的用户界面来设置 DoI 函数

代表本示例的两个相关性组件，它们用直方图来表示，用 Sigmoid 函数将文章数量和共同作者设置为高相关值。中间框架代表加权之和（在图中标注为 weighted sum combination），组件上的滑块分别用于调整文章（上图）和共同作者（下图）的权重。最后，最外面的衍生框架（在图中标注为 structural propagation）代表选用的扩散方法，在我们的例子中用的是衰减扩散。这个整套的大框架将所有的功能组合在一起，方便用户根据实际需要来扩展和调整 DoI 函数设置。

接下来的问题是，到底怎么使用 DoI 函数来降低图形的复杂性并且对大型动态图进行可视化分析呢？在图 5.10 中，我们可以看到 DoI 函数界面只是大功能栏中的一部分。除了 DoI 函数界面（a），还有一个显示图形统计数据的面板（b），手动选择所有作者及其共同作者关系的菜单（c），调整可视化阈值的控件（d），年均相关性统计的时间线（e）以及图形的节点连接图（f）。

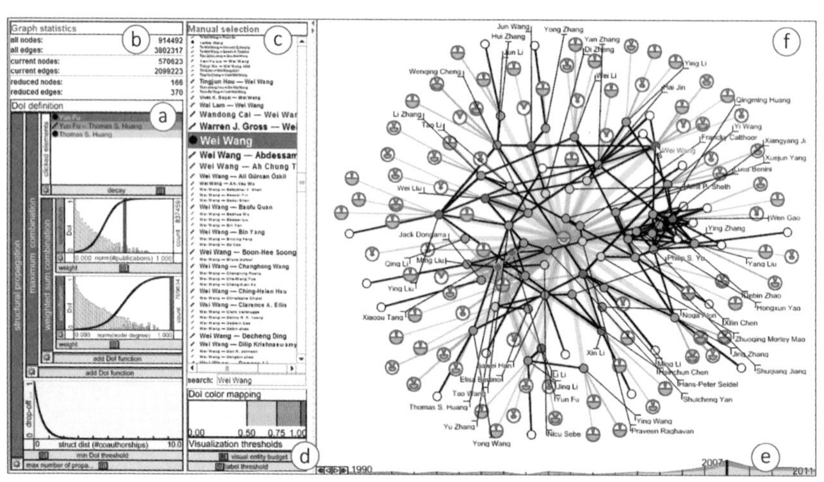

图 5.10　基于 DoI 函数的 DBLP2007 年共同作者网络图形图形界面控件

（a）-（d）为允许用户设置的数据参数图形（e）和（f）显示了相关数据及相关值

节点连接图基于 DoI 函数来转换图形。相关节点（也就是相关性高于用户定义阈值的节点）用单个点来表示。不相关节点则被折叠起来，并用符号显示其统计信息。统计信息中有两个属性：节点数和边密度。如图 5.11 所示，节点数由顶部为圆弧和扇形的符号表示，而边密度则由底部为半圆形的符号表示。在整个节点连接图 5.10（f）中，相关值用渐变绿色表示，其中深绿色代表相关性更高。灰色的符号和边则表示不太相关。

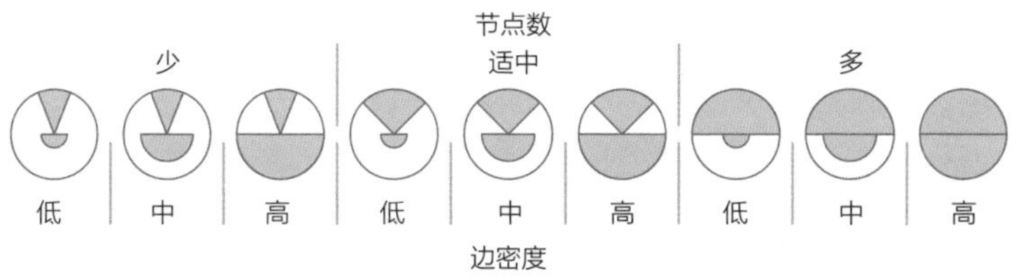

图 5.11　表示折叠节点的符号[12]

将图 5.8 中 1990 年的网络图形与图 5.10 中 2007 年的网络图形进行对比，可以马上看出兴趣度的概念在分析重点数据上起到了明显的作用。基于 DoI 函数的图形能够帮助用户快速地观察感兴趣的内容。在我们的示例中只显示了顶级作者，而其他数据则折叠起来用符号表示。

以上就是 DoI 函数在大型动态图中的具体应用。然而，兴趣度的概念也可以应用于其他数据类型。它最重要的特点是允许用户区分相关和不相关的数据，并在实际应用中只显示符合用户兴趣的数据，隐藏其他数据。

在下一节中，我们将使用另一种方法来缩小数据范围，更准确地说，是对特征进行分析。

5.2.2　基于特征的可视化分析

基于特征的可视化分析的目标就是自动捕获具有特殊特征的数据。在应用中，可视化分析的重点是特征，而不是单个数据。这种方法有两个优点。首先，分析得更为透彻。其次，图形更清晰，不凌乱，这是因为特征的数量通常比数据的数量要少得多。

基于特征的可视化分析有如下三个步骤：

1. 具体特征
2. 特征提取

3. 特征图形

第一步，设置一个特征的标准。第二步，根据设置的标准自动从数据中提取特征。其中包括跟踪时间变化特征，以及检测特征变化过程中的情况。第三步，将提取出的特征和检测到的情况转换为图形。接下来，我们来看看详细的操作，并在时移反应系统的可视化分析中加以说明。

具体特征

第一步是设置特征的标准。这个标准在很大程度上取决于要分析的数据，某些类型的数据特征就比较特殊。例如，在使用基于特征的可视化分析处理带有根的流式图时，临界点、旋涡或震荡都属于特征[13]。然而，这种情况并不普遍。例如，在模拟反应扩散系统时，专家们的目标可能是粒子浓度较高的三维区域特征。但是他们事先并不确定高浓度的阈值范围，而这取决于所研究的颗粒类型和系统。在这种情况下，就需要随时修改特征标准。

在确定特征标准时需要满足两个要求。首先，用户必须能够在可视化界面上输入相关数据特征。其次，图形的特征要符合标准，以便以后自动提取[14]。

图 5.12（a）所示是一个支持交互功能的特征阈值界面[15]。图中的直方图用于更改阈值，这样直接在直方图上进行操作可以使用户的理解更加直观。图 5.12（b）所示是通过公式计算兴趣值范围的开闭区间和布尔逻辑运算的对比组合。这些公式是自动提取特征的基础，所以要保存起来以供日后进行调整和调用。

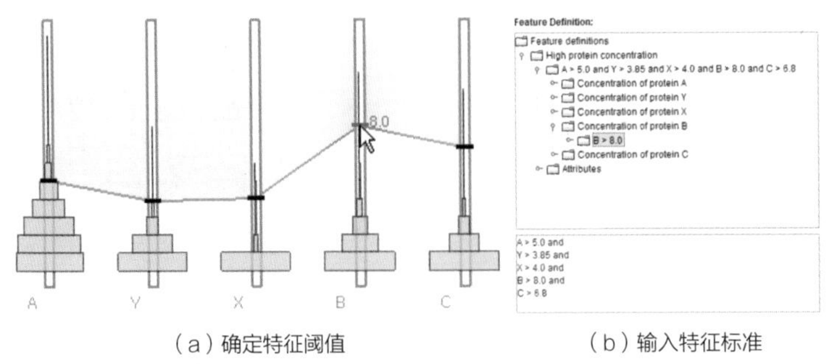

（a）确定特征阈值　　（b）输入特征标准

图 5.12　在交互式界面上设置特征　克里斯蒂安·埃希纳供图

特征提取

特征设置完成以后，下一步就是从数据中提取特征。我们可以使用自动功能来提取数据中的每种类型以及每段时间区间的特征，而这就会涉及空间特征和时间特征。

空间特征

一般来说，特征指的就是属性在数据空间中的位置，我们通过位置、大小、形状和方向来获取信息。而提取的方法取决于应用领域中涉及的数据类型，比如前文中提到的临界点、漩涡或震荡等都对应着不同的提取方法。

在本示例中，数据由位于三维立方体网格单元中的粒子组成。我们的目的是测试每个单元格是否符合某一特定特征，然后将符合特征的相邻单元格合并在一起，生成特征明显的连续三维区域。接下来，这些三维区域可以被进一步剥离出来，形成一个椭圆[16]。椭圆的轴方向根据匹配单元格位置的协方差矩阵的特征向量来确定，轴的长度由单元格的特征值来确定。换句话说，椭圆形出现的位置与目标数据的位置对应，并向单元格延伸。

时间特征

为了了解特征随着时间变化的规律，我们就要跟踪椭圆形的轨迹。可问题是时间 t_i 中的哪个椭圆形能对应到时间 t_{i-1} 中的椭圆形？换句话说，时间 t_i 中的哪个椭圆形会随着时间变化而演变成时间 t_{i-1} 中的椭圆形？

解决这个问题的答案是利用时间步。我们可以将椭圆形的运动轨迹对应到时间步上，以此来得到特征的路径。在通常情况下，椭圆形只是以不同的位置、体积和方向存在，这些参数会形成一条线性路径。但是，特征在变化过程中也有可能被拆分、合并，或者重新设置，这些都代表了数据演变中的特殊事件。

检测特殊事件是特征提取过程中的一部分。事件检测的结果是得到一个层次图，层次代表时间步，节点代表特征。当连续时间步的两个特征互相对应时，就产生了边。图中的路径代表特征的演变，其中不同的连接方法代表不同的事件。例如，如果某个节点有一条入边和多条出边的话，就代表这个节点上发生了拆分事件。

最终，特征的提取会产生两个结果：会生成位于空间上代表每个时间步特征的一组椭圆形，以及一个特征随时间演化的事件图。

特征可视化

特征可视化是基于特征的可视化分析的核心。其目的是显示椭圆形组合事件图中捕获到的空间特征和时间特征。

用彩色的三波段轮廓来代表特定时间步的三维椭圆形，可以显示出空间数据图形。为了减少三维遮挡，可以用颜色渲染轮廓，同时还可以通过颜色来区分不同类型的特征。在图 5.13 的示例中，不同的颜色代表不同的蛋白质，我们可以很清晰地看出区别。在图 5.13（a）中，立方体图形的空间仅够表达一种蛋白质的浓度，而且很难确定和量化蛋白质浓度较高的区域。图 5.13（b）中显示的是提取后的特征，而不是原始数据。红色和蓝色的椭圆形分别代表两种不同蛋白质的高浓度区域。与图 5.13（a）相比，哪怕是两种蛋白质，我们也能更容易地看出高浓度区域的空间特征。

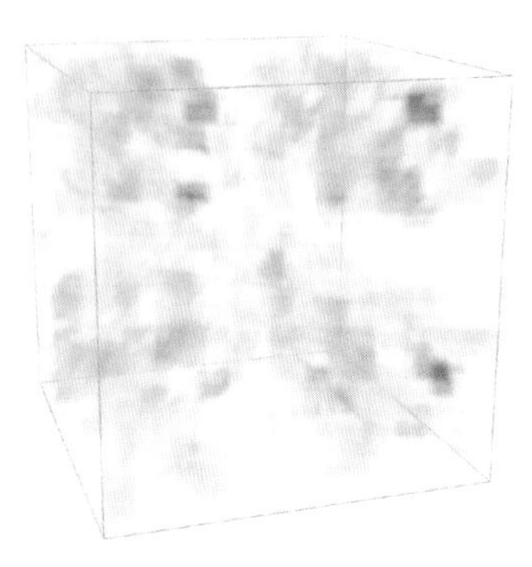

（a）立方体图形

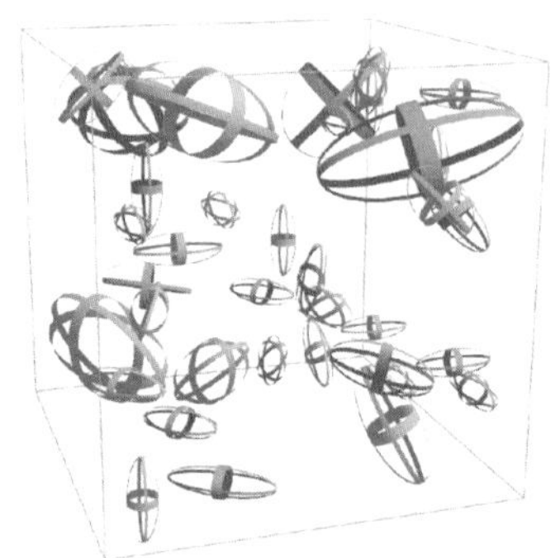

（b）椭圆图形

图 5.13　一种浓度的蛋白质立方体图形和两种浓度的蛋白质椭圆图形的对比，克里斯蒂安 · 埃希纳供图

但是这些特征是如何演变的呢？我们将整个过程转换为分层的节点连接图，就可以从图中看出特征的演变过程。图 5.14（a）所示是一个具有两种不同蛋白质特征的示例，时间线从左到右显示。每个节点代表特定时间点的一

个特征，边代表特征的演化过程，符号代表特殊事件。节点的大小对应椭圆形的大小，由此我们可以非常容易地发现较大的特征。通过观察连接节点的路径，我们可以看到特征被放大、缩小、拆分或合并的过程。通过比较某个时间点的节点大小和数量，我们还可以估计是否有更大、更集中的节点，或者更小的节点存在。

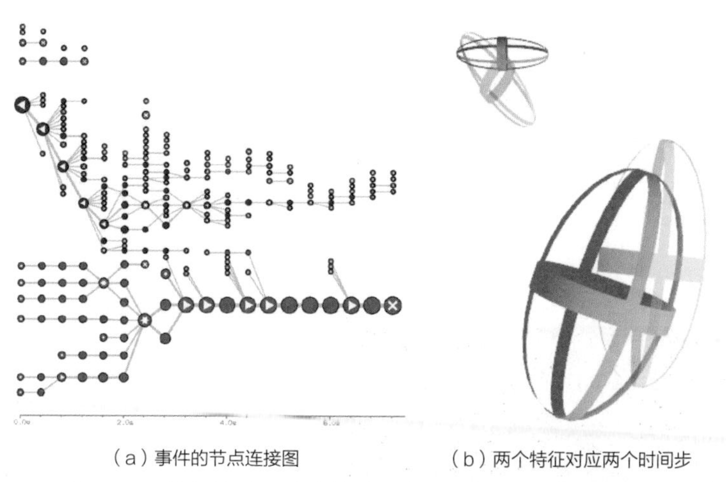

（a）事件的节点连接图　　（b）两个特征对应两个时间步

图 5.14　特征的时间演变情况，克里斯蒂安 · 埃希纳供图

如果想要了解更详细的信息，还可以将椭圆形转换为图形，即如图 5.14（b）所示。我们从图中可以清楚地看出特征的位置和形状是如何随着时间变化的。然而，这种图形只有在时间步数和特征数较少时才有意义，否则的话屏幕就会混乱不堪，什么都看不出来。

本节介绍了基于特征的可视化分析的基本步骤。以上操作可以帮助我们更好地理解时空参照系中的数据。在下一节中，我们将在一个难度较高的情况下深入讨论基于特征的可视化分析方法：关于不规则运动的分析。

5.2.3　不规则运动的特征分析

对不规则运动的分析是比较困难的，原因在于我们的目标数据会被大量的无关数据所覆盖。本节的示例中，我们采用一种随机模拟的方式来产生一种不规则运动，模拟用随机参数来控制，但老实说，我们也不知道会模拟出什么样的轨迹来。

具体来讲，用 r 来代表模拟。每一次运行 R_i=（P_i，M_i）（$1 \leqslant i \leqslant r$）都要设置参数 P_i（模拟输入）和运动 M_i（模拟输出）。M 的运动轨迹 T_1，…，T_m 代表 M_i 的每一次运动。轨迹在时间步 t_1，…，t_n 之间平均采样。每个轨迹点都存储着各种信息，例如，位置、速度、加速度或到其他对象的距离。

除了模拟运动的时空背景外，随机模拟还存在对模拟参数的依赖性。其中有数千种不同的参数配置，而每种配置都会产生数千种复杂的运动，最后的轨迹就会变得无比混乱。如图 5.15 所示，不分青红皂白地进行模拟肯定会导致图形混乱不堪，这就会对研究单个轨迹或参数配置产生影响。

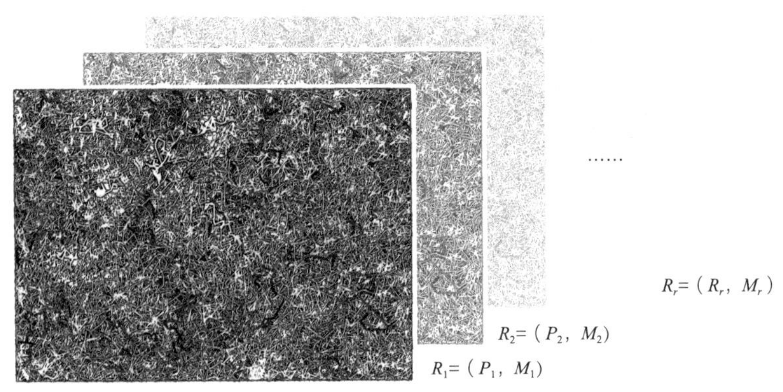

图 5.15　模拟出的数千条不规则运动轨迹，但从图中什么也看不出来，马丁 · 罗利格供图

现在，让我们来看看基于特征的方法是如何帮助我们深入了解不规则运动的。我们接下来将研究运动的特征，而不是处理单个的运动轨迹。

具体特征

在关于运动数据的可视化分析的文献中提供了各种特征，细节请参考[17, 18, 19]。具体可以分为四类特征：

- 基本特征：所有运动轨迹的合计平均值，例如平均速度或平均加速度。
- 群体特征：所有运动群体的特征，例如每个时间步的群体数量或者群体实体数量和非群体实体数量的比例。
- 区域特征：运动实体的空间分布情况。提取某类型实体的高密度或低密度区域，并且统计其数量、位置、大小。

- 高级特征：对上述特征的进一步分析处理。换句话说，就是描述特征的特征，比如运动发生变化的时间。

全面的可视化分析离不开以上四类特征，换句话说，对于数据和分析任务来说，不同的情况需要选取不同的特征。

特征提取

上面列出的不同类别的特征需要采用不同的提取方法。基本特征和群组特征在单个轨迹和群组中提取。提取区域特征需要先计算运动的每个时间步并生成二维密度图，通过量化密度图，可以从中提取出具有不同特征的区域。具体请见图 5.16 中的示意图。运动实体和群体分别显示为标记点和圆。灰度图代表密度图，其中红色代表提取的高密度区域，绿色代表提取的低密度区域。橙色代表群体所在的区域。蓝色代表非目标数据。

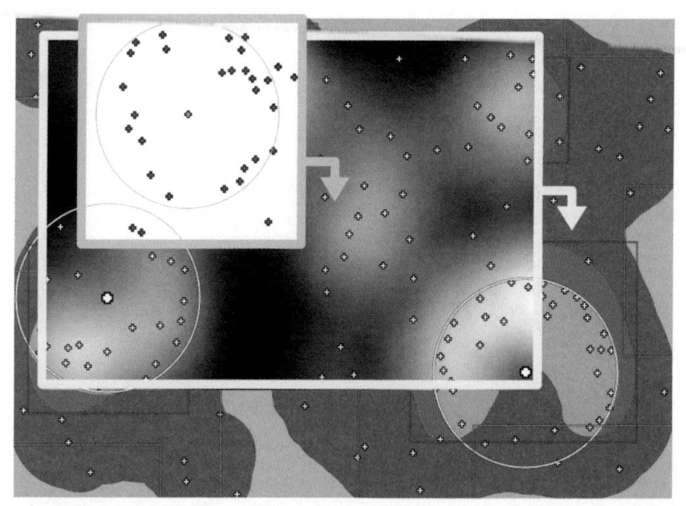

图 5.16　从实体（点）到密度图（灰度图）再到各个区域（彩色图），马丁 · 罗利格供图

鉴于运动特征的多样性和不规则运动数据的复杂性，我们不可能实时提取出特征，但是可以提前计算出尽可能多的特征。这就需要我们在分析数据的过程中根据需要添加或者删除某些功能。

提取完特征以后，图中的数据明显减少了很多。如图 5.17 所示，原本含有数千个数据的复杂二维运动图形被浓缩成了一维时间线。在特征可视化的步骤中，所有模拟的时间线都会被转换成图形。

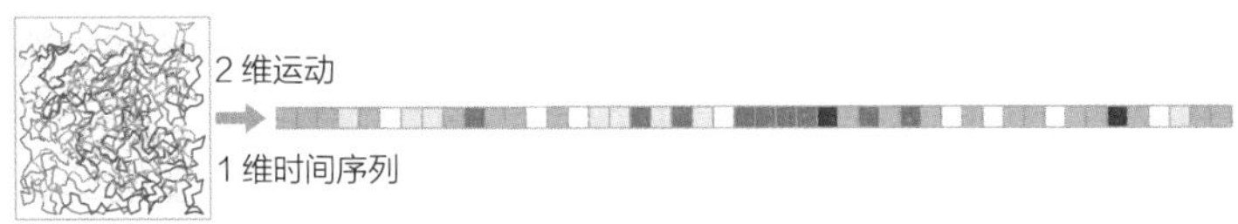

图 5.17 二维运动简化为一维时间序列

特征可视化

特征的图形要包含时间性、运动的空间背景以及对参数的依赖性。由于并非所有信息都能被压缩到一张图中，所以就需要设置一个主图用于显示全局信息，另外再设置多个连接图用于显示各个单独特征的信息。

全局：全局图可以显示所有模拟探索的运动特征和参数相关性。参数配置和特征以矩阵的形式显示，如图 5.18 左下部分所示。参数排列在左侧，选定特征的值显示在参数值的右侧。参数值和特征值之间有一个小间隙。第 i 个矩阵行代表第 i 次模拟运行 R_i 时的参数配置和特征时间线。用颜色填充矩阵单元格，其中较深的颜色代表较低的值，而较亮的颜色则代表较高的值。请注意，全局图形一次只能显示一个特征，不过由于所有特征都经过预处理，所以不同特征之间的切换可以做到无缝衔接。

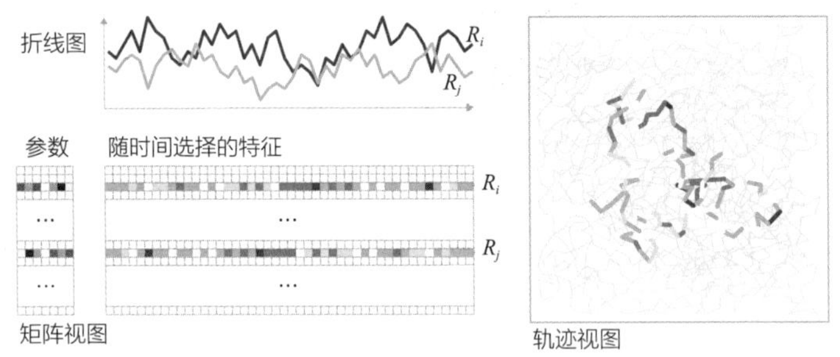

图 5.18 全局图和细节图组成的特征图

细节：细节图形中详细地描述了选定数据部分中的时间和空间依赖关系。如图 5.18 的上半部分所示，折线图中显示了模拟时间序列，方便用户比较不同参数条件下的运动特征。

如图 5.18 右侧所示，轨迹图中用选定时间段的选定轨迹来详细说明空间情况。轨迹用彩色来表示，我们能够从中看出运动特征的位置。此外，轨迹图还可以与选定时间步的二维密度图组合到一起。

到目前为止，我们已经了解了不规则运动数据在基于特征的可视化分析中的各项基本组成部分。如图 5.19 所示，我们可以利用该方法来创建不规则运动数据图形。所有图形之间都互相连接，用户通过基本操作就可以选择细节图中显示的特定时间线或数据范围。接下来，我们来看看使用基于特征的方法来进行可视化分析的实际操作示例。

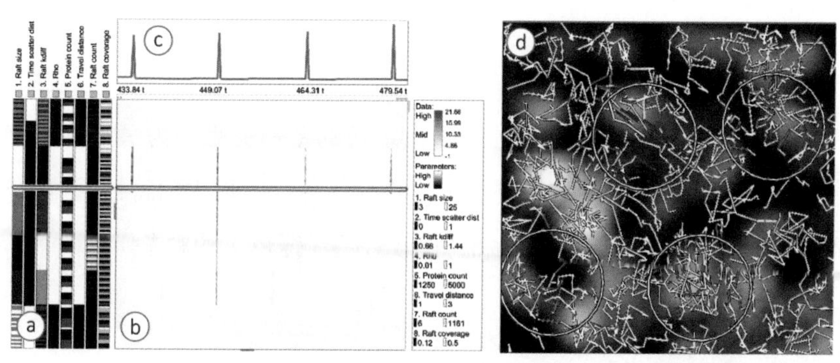

图 5.19 选定数据部分的参数设置、特征值和详细信息，马丁 · 罗利格供图

（a）参数设置用灰度矩阵表示

（b）随时间变化的特征值用彩色矩阵表示

（c）选定的时间序列

（d）选定轨迹的轨迹图

应用示例

前文已经提到过，我们要用随机模拟的数据来做示例。具体的应用背景是系统生物学，研究人员打算研究细胞表面的不规则运动，特别是在细胞表面上移动的蛋白质的运动。它们可以停靠在脂筏上，与脂筏一起进行短距离移动。蛋白质和脂筏之间的这些动态相互作用在医学中发挥着重要作用，比如研究人员可以通过它来进行癌症相关的研究。

在示例中，运动的模拟由 8 个参数控制。我们已经对大约 2000 种不同的参数组合进行了模拟，每一次模拟都要在约 4000 个时间步内随机计算大约 1000 个脂筏和 5000 个蛋白质的不规则运动。最后，研究人员需要分析的不规则运动数据达到了 180 吉字节（GB）。

为了处理这些数据，我们计算出了大约 60 个特征值。其中包括每个时间步中所有蛋白质的平均移动速度、蛋白质密度较高或者较低的区域、脂筏的群体特征以及发生恒定行为的时间段，等等。

本节并不深入讨论所有特征及其可视化图形。相反，我们只想强调的是，使用基于特征的方法可以得出关于两个方面的发现：参数依赖和运动行为。

参数依赖

根据图 5.20 中的图形，研究人员可以检测出平均群体大小与控制脂筏大小、蛋白质数量和培养基流动性的参数之间的依赖关系。为了显示依赖性，图中用绿色彩条对这些参数值进行了排序。然后，图形中的特征部分就清楚地显示出了群组较小（深绿色）和群组较大（浅绿色）的彩条。

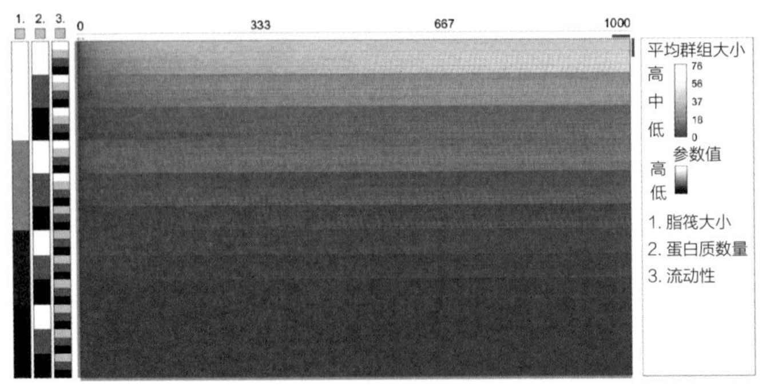

图 5.20 平均群组大小的参数依赖性图形，马丁·罗利格供图

运动行为

在图 5.21 中的图形中，研究人员可以发现一种“席卷效应”：脂筏周围的蛋白质密度特别低。图 5.21（a）中的密度图显示了选定时间点的情况。

为了证实在整个模拟过程中席卷效应始终存在，图 5.21（b）中的特征图形显示了在时间变量下游离蛋白质到最近脂筏的平均距离变化。我们从图形和矩阵中的大片明亮的颜色可以看出，平均距离的变化相当大，在两次模拟中，距离甚至一直都在增加。

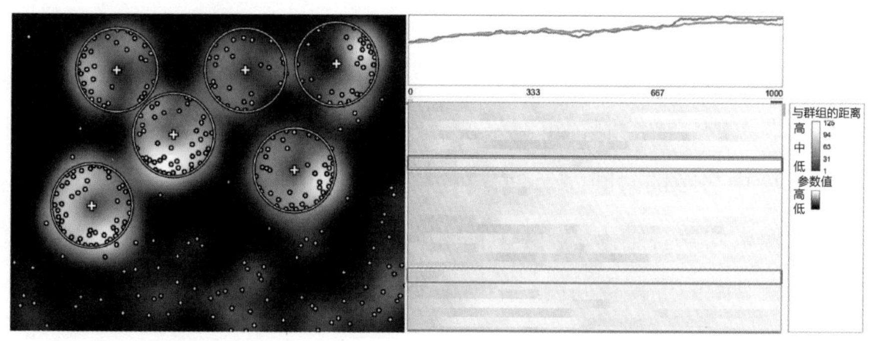

（a）密度图　　（b）平均蛋白质脂筏距离

图 5.21　游离蛋白质的平均距离图形显示出了席卷效应，马丁 · 罗利格供图

上述两个示例充分证明了基于特征的可视化分析在研究大型不规则数据时表现出了极高的效率。我们可以通过选定特征的功能来排除不必要的干扰，只专注于目标数据。

至此，我们结束了基于特征进行可视化分析的部分。在基于特征进行可视化分析的过程中，有四个重要组成部分。第一，我们需要一种设置相关元素的方法。我们在本节开头部分提到过的兴趣度方法中介绍了数据值的相关度。在本节第二部分中，我们使用基于特征的方法来处理高级数据特征。

第二，用自动计算功能来确定感兴趣的数据元素或从数据中提取特征。这就涉及了基本的数据比较，以及更复杂的跟踪和事件检测。

第三，数据相关部分的可视化。由于需要显示的信息量减少，所以图形就变得更清晰、更集中，也能让我们能够更准确地看出细节。

第四，用户需要手动操作来设置感兴趣的数据或选择要可视化的特征。用户对参数的调整可以使之更灵活地适应不断变化的需求。计算、可视化和交互之间的紧密配合使得基于特征的可视化分析方法变得十分强大。

另外还有一点：用户在分析的时候需要明确地知道分析目的，可问题是有的时候会遇到未知的数据，所以根本无法确定分析目的。因此，我们需要更进一步的概念来用于自动计算，在下一节中我们将对此进行深入讨论。

5.3 分离数据

如今的数据规模越来越庞大，很容易就能超过屏幕上的像素数量。这必然会造成严重的过度绘制，也就是说，许多数据会对应到同一个像素上。例如，图 5.22 中显示的时间序列含有超过 170 万个时间点。鉴于图表的宽度有限，每个像素列要容纳大约 1000 个时间步。从可视化数据分析的角度来看，我们怎么在有限的屏幕空间内容纳所需要的数据呢？

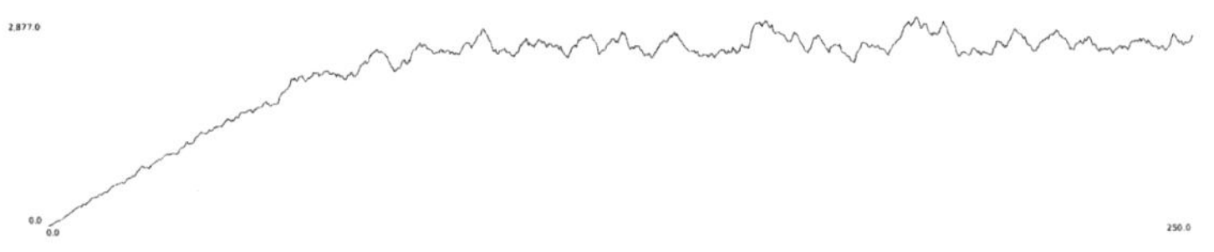

图 5.22 包含超过 170 万个时间点的时间序列图形，
其中每个黑色像素代表大约 1000 个时间步
马丁 · 路博西克供图

5.3.1 采样和汇总

我们可以通过采样和汇总来解决这个问题。采样指的是选择要显示的特定数据值，也就是从原始数据中选取数据的子集。汇总指的是将多个数据值进行合并，只显示有代表性的数据值，也就是将一些原始数据压缩为一组简化的汇总值。请注意，采样可以让我们看到原始值，而汇总只可以让我们看到多个原始数据的代表值。

采样：在信号处理领域，采样的目的是利用离散信号来代表连续信号，所以就必须要在采样点收集信号。我们从奈奎斯特—香农采样定律（Nyquist Shannon Sampling theorem）可知，为了重建原始信号，采样点的数量必须大于连续信号带宽的两倍[20]。在统计学中，采样有各种不同的概念，而在本文中，采样的目的是确定代表整个统计群体的个体[21]。

采样是指在某些采样点收集变量的数据值以及数据元素。一般来说，采样的目的是通过确定一个特定的数据子集让用户能够看到原始数据集的主要特征。从简单的数据值等距采样到复杂的图形采样，采样的方法可谓多种多样[22]。不同的采样方法决定了不同的采样质量。简单的等距采样可能会丢失基本数据特征，而复杂的图形采样虽然可以保留基本的数据特征，但是会耗费大量时间。因此，实际操作时要在采样质量和计算时间之间达到平衡。

汇总：汇总是指使用区间内数据的各种统计值，有如下几种函数可供选择：

最小值：区间内的最小值。

最大值：区间内的最大值。

总数：区间内所有值的总数量。

总和：区间内所有值相加的总和。

平均值：区间内所有值的平均值（总和除以总数）。

中间值：区间内所有值的中位数（排序区间的中心值）。

高频值：区间内出现最频繁的值。

唯一值：区间内不同值的数量。

标准差：区间内值的变化量。

具体任务中的汇总函数要根据分析目标来进行选择。在下一节中，我们来演示如何利用最大值函数和平均值函数来统计原始数据。

如果数据集过大的话，简单的图形肯定容纳不下。在图 5.22 中，时间序列中每 1000 个时间步才有一个采样值，如此小的样本很难忠实地反映整个数据的情况。因此，我们要同时使用不同的尺度来尽量多地容纳数据样本。

5.3.2　探索多尺度的数据抽象

为了产生多尺度的数据抽象，我们可以不断地重复采样任务和汇总任务。每次重复都会产生一个更小的尺度，尺度越小，数据点的数量也就越少。多尺度有两个重要的优点。首先，它可以生成可变化且不太混乱的图形[23]。其次，它还有助于分析数据的不同特征。事实上，较小的数据抽象代表了全局的变化趋势，而较固定的尺度则允许用户查看局部的变化趋势和细节。因此，用户可以通过在量表之间切换来获取信息。

但是，如果尺度越来越多，那么在所有尺度上检查所有数据也会变得越来越困难。这就出现了一个问题：从较大的尺度到一个较小的尺度，从哪儿能提取到更多的信息？这个问题不太容易回答，所以我们要引导用户使用可能会发现新信息的尺度[24]。其基本原理是利用连续尺度之间的数据差异作为在最终尺度上提供额外信息的来源。换句话说，如果两个连续的尺度非常相似，那么其中就可能不会有太多新的信息。而如果这两个尺度的差异较大，那么其中就极有可能会获取新的内容。例如，图 5.23 显示了同一时间序列分别在两个连续尺度上的折线图。

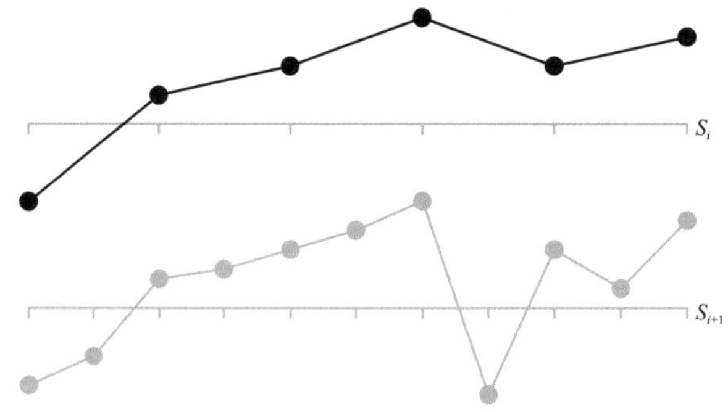

图 5.23　同样的时间序列位于两个不同的尺度中

尺度较小的图形（下图）由 11 个采样点组成，而尺度较大的图形（上图）只有 6 个采样点。两个图形的左侧部分差别很小：值都是单调递增的状态。因此，我们可以得出结论，对于数据的第一部分，净规模并没有增加实质性的内容，因此不太值得探索。但是，两个图形的右侧部分情况有所不同，较小尺度的图形中显示了大尺度图形中不存在的局部最小值。从上图可知，寻找偏差数据可以帮助用户对多尺度数据进行更多的探索。

引导用户

从图 5.23 中的示例中可以看出，尺度之间的差异可以为用户提供更多的信息。接下来，我们来看一看如何将这些差异与抽象数据一起提取出来。

提取尺度之间的差异

提取所有连续数据尺度之间的差异时，有以下三个步骤：绘制采样点、计算差异度和汇总差异。

1. 绘制采样点。第一步，两个连续尺度上的采样点必须是统一的。这样的话，只存在于一个尺度上的采样点会被对应到自身的另一个尺度上。这就需要对新数据值进行计算，比如线性插值。图 5.24 中的示例显示了较小尺度上的每一个采样点是如何对应到较大尺度上的一个新采样点的，并在新的尺度下使用插值。最后的结果是两个尺度的采样点数量相同，但采样的数据值不同。

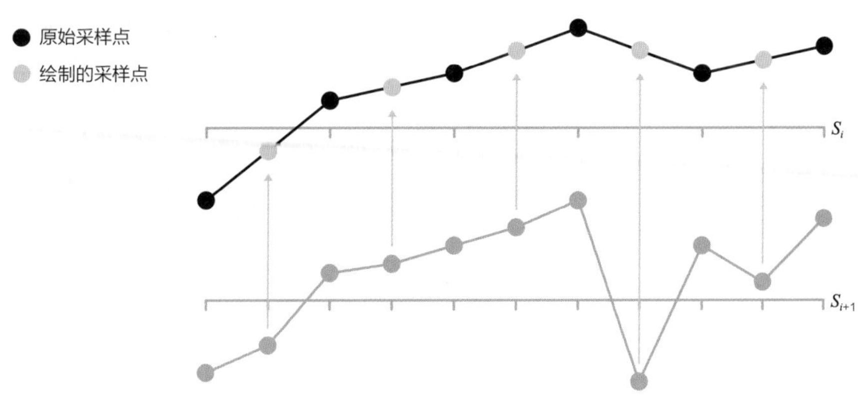

图 5.24　通过插值和对应来统一两个连续尺度的采样点

2. 计算差异度。第二步是计算两个尺度之间的差异。这步操作可以通过各种标准来量化差异。图 5.25 显示了两个示例，一个是点测量，一个是分段测量。常规的点测量方法是计算每个采样点的绝对值差（AVD），比如欧式距离。常规的分段测量方法是观察分段斜率差（SSD），也就是观察不同分段的斜率差情况。在图 5.25 中，每一分段用 – 和 + 来表示。如果分段之间有差异，那么倾斜度差就为 1，否则为 0。虽然计算成本不高，但已经足够使用户获得所需要的信息了。

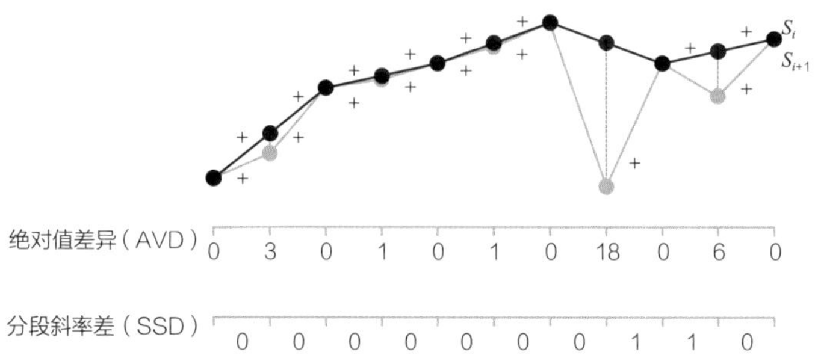

图 5.25　计算两个连续数据尺度之间的绝对值差（AVD）和分段斜率差（SSD）

3. 汇总差异。我们的目标是将用户引导到目标区域，所以就需要在更大的时间区间内汇总点或分段的差异。图 5.26 中使用了 AVD 的最大值汇总和 SSD 的平均值汇总作为示例。最大值汇总可以保证在相同的时间区间内，较大的差异不会被较小的差异所替代。如果只捕捉到尺度之间的差异，那么平均值就可以显示出放大到某个范围时会出现多少额外信息。在我们的示例中，这两个汇总都主要显示局部最小值的层级。

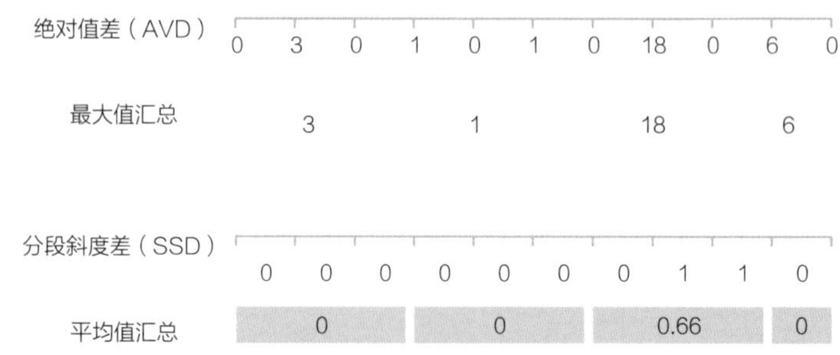

图 5.26　绝对值差（AVD）的最大值汇总和分段斜率差（SSD）的平均值汇总

上述的各种方法可以在实际应用中自由调整，另外还有很多种绘制采样点和查看差异的方法。接下来的步骤就是将汇总的差异与实际数据一起转换为图形。

尺度差异汇总的可视化

将汇总差异与数据一起转换为图形，有利于用户探索多尺度数据。如图 5.27 所示，主要的时间序列图中附带一些差异波段。每个波段都细分为彩色单元格，代表相邻数据尺度之间的汇总差异。颜色的填充分为两种：全局填充和局部填充。全局颜色对应所有单元格的全局最小值和最大值，便于用户进行跨尺度的比较。局部颜色只对应每个波段的最小值和最大值，这就使人们更容易看出每个单独尺度中的较小差异。较亮的单元格表示尺度之间没有或只有很小差异的区域，而较暗的单元格则表示较小尺度与较大尺度之间存在显著差异的区域，因此，还需要对它们进行更深入的观察。

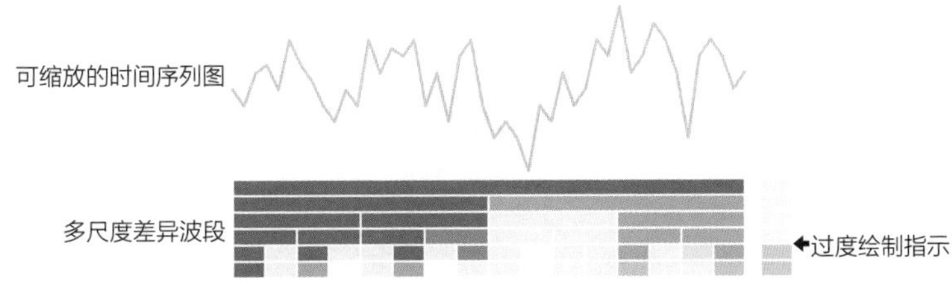

图 5.27　汇总差异和实际数据共同可视化

另外，要避免显示器无法容纳的问题。在开始数据分析时，应使用最小的比例，以避免过度绘制。用户可以通过缩放和平移时间序列图来让彩色单元格显示不同比例和不同区域。接下来，我们用上述的方法对系统生物学领域的数据进行可视化分析。

以系统生物学为例

我们以模拟酵母菌分裂周期[24]产生的时间序列数据为例。模拟图形由两种不同的蛋白质组成，它们控制着细胞的分裂。模拟过程中会有代表分子数量随时间动态变化情况而产生的 360 万个数据点。通过重复的平均汇总，将原始数据转换为具有 21 个层次的多尺度数据抽象，尺度之间的差异通过前文中介绍过的函数进行计算，最终得出平均汇总的分段斜率差（SSD）和最大值汇总的绝对值差（AVD）。

图 5.28 所示就是模拟的结果。图中可见时间序列显示出了相当大的震荡幅度。为了获得更多信息，我们检查了 SSD（上方黄蓝色）和 AVD（下方黄绿色）的多尺度差异。尤其是根据过度绘制指示器中的红色标识，我们会在可能产生过度绘制的较小尺度上观察到某些事件。在 SSD 的量度中，我们可以看到时间序列中的每个峰值在蓝色差异中都有一个相应的更亮的缺口。在每个缺口中，似乎都有一个非常细的蓝色向上尖峰，这代表此处会发生一些事件。AVD

的量度也证实了这一点，绿色的尖峰清晰可见，这说明这些数据中存在某些事件。让我们来仔细研究一下峰值中间缺口的尖峰到底代表什么。

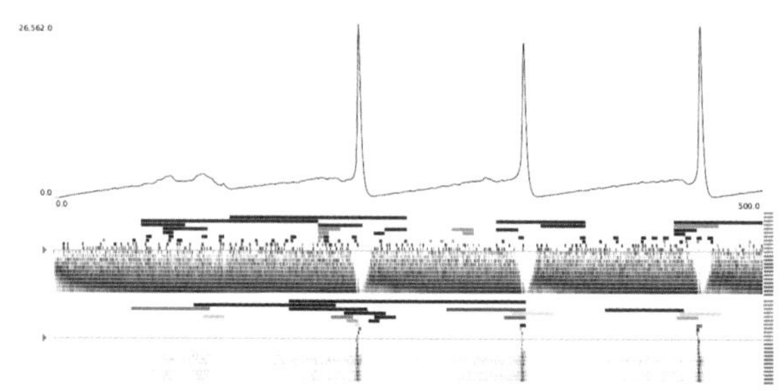

图 5.28　模拟的时间序列结果图以及对应的彩色 SSD 和 AVD 的多尺度差异
马丁 · 路博西克供图

在图 5.29 中可见，我们执行了两个单独的操作。首先，通过鱼眼畸变透镜功能（第四章第 4.6.3 节中介绍的鱼眼畸变透镜的一维变体）放大中间缺口所在的多尺度差异。我们可以看到这一区域内确实存在一些显著的差异，颜色越深则差异越大。其次，我们将时间序列图切换到最新的数据比例，并将峰值的尖部放大，可以看出尖部有相当大的震荡幅度，这就说明了差异是由两种蛋白质在模拟过程中相互冲突而引起的。我们可以得出这样的结论：模拟过程中有明确的转折点。这个发现很有意思，但如果没有多尺度差异的帮助，我们极有可能会忽略它。

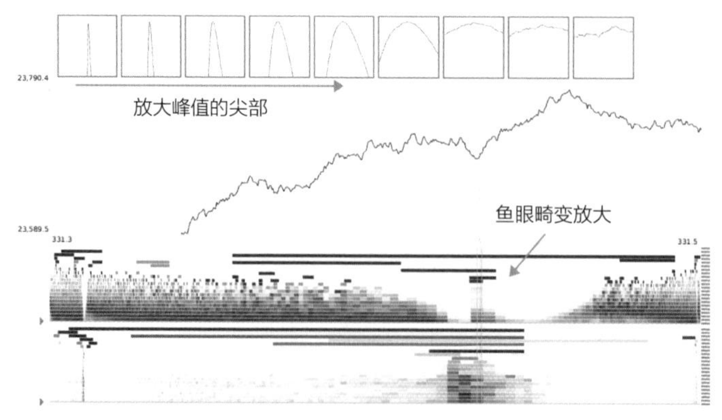

图 5.29　深入研究图 5.28 中的峰值中间的尖部
马丁 · 路博西克供图

通过采样和汇总进行数据抽象是处理超大数据的一种重要方法。然而，用相对较少的样本数或汇总值来代表数百万个数据点并不能充分体现完整的数据行为。因此，我们还需要进行多尺度的数据抽象。多尺度的数据抽象有助于分析不同尺度下的数据行为，还可以帮助用户生成可缩放的图形。计算并可视化尺度之间的差异，有助于用户确定应该详细调查的尺度和数据范围。

所以，哪些数据元素是有意义的、哪些数据元素是抽象的，以及哪些数据元素不是我们下一步要关注的，这些内容才是我们的研究重点。

5.4　分组相似的数据元素

采样和汇总的功能主要用于将特定数据区域内的数据值替换为一个具有代表性的数据值。现在，我们来看一看相似数据元素的分组。分类和聚类是对数据元素进行分组的典型方法。虽然两种方法的目的相同，但是实现的方式不同。分类区分的是数据空间，而聚类区分的则是数据元素。分类代表数据空间的一个子空间，而聚类则代表相似数据元素的子集。分类以值范围为特征，而聚类以相似数据元素的属性为特征。通过分类或聚类来分组数据集可以明显降低数据的复杂性，并有助于生成全局信息。在下文中，我们将深入了解分类和聚类。

5.4.1　分类

分类指的是划分数据空间，将每个子空间定义为一个类。属于同一子空间的数据元素具有相同的数据特征，我们称之属于同一类。分类的关键是对类别进行准确的定义。

定义类的基本方法

类的定义方法有很多种，最基本的一种是将数据变量的域划分为区间。例如，社交网络中的群体年龄可以分为四类：儿童（年龄≤ 12 岁），青少年

（12 岁＜年龄≤ 18 岁），成人（18 岁＜年龄≤ 60 岁）和年长者（年龄＞ 60 岁）。这就将年龄值的范围（通常在 0 到 110）减少到只有四个范围。另一种是将风向分为八个主要风向：北风、东北风、东风、东南风、南风、西南风、西风和西北风，也就是说将 0° 和 360° 之间的所有风向减少为八个主要风向。

对多元数据元素进行分类的一种常见方法是决策树。决策树通过一系列测试来划分数据区域。定量数据或顺序数据通过与提前设置的阈值进行比较来划分。而分类数据可以通过“是 / 非”来划分。测试功能是决策树的基本结构，决策树中的节点就代表测试。通过测试区分出的每个类，都有一条连接到测试节点的边。这些边再将测试节点连接到决策树中的后续节点上。任意一个测试节点都可以作为决策树的根节点，而决策树的叶子就是生成的类。如果某个数据元素匹配从决策树的根节点到叶节点上的所有测试，就可以将该数据元素分配给类。

决策树可以帮助用户理解基于测试标准的数据区域分类的决策层次。为了达到这个目的，我们可以使用分类树图形，例如第三章第 3.5 节中提到的节点连接图。图 5.30 所示是关于企业销售额的基础决策树。根节点中的第一个测试节点是销售额。我们先将这些企业分为销售额较少、销售额一般和销售额较多。下一步是通过销售额的变化来进一步区分销售增加、减少或稳定的企业。最后，我们将这些企业分为九种：销售额较少且持续减少、销售额较少但稳定、销售额较少但持续增加，等等。每个类都代表具有相同特征的企业。

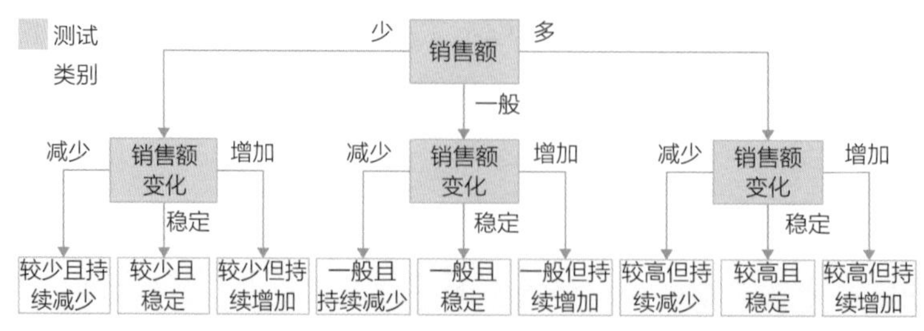

图 5.30　通过销售额来给企业分类的决策树

请注意，在通常情况下，决策树不一定会像我们的示例中那样规律，实际分类可能要复杂得多。事实上，为复杂领域指定测试标准相当具有挑战性，在某些情况下甚至根本不可能用决策树来分类，这就需要使用更复杂的算法和更准确的参数才能得到合适的分类结果。接下来，我们来看一看如何使用复杂的分类方法，以及如何用可视化分析来调整和评估分类结果。

可视化分类：以动作识别为例

动作识别功能广泛应用于各种领域当中。例如，辅助系统会通过观察人们的动作来自动提供帮助[25]。它通过许多传感器来观察人的动作，并产生大量的时间序列数据。对于这种情况，分类的任务是从多个传感器数据中推断出这个人的动作。最简单的例子就是统计他在一段时间内的行走步数。然而，做饭也算是一种动作，所以让辅助系统来直接区分人类动作种类的难度很大。

一般来说，动作的识别需要复杂的数据分类。这种数据分类的典型工作方式是从人工实时统计的数据中学习动作的类别。人工实时统计是在观察研究中的数据来源，在观察中，传感器除了观察一个人的活动外，还要录像。通过录制的视频，将观察到的每个动作特征在传感器数据库中标记为特定的活动，例如，坐、站或走等。假设传感器数据中标记的动作数据足够多的话，那么分类功能就可以从传感器数据中学到如何准确地分辨动作。

然而，动作识别中涉及的算法通常依赖于参数。在寻找最符合事实的分类配置时，为了结果更加准确，就需要使用不同的参数配置来对算法进行测试。图 5.31 所示就是关于算法的测试。接下来，我们来深入了解可视化分析方法如何帮助用户了解参数对分类结果的影响。更透彻的理解会使调整和优化参数变得更加容易，以便实现更好的分类质量。

图 5.32 所示为分类传感器数据、基础参数设置和真值数据[26]的具体图形。视觉设计类似于第 5.2.3 节中描述的基于矩阵的特征图形。图形的左侧部分（a）显示了参数配置，每列对应一个参数，每行代表一个参数的值。图形的主要部分（b）将被标记为时间序列的动作从左到右用彩色表示。至于每个

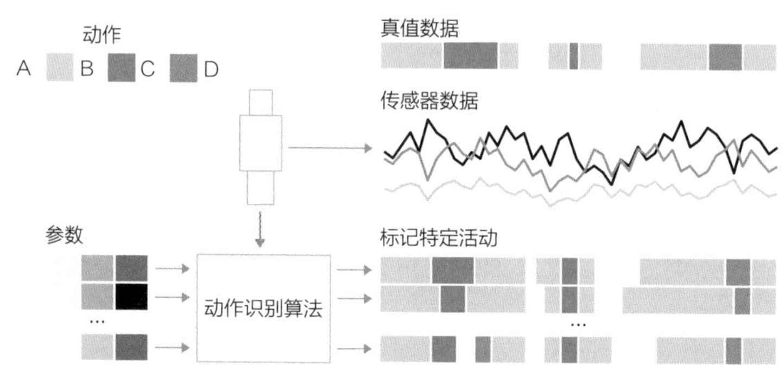

图 5.31　基于参数算法的动作识别示例，该算法可以从真值数据中学习[26]

参数配置，在主体部分有一个对应的像素行，在（c）中每个动作也都用不同的颜色来表示。这种图形将所有不同参数配置的分类结果都显示了出来，显示效果很清晰，我们可以很容易地看出在哪个时间步上发生了哪些动作。

图 5.32 中的真值数据（d）是一个位于图形上方的单独的彩色带，用于对已识别的动作和实际执行的动作进行比较。底部和右侧是叠加直方图（e）和（f），它们分别显示了每个时间步和每个参数配置检测到的动作分布。无论是在不同时间（e）还是在不同参数配置（f）下，我们都可以从图中看出动作识别的稳定性。

为了更详细地评估动作识别情况，我们可以相对直观地分析检测到的动作与真值数据之间的差异。如图 5.33 所示，图中更改了行的颜色和顺序，所以每个数据类不再用不同颜色来显示，而是统一显示为红色，其中已识别的动作与真值数据并不相符。我们现在可以看到，在大多数的参数设置中，错误分类的数量是随着时间的推移而逐渐增加的，动作识别的整体质量主要取决于参数传感器的性能。

可视化分析并不能改变分类结果，但仍能帮助用户理解动作识别的行为方式。我们可以通过图形中展示出的信息来评估参数效果，然后根据实际情况进行调整。效果较差的参数可以不用管，而效果极佳的参数可以显示参数范围，这些参数范围需要重点关注，因为可以通过进一步搜索从而得到更好的分类结果。

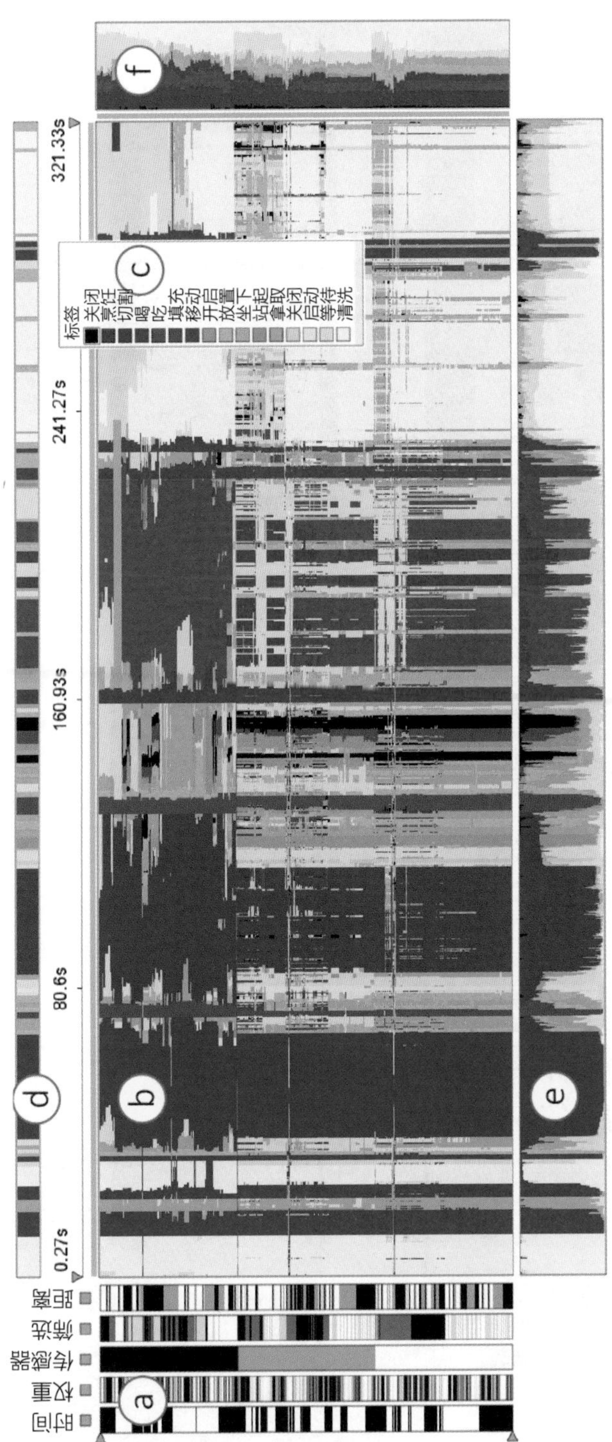

a. 参数配置，b. 识别的动作，c. 颜色填充，d. 真值数据，e、f. 汇总信息的叠加直方图

图 5.32　基于参数的动作识别而生成的分类结果图形

马丁 · 罗利格供图

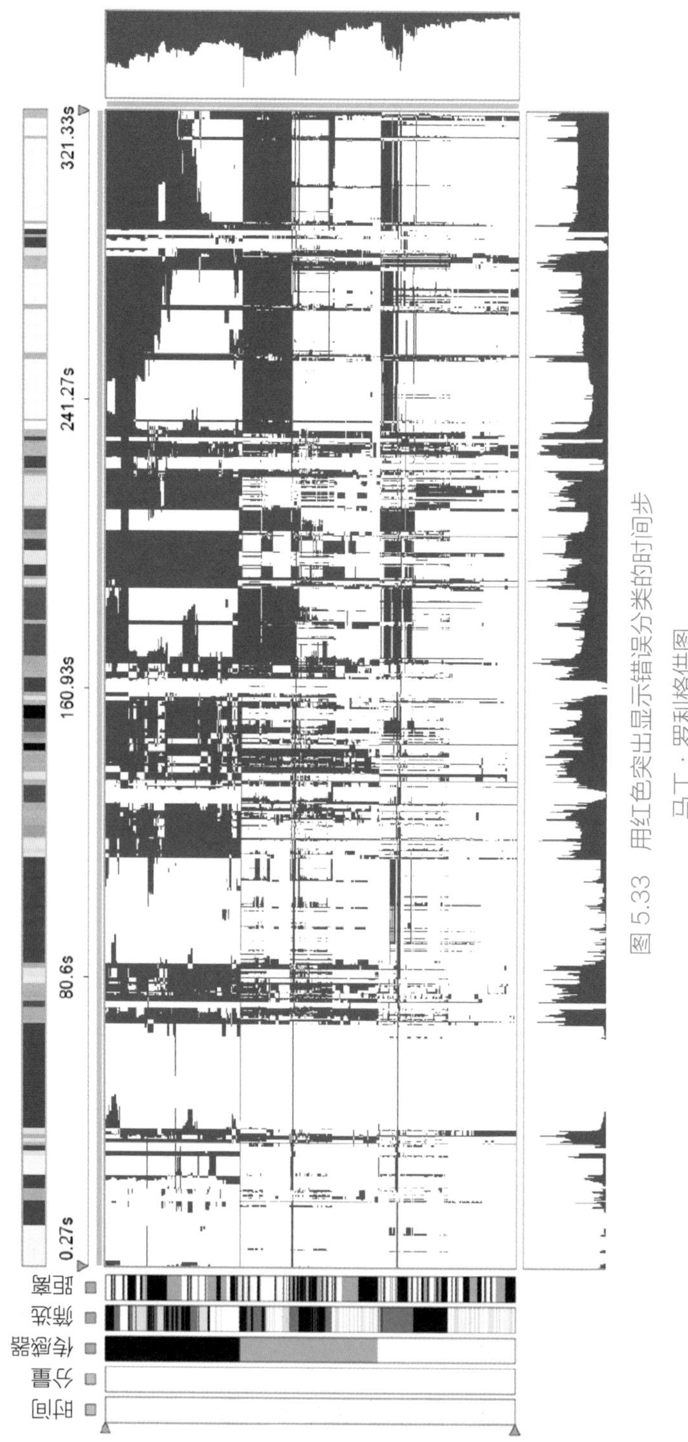

图 5.33　用红色突出显示错误分类的时间步
马丁·罗利格供图

我们从本节中可以了解到，分类是通过将数据空间划分为具有特定数据特征的子空间来进行分组的。分类可以像测试特定标准一样简单，即以分层模式来组织结构。也可以非常复杂，需要使用复杂的算法。在这两种情况下，无论是决策树的分类模式，还是动作识别示例中的根据参数分类的结果，都可以帮助用户理解数据的分类规律。接下来，我们来看一看聚类的常用方法。

5.4.2　聚类

聚类的目的是将相似的数据元素分在一个集群中。同聚类的数据元素遵循同一个标准，不同聚类的数据元素遵循的标准一定不同。聚类可以以多种方式应用于可视化分析中。数据元素可以根据聚类的从属关系进行排列或被赋予颜色。全局的情况面向的是聚类，而不是单个数据元素。聚类还可以帮助我们在不同的抽象层次上研究数据。所有这些功能都可以明显降低可视化分析的复杂性。

聚类的设置

数据聚类的生成方式有很多种。首先我们需要确定聚类的类型，即指定内容和生成方式。接下来，让我们简要地介绍一下生成聚类之前需要做的工作。

聚类的类型

第一，我们应该考虑需要哪些数据。冗余数据和异常值数据可能会让聚类变得混乱，所以要将它们排除在聚类之外。

第二，对于多元数据来说，应该考虑需要哪些数据变量，例如是需要所有变量还是只考虑特定的变量？接下来再决定这些变量的权重，是应该采用同样的权重，还是不同的变量权重也不同？通常我们将没有意义的变量直接忽略或分配给它们较低的权重，而给重要变量则分配更高的权重，这样就会产生更符合要求的聚类。

继续用数据集来举例，假设某数据集中包含公司的信息、企业名称、业务范围、首席执行官、销售收入、资产负债表和雇员数量等数据，如果我们的分析目标是将高利润和大公司分为一类，那就需要优先考虑利润、销售、资产负债表和员工数量方面的数据，同时忽略企业名称、业务范围和首席执行官之类的数据。

怎么生成聚类

第三，选择用于确定数据元素是否相似的相似性度量。欧氏距离是一种广泛应用的度量，用于表示两个数据元素之间的直线距离。曼哈顿距离是将两个数据元素之间的距离定义为其数据值间的绝对差异之和。更高级的距离度量是余弦距离和皮尔逊相关系数。对于定性数据，就要用到其他的距离度量，例如汉明距离、莱文斯坦距离或雅卡尔指数。

继续前面的例子，如果根据利润和规模对公司进行分类，那么欧氏距离是一个合适的标准。然而，当我们换一个分析目标时，情况就不同了。假设业务数据按年度来提供，如果我们打算研究在一段时间内具有相似发展情况的公司，就可以使用基于相关性的度量标准。通过这种方式，聚类就会将具有相似发展情况的公司进行分组。

第四，还要决定聚类的分组方法。也就是如何根据所选的相似度来对相似的数据元素进行分组。基本方法有四种：分区聚类、分层聚类、网格聚类和密度聚类[27]。每种聚类的分组方法不同，参数也不同，我们将在后面的内容中看到详情。

综上所述，选取数据元素、对变量进行加权、使用不同的相似度、应用不同的分组方法以及选择不同的参数，所有的这些条件都必须要仔细考虑。重要的是，一点点不同的决定都可以产生完全不同的分组结果。具体采用哪种配置要取决于数据和分析目标。

聚类的计算

在下文中，我们将讲解如何实际计算数据元素的聚类，首先简单介绍一下刚才提到的四种不同的分组方法。

分区聚类

通过划分数据空间，从 n 个数据元素中生成了 $k < n$ 个组。最常见的方

法是 k 均值聚类算法。k 均值聚类算法（k-means clustering algorithm）是一种迭代求解的聚类分析算法，其步骤是预先将数据分为 k 组，随机选取 k 个对象作为初始的聚类中心，然后计算每个对象与各个种子聚类中心之间的距离，把每个对象分配给距离它最近的聚类中心。聚类中心以及分配给它们的对象就代表一个聚类。每分配一个对象，聚类中心就会根据聚类中现有的对象重新进行计算。这个过程将被不断重复，直到满足某个终止条件才会结束。如果没有终止条件（或最小数目），那么对象会被重新分配给不同的聚类。

k 均值聚类算法因其简单性和普遍适用性而广受欢迎。但是其应用的前提是必须提前指定组的数量，所以对于未知数据来说这可能存在困难。

分层聚类

该算法是以层次结构嵌套的聚类。随着层次的降低，集群内数据元素的相似性就会增加。层次结构的根节点代表包含所有数据元素的集群。层次结构的叶节点代表只包含单个数据元素的集群。层次结构的水平剖面代表了集群数据的特定抽象级别。

分层聚类的难点在于寻找合适的层次。将集群层次结构转换为树形图可以帮助用户找到合适的抽象层次。在根附近的层次结构可以生成数据的全局概况，而在叶节点附近的层次结构则可以提供更多细节。

分层聚类有两种常用算法，即收敛算法和分裂算法。收敛算法以自下而上的方式递进地将两个最相似的数据元素进行分组。离差平方和就是其中的一个典型的例子。相比之下，分裂算法会以自上而下的方式递进地将数据分成两个不同的子集，直到每个数据元素都形成了自己的组。

网格聚类

该算法通过规则的网格对数据域进行划分。每个数据元素都属于网格中的一个单元格，随后系统会为每个单元格统计元数据，例如最小值、最大值或平均值。根据查询到的数据，将符合的数据元素所在的单元格互相连接从而形成聚类。可以看出，网格分辨率是聚类质量的一个关键参数。STING（statistical information grid，统计信息网格）就是一个使用网格单元分层结构的例子。这样的多分辨率网格可以用于大型数据库的聚类查询。

密度聚类

根据数据域密度的高低来聚类。DBSCAN（density-based spatial clustering of applications with noise，带干扰的基于密度的空间聚类应用）是基于密度的聚类的一个典型例子。DBSCAN 基于两个标准对数据元素进行聚类。数据元素必须彼此靠近（距离），并且在同一地点周围必须有足够多的数据元素（密度）。位于稀疏区域的数据元素将被视为噪点或异常值。这种方法的一个显著优点是对异常值具有较强的抗干扰性。另外，使用 DBSCAN 需要仔细调整距离和密度标准，以便于检测聚类。它在数据分布均匀的情况下效果反而不太好。

图 5.34 展示了应用于人工双变量数据集的四种聚类方法。数据（a）包含两个分离清晰的子集，以及两个主要异常值和两个次要异常值。那么，不同的聚类算法会如何处理这些特定的数据特征呢？

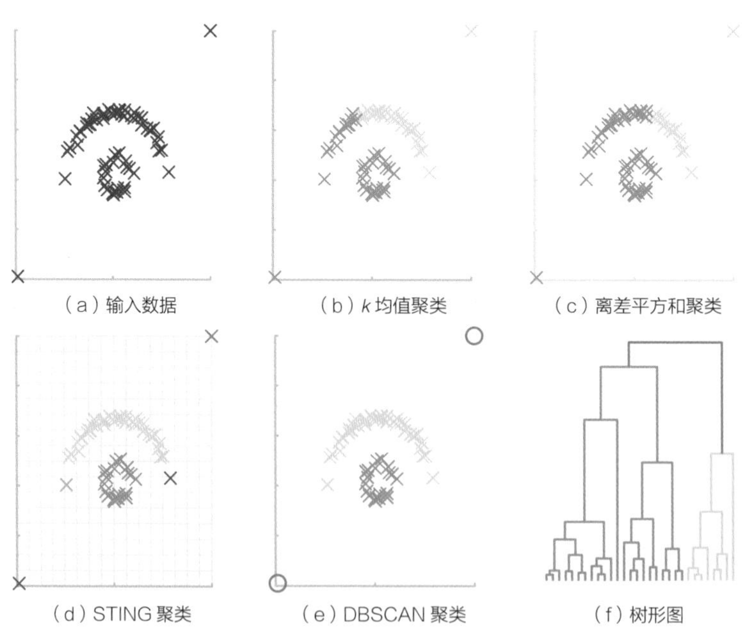

图 5.34 聚类方法的图示[28]

希尔维亚 · 萨菲尔德授权

如果用 k 均值聚类算法，设置 k=2 比较合适，因为我们可以看到图中有两个可区分的子集。同样，在树形图根节点附近剪切也能够获得离差平方和的两个聚类。然而，（b）和（c）中提取的两个聚类并不对应于数据中的两个明显子集。所以，k 均值聚类算法生成的聚类就显得比较臃肿。另外，主要的异常值破坏了 k 均值和离差平方和的聚类。

而相比之下，基于 STING（d）和 DBSCAN（e）产生的两个聚类就能够很好地代表这两个子集。然而，STING 也会为这四个异常值中的每一个值都生成一个聚类。由于DBSCAN可以区分出异常值，主要的异常值就被排除了，但是较小的异常值依然分配给了这两个聚类。如果要将它们也排除，就可以减少 DBSCAN 的距离参数。但这个操作请务必小心，因为如果距离参数设置得太低，聚类可能会解体。

从上述例子我们能够看出，聚类并非无所不能。相反，还要对聚类进行适当设置，这样才能够得到合适的结果。但实际的情况是，我们通常不知道聚类结果应该是什么样子的，尤其是在分析未知数据时。同样，我们对不同的设置会产生什么样的结果也往往不甚清楚。交互式可视化处理可以帮助我们对聚类进行检查，如果有必要的话，我们还可以通过重新设置聚类来得到更合适的结果。

StratomeX 是一种用于对不同算法和参数生成的聚类结果进行直接可视化分析的工具[29]。图 5.35 中是 StratomeX 的界面。列代表相同的微小核糖核酸（microRNA）数据，但通过三种算法得到了三种不同的聚类。列之间的标识栏连接着相同的数据元素。从图中可以看到，对于一个集群来说，一个聚类中的数据元素分布在另一个集群的多个聚类中。例如，k 均值聚类中突出显示的第一组数据元素（请见中间列）分成了三个不同的层次聚类（请见左边列）。另外，k 均值聚类的很大一部分也成了相似性传播聚类的一部分。通过观察，用户可以更详细地检查标记聚类中的数据元素，并判断生成的聚类是否是恰当的分组。

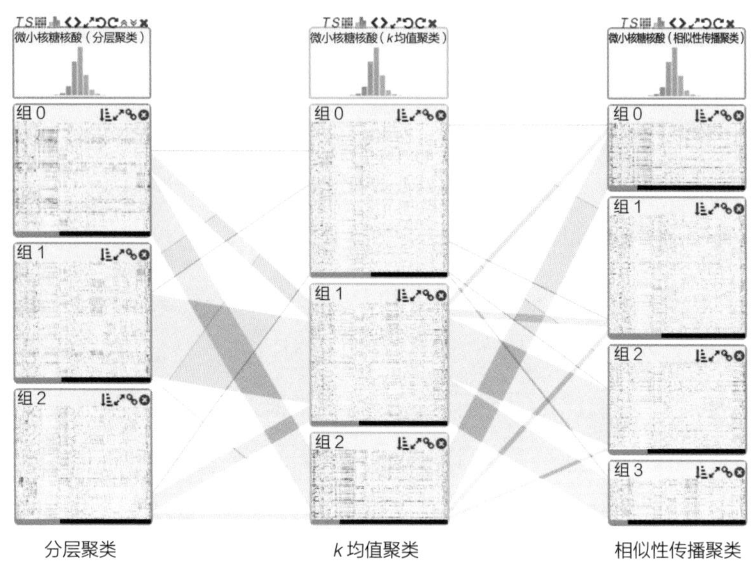

图 5.35　层次聚类、k 均值聚类和相似性传播聚类三种方法生成的聚类对比
软件由亚历山大 · 莱克斯提供

除了以上提到的基本的聚类方法外，还有其他方法可以对数据进行聚类。例如，基于分布的聚类可以根据统计分布模型来对数据元素进行分组。谱聚类则是通过数据矩阵的相似特征来进行聚类。还有通过神经系统模型的聚类，比如自组织映射 SOM（self-organizing maps）聚类，我们将在下文中看到。

基于合成 SOM 的聚类

自组织映射（SOM）是人工神经网络的一种形式。SOM 可以应用于各种数据分析问题，并且适用于在大型非结构化数据中查找聚类。在本文中，我们将利用 SOM 来对相似的数据元素进行分组。

基础 SOM 聚类

SOM 基本上对应一个规则的神经元网格，每个神经元都用一个参考向量来表示。每个参考向量的组件数量，也就是维度，对应着每个数据元素的数据值数量。

SOM 分为两个步骤：学习和绘制。在学习阶段，神经元网格基于输入向量进行培养，在我们的示例中，输入向量是要进行聚类的数据元素的子集。所以在绘制阶段我们还要处理剩余的数据元素。

在学习阶段，我们需要通过以下四个步骤来排列参考向量与输入向量（即学习数据）：

1. 初始化：随机初始化网格中所有神经元的参考向量。

2. 竞争：对于每个输入向量，网格中的所有神经元都竞争分配任务，其中与参考向量最为相似的神经元就是赢家。于是我们要更新相应的参考向量，使其更接近输入向量。

3. 合作：成为赢家的神经元刺激附近的神经元，这种刺激效应随学习时间的延长而减小。

4. 适应：受到刺激的神经元的参考向量根据输入向量进行调整，其适应程度也随着学习时间的延长而降低。

在学习阶段完毕之后，网格中的参考向量就会反映出基于相似性的输入向量排列。与参考向量相似的相邻网格单元则代表相似数据元素的聚类。接下来在绘制阶段，剩余的数据元素，也就是在学习阶段未使用过的数据元素，可以被直接分配给最接近的匹配神经元。

经过上述流程，SOM 最后可以生成有效的数据元素聚类。但是，确定在聚类质量和计算时间方面做到平衡的神经元（或参考向量）的数量并不容易。我们事先并不知道神经元的准确数量，因为它在很大程度上取决于事先确定的数据。如果神经元太少，聚类质量就会很低。而如果神经元太多的话，聚类的质量也不会再提高，反倒还会浪费计算时间，这就会对交互式可视化数据分析产生影响。

合成 SOM 聚类

为了让计算成本和聚类质量达成平衡，我们可以尝试使用合成聚类，合成 SOM 聚类指的是将 SOM 聚类与另一种聚类算法结合起来使用[30]。合成聚类包括两个步骤。首先，用 SOM 学习并生成适量的 SOM 聚类，然后再用另一种聚类算法（如分层聚类）进一步区分每个 SOM 聚类。

图 5.36 中的图形解释了如何使用合成聚类对表格透镜图形中的行进行排序，我们曾在第三章第 3.2.1 节中介绍过这种表格数据图形。这种图形用于对表中的行进行排序，即让相似的数据元组排列在一起。第一步，用 SOM 对行进行初步聚类。第二步，用分层聚类为每个 SOM 聚类创建一个聚类层次机构。图 5.36（b）中显示了应用合成聚类后的表格透镜顺序。虽然图 5.36（a）中的行排列显示了许多颜色变化，但经过合成聚类操作后，跨行的颜色变化就少了。另外，在图 5.36（b）表格中最右边的一列显示了冰柱状的聚类层次结构。这个聚类层次结构可以通过扩展和折叠聚类来调整图形。

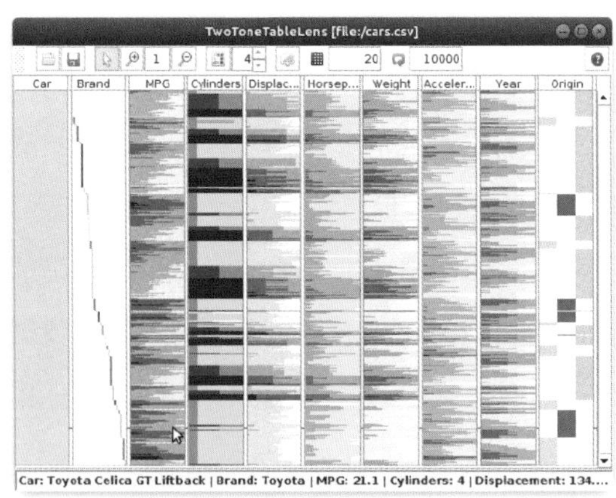

（a）聚类处理之前的行

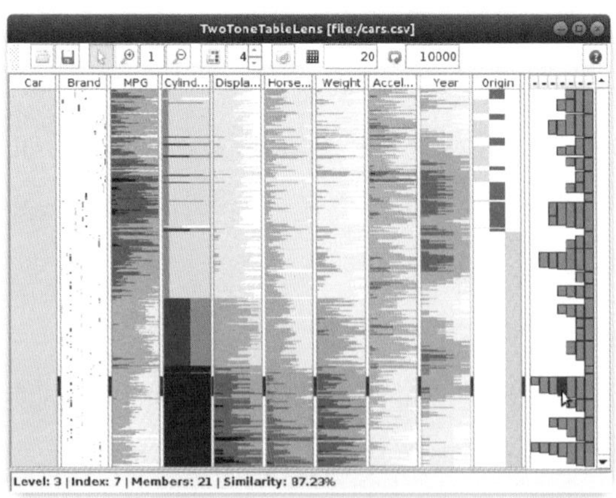

（b）聚类处理之后的行

图 5.36 用合成聚类为表格透镜图形中的行排序

以上整套流程下来，合成聚类在计算时间上体现出了极大的优势。由于SOM的初步聚类只需要少量的神经元，因此计算时间很少。在分层聚类部分，由于不用计算全局的层次结构，而是只需要单独处理每个SOM聚类，所以同样减少了计算时间，同时还保证了聚类的质量。总体来说，将不同的聚类方法结合起来使用可以帮助我们平衡聚类的质量和计算的成本。

迄今为止，我们介绍的聚类方法都适用于多变量数据。但是在面对特殊的多变量数据时，就要采用有针对性的高级聚类方法。在下一节中，我们将针对多变量动态图聚类等特殊情况来了解高级聚类的操作方法。

5.4.3　多变量动态图形的聚类

图形的聚类比较复杂[31]。其原理是根据相似性的概念将图形中的节点进行分组。然后，可以用元节点来表示聚类，元节点基本上包含了聚类中的所有节点，因而元节点的图形有助于我们概括数据的关键特征。通过在节点和元节点上进行重复聚类，图形可以生成聚类层次结构。聚类层次结构可以用于多尺度数据的分析，这对于大型和复杂的图形结构特别有用。

下面我们来研究多变量动态图形该如何进行聚类，即来研究那些节点具有数据属性同时关联时间的图形。多变量动态图形 DG 可以表示为一组图形 $DG=(G_1, G_2, \cdots, G_n)$，其中 $G_i=(V_i, E_i)$ 是在时间 $t_i \in T$ 处具有多变量节点 V_i 和边 E_i 的图形。

考虑到多变量动态图形有随时间变化的特性，所以有两种基本的聚类方法[32]。第一，基于属性的方法，即根据节点属性值的时间变化情况来对节点进行聚类。第二，基于结构的方法，即由随时间变化的节点和边组成的结构对图形进行聚类。

基于属性的聚类

基于属性的聚类可以用超图 $SG=\cup G_i$ 来实现，超图包含了所有的图形 $G_i \in DG$。其原理是从数据属性中共享相似的时间行为。例如，稳定值、递增值、递减值或循环值。具体有三个步骤：预处理、设置和聚类。

1. 预处理：将与图形元素关联的属性值转换为表达时间行为的时间序列，其属性值需要根据 *DG* 定义的顺序来连接。但是，由于节点和边不一定在所有时间点都存在，所以生成的时间序列可能会包含缺失值。这些缺失值需要用专门的空值符号 ω 来标记。

另外，通过过滤时间序列中的细微震荡来减少干扰项对聚类结果的影响。最终，每个图形元素和每个属性都会获得一个完整的平滑时间序列，其中的每个时间点都只有一个值（实际数据值或 ω 值）。

2. 设置：确定聚类。这意味着我们应该决定需要哪些属性。另外还要确定 ω 值的角色，因为包括或排除 ω 值会导致不同的聚类结果。如果包含 ω 值，它们就会在仅存的几个时间点的节点上发生聚类。这样的话，稀少的节点将出现在一个不同的聚类中。而如果排除了 ω 值，就会产生具有相似时间行为的节点聚类，而这正是我们的目的。

另外，我们还要决定使用哪种相似性度量和聚类方法。通常情况下会采用分层聚类。当然也可以使用其他方法，比如针对聚类时间序列定制的方法[33]。

3. 聚类：通过超图 *SG* 使用两步过程来进行聚类。图 5.37 所示是一个节点连接图，其中的 13 个节点组成了一个属性值随时间变化情况的微型图。我们首先要将具有相似时间序列的节点进行分组，如图 5.37（a）所

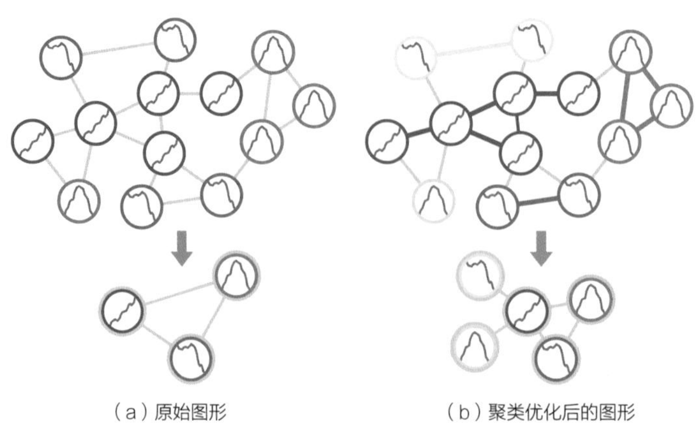

图 5.37 基于属性对节点进行聚类的两步过程

示。我们的示例显示了三个组（分别用红色、绿色和蓝色来显示），并在底部显示了带有三个元节点的抽象图。但是，绿色组和蓝色组中包含了超图 SG 中没有直接连接的节点，所以这个结果还不算完整。

首先，对具有相似属性行为的节点进行聚类。其次，根据连接的组件重新进行聚类。

因此，保留结构并根据组内的元节点重新进行聚类。如图5.37（b）所示，通过不同的边的颜色对结果聚类进行可视化。红色组只有一个元节点，但是绿色组和蓝色组都有两个元节点，分别由深浅不同的绿色和蓝色来表示。最终，我们得到了一个图形，这个图形完整地显示了原始连接，而且精简到了只有五个元节点。

提取出来的基于属性的聚类可以用来分析原始的多变量动态图形，所以图形中只需显示元节点和相应的元边以及原始数据的痕迹。如图 5.38 所示，小方框代表元节点，用于表示相应聚类的时间序列。标签显示元节点中包含的原始节点数。方框中的颜色代表聚类中原始时间序列的相似性，其中深色代表非常相似，浅色代表相似性较低。元边代表聚类之间的连接。边的宽度代表元边中包含的原始边的数量。总体来说，这个图形可以帮助我们概括多变量动态图的关键时间行为和结构关系。

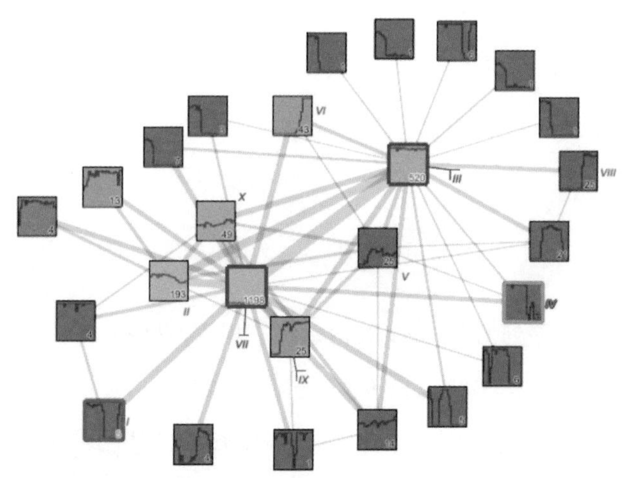

图 5.38　基于属性的多变量动态图形聚类[34]

基于结构的动态图形聚类

基于结构的聚类指的是提取动态图形中随时间变化的结构特征。与上一部分不同，我们根据相同的结构聚类图形 $G_i \in DG$ 来操作，而不是根据具有相似属性行为的节点。换句话说，聚类里面是许多相似的图形，因此，也可以理解为是动态图形在特定时间段所呈现的特定状态，而结构的变化可以理解为状态之间的转换。按照这种思路，基于结构的聚类的操作方法是创建一个表示状态转换的图形，它可以帮助我们理解动态图形的结构是如何随时间而变化的。

创建状态转换图形有两个步骤：首先进行初始设置和转换，接下来将相似状态分层聚类为元状态，并且符合相应的元转换。整个流程如图 5.39 所示，接下来我们进行详细解释。

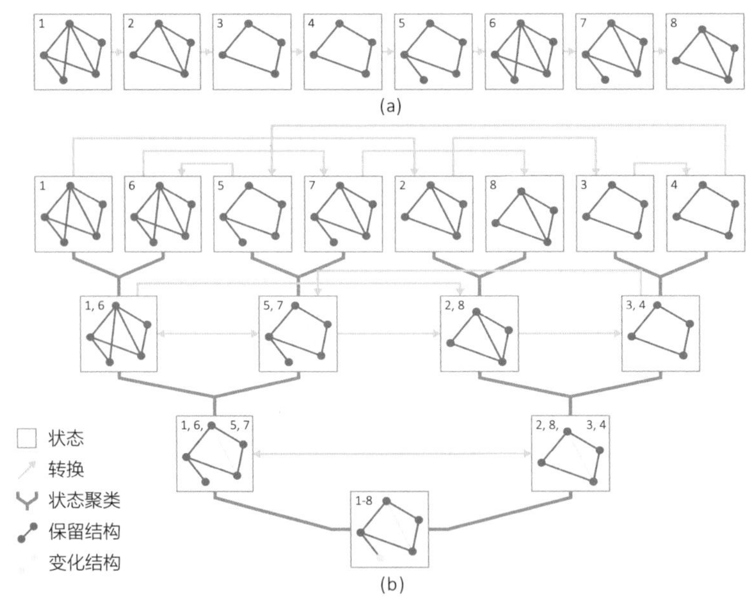

图 5.39　基于结构的聚类

（a）基于图形序列 $G_i \in DG$ 的初始状态集以及转换；

（b）基于相似结构的状态和转换的分层聚类。

1. 初始设置。首先，每一个原始图形 $G_i \in DG$ 都用分离的状态来表示。任何两个代表连续图形 G_i 和 G_{i+1} 的状态都通过转换相连接。从图 5.39（a）

中可见，创建状态和转换是后续聚类的基础。

2. 分层聚类。在实际的状态聚类中，还需要计算出它们之间的相似性。计算的方法有很多种，比如通过图形编辑距离，基本上就是统计插入、删除、替换的节点和边的数量。

相似度较高的状态被组合到一起形成新的元状态，即如图 5.39（b）所示的成对的状态。新的元状态本身也可以被进一步分为更新的元状态。在我们的示例中，它是以归属形式创建的状态层次结构。最基础层次上的元状态 $G_i \in DG$ 包含了所有的原始图形。

对于结构中的每个层次（最基础的层次除外），我们都会确定其相应的元转换。如果元状态包含一个图形 $G_i \in DG$，另一个状态包含后续的图形 $G_{i+1} \in DG$，那么就需要在这两个状态之间插入一个元转换。

总体来说，该过程就是在概括的过程中给原始动态图生成分层聚类。聚类结构的每一层次都对应一个状态转换图形，然后在不同的抽象级别上显示动态图形。

如图 5.40 所示，可视化状态转换图可以用来辅助大型动态图的可视化分析。嵌套着微型节点连接图的方框代表状态，其中包含了原始图形的代表性结构。边框宽度反映了包含图形的数量。状态之间的定向连接线代表状态转换。连接线的粗细代表状态变化的频率，该频率也包含在转换中。基于以上设定，我们在图中可以查看到动态图形的某些情况：

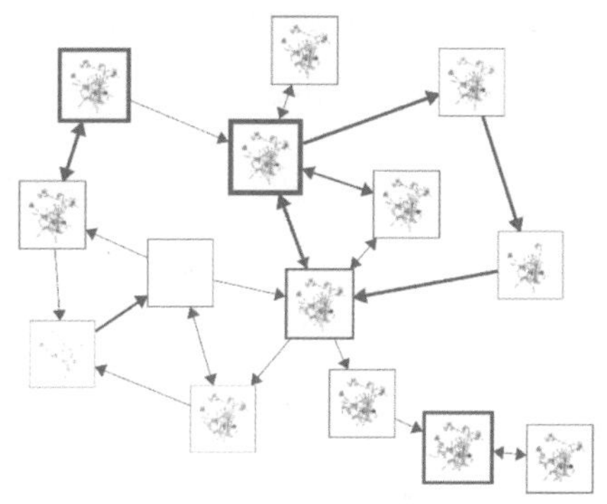

图 5.40　原始动态图形的状态转换示例，史蒂芬 · 哈德拉克供图

- 因为边框较宽，所以能明显看出主要的图形结构。
- 最靠边的图形结构的边框较窄，说明状态转换次数很少。
- 较粗的转换路径代表典型结构的变化。
- 状态转换图中的周期代表了反复出现的结构变化。
- 分支行为由同时具有多个输出转换的状态来表示。

示例

下面，我们来示范用聚类方法对多变量动态图进行可视化分析的实际应用。这是一个对 OpenNet（开放网络）在社区运营的无线网络连接质量进行分析的例子。该网络由 297 个 Wi-Fi（无线网）设备和 2008 个连接组成，监控时间点（五个月内进行每分钟采样）有 217253 个。每个连接都有一个用来表示网络传输情况的 ping 值①。OpenNet 的宗旨是提供令人满意的网络质量，通过可视化分析动态变化的网络，就可以识别、定位并快速解决网络问题。

在这种情况下，基于属性和基于结构的聚类都可以使用。基于属性的聚类会对设备进行分组，但我们会发现这些设备的平均连接质量相似。聚类超图可以让 OpenNet 区分出网络中的不同聚类，例如一直高或一直低连接质量的聚类。如第 5.3.2 节所述，通过在多个时间尺度上分析时间序列，我们可以深入地了解连接质量的变化。我们可以利用较大的时间尺度用于观察全局变化趋势，而较小的时间尺度则用于检查故障等详细情况。

故障代表了可能会对大面积网络产生影响的事件。如果经常发生故障，那么就要进行检查。在此我们使用基于结构的聚类，图 5.41 中（a）窗口所示就是生成的状态转换图。各状态的宽边强调了重复出现的结构，这对无线连接的稳定性有很大影响。从图中可见，S_1、S_2 和 S_3 代表频繁发生的状态。

（a）状态转换图；

（b）所选状态的平均连接质量；

① ping 值：指从个人电脑对网络服务器发送数据到接收到服务器反馈数据的时间，一般以毫秒计算。——编者注

（c）所选状态的代表性图形结构。

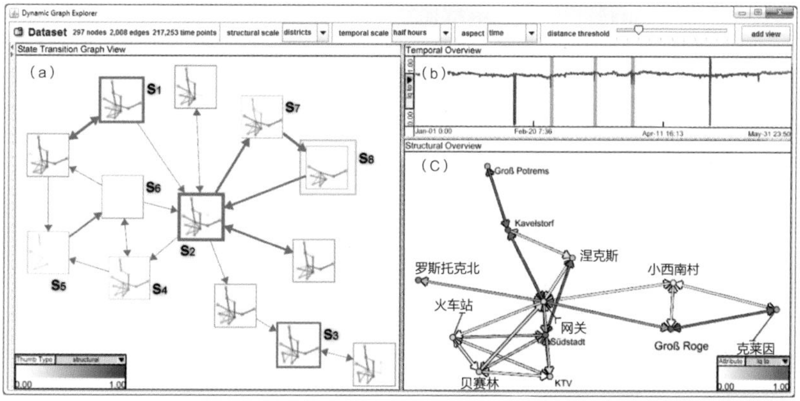

图 5.41　用基于结构的聚类分析无线网络，史蒂芬·哈德拉克供图

为了对状态进行更深入的分析，我们另外提供了两个附加图形，一个是时间图形，另一个是结构图形。它们显示了选定状态的详细信息。图5.41（b）窗口中的时间图形显示了所选状态中包含的所有连接的平均质量。图5.41（c）窗口中的结构图形显示了该状态的代表性结构。当结构图形显示连接良好，且时间图形的连接质量也足够高时，我们就可以得出结论，该状态的运行情况良好。通过这种方式分析所有状态，就可以检测出故障情况。除此之外，从状态转换图形中状态框的边框宽度还可以看出这些状态是偶发事件还是频繁事件。

这个小例子为我们演示了如何使用多变量动态图聚类的概念来解决实际的数据分析问题。聚类不仅能减少要进行可视化的数据量，还可以检测特征结构和特定的时间模式。

我们来总结一下如何利用分类和聚类对数据元素进行分组。分类是通过将数据空间细分来定义相似的子空间，也就是类。每个类都代表具有相似属性的数据。如何定义类取决于应用程序和分析任务。

聚类是根据数据元素的相似性进行分组。与其说聚类的结果取决于特定的分析领域或特定任务，还不如说是主要取决于数据和聚类的设置。数据和聚类的设置包括了选择合适的相似性度量和合适的聚类方法、所选方法的参数设置、数据属性的权重以及异常值的处理。所有这些都会对聚类结果产生影响，不同的处理方式会带来截然不同的最终结果。

总而言之，分类和聚类的设置非常重要。我们可以通过交互式可视化图形获得合适的设置，并且提取和表达分析数据的关键特征。这样可以使分类和聚类发挥出它们真正的作用。

5.5 降低数据维度

前文所述的聚类和分类都与数据元素有关。在本节中，我们来介绍如何降低数据维度。由于下列原因，造成多维度数据的分析比较困难：

- 数据问题：众多维度会导致数据空间非常庞大，所以其中可用的数据元素也变少了。然而现在评估数据属性所需的数据元素数量却在呈指数级增长。随着数据空间容纳量的减少，数据也越来越少，最终全局结构和特征都会消失。这种现象被称为维度诅咒[35]。

- 可视化问题：随着维度数量的增加，可视化图形变得越来越复杂。过度绘制的问题越来越严重，我们也越来越难以发现数据的相关结构、异常值或变化趋势。

- 性能问题：可视化过多的维度也会对设备的内存和计算时间提出更高的要求。所以现在越来越难以保证帧数了。

为了解决这些问题，就要减少维度，即降低数据变量的数量。我们的任务是找出在哪些数据变量中包含相关信息，然后将数据分析的重点放在这些变量上，忽略那些不重要的变量。这样做可以在极大程度上降低分析难度。

降低维度的指导思想是将数据元素从高维数据空间映射到低维投影空间，并尽可能地保留原始信息。映射的方法有很多种，它们的不同之处在于检查数据的相关部分和相关特征的方法，因此原始数据应该被保存在映射空间之中。

具体方法可以分成两类：线性方法和非线性方法。线性方法是将映射空间的维度定义为数据变量的线性组合。主成分分析法（PCA）就是一个比较显著的线性方法。它通过旋转数据空间来实现，因此映射空间的维度（即主成分）代表了最大数据变化的方向。而非线性方法则是根据某些相邻的限制来确定映射空间的大小。例如，使用多维缩放（MDS）技术可以保持成对数据的距离。

现在我们很难确定应该选用哪种方法以及如何来进行配置。和之前一样，我们可以使用交互式可视化的方法来帮助用户理解如何使用自动计算功能来实现合理映射。接下来，我们将以通过 PCA 确定相关数据变量为例进行讨论。

5.5.1　主成分分析法

为了更好地理解何为 PCA，我们通过图 5.42 中的简单示例来解释一下它的总体思路。如图 5.42（a）所示，由变量 V_1 和 V_2 组成的二维数据空间中有很多个数据元素，其中还显示了两个主要成分 PC_1 和 PC_2。从图中可见，PC_1 与原始数据中最大方差的轴对齐。PC_2 与 PC_1 垂直相交。

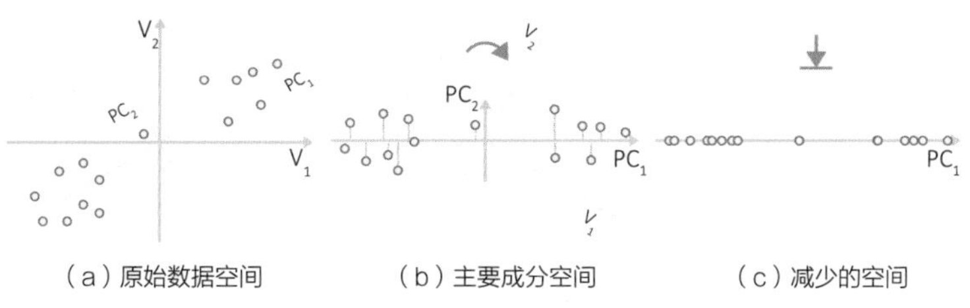

图 5.42　用 PCA 降低数据维度

在图5.42（b）中，数据空间通过沿PC_1和PC_2进行旋转来定义映射空间，更具体一些来说就是定义了主成分空间或PC空间。在PC空间中，数据元素中已有的大部分都沿水平轴分布，而垂直轴上只有很少的信息。这个时候我们就可以降低数据维度，只用PC_1来表示数据。

图 5.42（c）中显示了减少维度的结果。所有的数据元素现在只针对 PC_1。虽然图中没有了关于 PC_2 的信息，但一维图形中仍然清楚地显示了 PC_1

开始时和结束时的两个数据组，以及位于 PC_1 中心的一个异常值。这个简单的例子为我们展示了如何利用 PCA 来降低数据的复杂性，同时仍然能够保持数据元素沿 PC_1 分布的主要数据趋势。

在计算主成分时，需要用 $n \times m$ 将表格数据建模为矩阵 X，其中列表示 m 个数据变量，行表示 n 个数据元素。通过奇异值分解，矩阵 X 的分解如下：

$$X=W \cdot \Sigma \cdot C^{\mathrm{T}}$$

矩阵 C^{T} 的行是数据协方差矩阵 X^TX 的转置特征向量。它们将主成分定义为原始数据变量的线性组合。线性组合中的系数用载荷来表示。载荷代表原始数据变量对主成分的影响程度。

矩阵 Σ 是一个对角线矩阵。对角线条目包含从数据协方差矩阵 X^TX 特征值的平方根排序得出的值。我们根据主成分的值可以了解到它包含了多少原始数据方差。

将矩阵 C^{T} 中的主要成分按照重要性进行排序。第一个主成分捕获了数据的大部分方差，因此也代表了主要的数据趋势。第二个主成分捕获了部分剩余方差，以此类推，最后一行仅代表了非常小的差异，也就是最不重要的主成分。将这些不重要的主成分予以舍弃，这就是降低数据维度。

矩阵 W 的行里包含主成分空间中数据元素的转置坐标。这些坐标用数字来表示，以便与数据元素的原始位置区分开来。

接下来，我们来看一看如何利用主成分、载荷、重要性和数字进行数据分析。

5.5.2　主成分的可视化数据分析

主成分的可视化数据分析通常需要两个互为依靠的分析视角。其一是研究可视化方法是如何帮助我们通过 PCA 来降低维度的。其二是如何基于主成分进行实际数据分析。

主成分分析的可视化方案

在计算 PCA 之前，我们首先需要确定数据矩阵 X 中应该包含什么。从理论上说，X 可以包含整个数据集。但是根据实际的分析任务，我们只需要包含所需的数据即可。例如，矩阵中通常不会包含时间和空间的变量，而是将它们作为参考框架来单独列出。另外，高度相关的变量可能会过分强调某些数据趋势，而异常值则可能会混淆分析结果。我们可以从 PCA 中排除这些变量和数据元素。

我们可以通过可视化的方法来排除数据。第三章第 3.2.1 节中提到过的基于表格的图形就可以用在这里。利用基于表格的图形对数据进行排序，可以很容易地发现相关度较高的变量和异常值。

用 PCA 分析完数据子集后，就会得到主成分。我们需要知道每个主成分和载荷的重要程度。通过这些信息就可以对 PC 空间降维。在通常情况下，我们只需要保留两到三个最重要的主成分即可，因为它们捕捉到了主要的数据趋势，而且可以很容易地被绘制成二维或三维图形。然而，重要程度较低的主成分之中也可能包含特殊的信息，这就涉及了该如何选取合适的主成分。

这个问题的答案不仅需要考虑到重要性，还需要考虑到载荷。事实上，只有在以下条件下，主成分的子集才能充分代表其原始数据：

条件 1. 这些主成分的所有载荷都非常高，也就是说所有变量都得到了充分显示。

条件 2. 剩余主成分的载荷（按其重要性加权）非常小。

同样，基于表格的图形可以帮助我们检查主成分是否满足这两个条件[37]。如图 5.43 所示，我们用一个图形数据集来进行演示。表中的行显示了原始数据的变量，包括人口、受教育程度和预期寿命。这些列中的主成分根据其重要性从左到右依次排列。

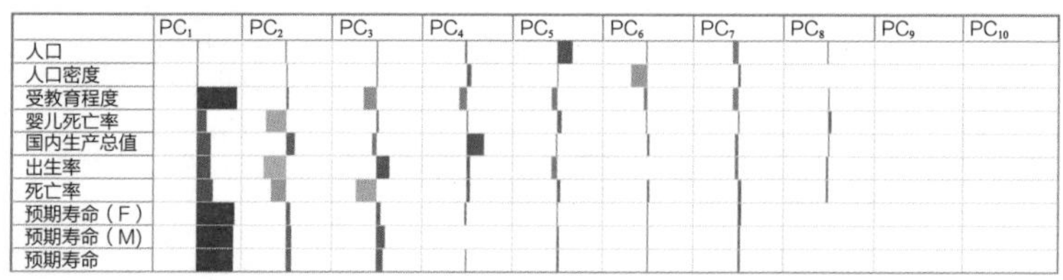

图 5.43　基于表格的载荷图形（按重要性加权）[37]

表格中的单元格显示了按重要性加权的载荷。每个单元格对应一个数据变量—主成分对。每个单元格中都用一个彩色进度条来代表信息，当载荷有正信号时，进度条从单元格中心向右延伸，进度条呈蓝色。当载荷有负信号时，进度条向左延伸，同时变成黄色。进度条的长度代表主成分重要性加权的载荷值。所以列中的进度条代表了相应主成分的相关性指标。行中的进度条显示了数据变量对不同主成分的影响。

在图 5.43 中，我们可以在前三列中看到许多较长的进度条。这意味着前三个主成分实际上捕获了大量信息，同时也说明所有其他成分都可能是减少的备选成分。然而，前两个变量，即人口和人口密度，几乎没有出现在前三个主成分中，所以违反了上文中所说的条件 1。另外，第三列到第六列中还有几个较长的进度条，这意味着条件 2 也不满足。所以如果我们只保留前三个主成分，就可能会丢失一些信息。那么我们应该选择至少四个，甚至是五个或者六个主成分。只有这样，所有的变量才能在 PC 空间中被忠实地反映出来。

尽管如此，数据中可能依然隐藏着有意思的信息，我们可以通过观察未加权的载荷来找到它们。如图 5.44 所示，普通载荷的图形与上一幅图一样。现在，我们可以看到各个变量对每个主成分的贡献，还可以从中检查偏离的数据行为。例如，在第九个主成分中，我们可以确定女性和男性的预期寿命这两个变量载荷之间存在差异。这种差异可能代表着分析中也包括主成分，或者需要更详细地分别研究这两个变量。

上述示例为我们展示了载荷和重要程度的图形是如何帮助我们在降低数据维度时做出正确决定的。接下来，我们来简单看一看如何分析实际降低主成分空间的维度。

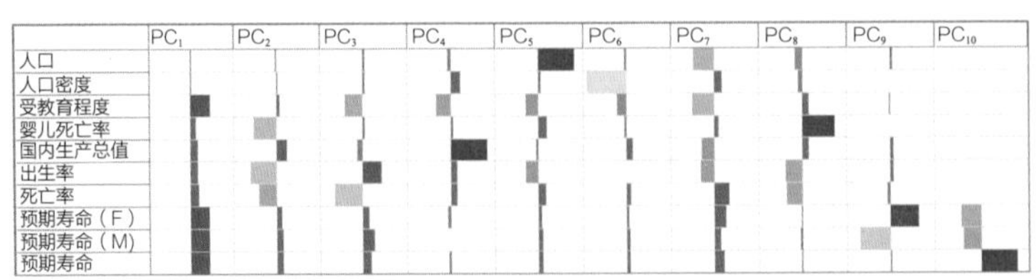

图 5.44 可视化未加权的载荷图形放大了各个变量对每个主成分的贡献[37]

基于主成分的可视化数据分析

基于主成分的可视化数据分析意味着要显示出 PC 空间中的数据元素，更准确地说，是要显示出在缩小了的 PC 空间中的数据元素。一般来说，它的可视化过程比较简单。根据 PCA 计算出的数值，数据元素可以简单地可视化为图形。第三章第 3.2 节中介绍的多变量数据可视化技术就可以用在这里。例如，我们可以用具有尽可能多的轴的平行坐标系作为主成分，并根据其数值绘制每个数据元素。或者可以使用之前介绍过的表格图形，列还是用来显示主成分，但行则用来显示数据元素，然后每个单元格都代表一个数值。这种方法虽然技术上可行，但还有一个关键问题需要解决。

由于跨越 PC 空间的主成分对应着原始数据变量的组合，所以对用户来说，解读数值并将其与原始数据空间联系起来根本无法做到。因此，我们就需要借助图形来理解相当抽象的主成分。具体的方法有如下两种：

- 用数据变量给主成分注释：为主成分表上添加产生主要影响的变量。为了避免混乱，只有当用户的光标悬停在主成分的上面时，才会显示变量。

- 将数值与数据值相关联：PC 空间中的数值子集可以与数据空间中相应的值相关联。具体做法就是将数值和数据值并排显示。在并排的情况下，用涂抹功能或连接功能将一个图形的数据值与另一个图形的数据值连接起来。在组合图形中，同时呈现有限数量的主成分和数据变量。基于表格的图形就是其中一个例子。和前文一样，表格的列代表主成分，行换成原始数据变量，单元格中的进度条代表数值。在这个图形中，小进度条表示遵循主成分趋势的数据值，而大进度条则表示数据值与主成分趋势之间存在着较大差异。

我们从示例中可以看出，自动计算，也就是本示例中的 PCA，完全可以用于交互式可视化数据分析之中。其中主成分的分析意义是为了确定哪些数据变量会产生作用，而哪些数据变量可以被忽略。了解了这一点，我们就可以简化可视化过程，并且将分析的重点集中在可能产生结果的数据部分。

请注意，采用自动计算时需要周密的设置和对结果的合理解读。这方面我们可以利用可视化方法来解决。

5.6 本章总结

本章我们讨论了用于交互式可视化数据分析的自动计算方法，其中心思想是降低数据和图形的复杂性。图 5.45 所示是自动计算方法的设置示例。

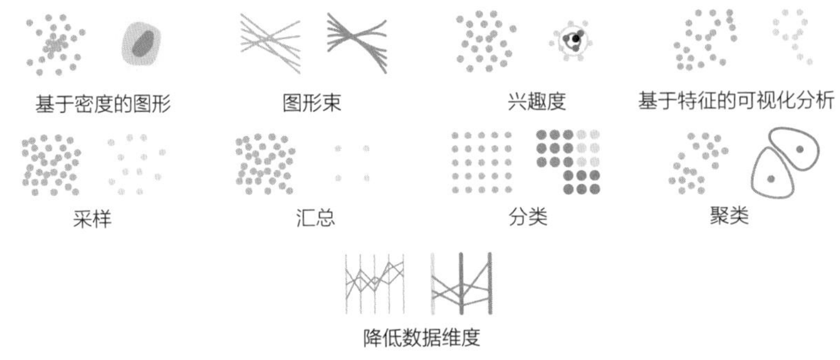

图 5.45 用于降低数据及图形复杂性的自动计算方法

首先，我们简单介绍了如何通过基于密度的图形和图形束来降低图形的复杂程度。基于密度的图形的操作方法主要是计算和对数据元素的频率进行可视化处理。而图形束的操作方法则是通过聚类图形元素来改进可视化图形中的视觉结构。

本章的大部分内容都是研究缩减数据大小和降低复杂性的方法。第一种方法是将分析重点放在数据的相关部分。其中引入了兴趣度（DoI）的概念，根据明确的匹配函数来确定数据元素的相关性。另一种相关的方法是基于特征的可视化分析，即自动提取和对特征数据进行可视化处理。

我们还进一步了解了数据元素的抽象和分组是如何用于数据分析的。采样和汇总是两种成熟的数据抽象方法。采样的目的是生成被精简过但仍具有代表性的子集。汇总则是用统计（如平均值或模式）的方法替换区间内的数据值。分类和聚类是对数据元素进行分组的典型方法。分类会将数据空间划分为具有特定属性的类，而聚类则是将数据汇总在相似数据元素的集群中。

最后，我们还介绍了如何通过降低数据维度来简化多变量数据的复杂性。

上述所有方法都是为了解决可视化分析中的“分析第一”理念——如本章开头所述[38]。尽管每种方法都有不同的实施方式，但它们都有一个共同点，那就是将非结构化的原始数据变成强调数据基本属性和关键特征的形式。通过这种方式，这些数据将给人类对信息的探索带来更多的意义[39]。

但是，在自动计算中，通常需要进行仔细的设置。我们应该使用什么计算方法，或者组合什么样的计算方法，还有如何设置它们的参数？这些问题都需要合适的答案，因为不同的方法和不同的参数设置会产生不同的结果，而且并非所有方法都适用于当前任务。

本章列出了几个例子，其中有一些使用了可视化方法。可视化方法不仅可以显示数据，还可以帮助用户理解自动计算的工作原理，以及应该如何设置参数。事实上，我们已经看到了自动计算和可视化方法之间的相互关系。自动计算可以通过提取数据的重要特征来辅助可视化分析，而可视化方法也会帮助我们合理地设置自动计算的参数。双方的关系维系于用户，用户对所有的方法都有控制权限[40]。自动计算和图形的组合增强了分析结果的有效性和易懂性。

总而言之，我们现在已经了解了交互式可视化数据分析的基本要素。在下一章中，我们将继续研究可视化、交互和自动计算的高级概念。

综合文献

KEIM D A, MANSMANN F,SCHNEIDEWIND J, ZIEGLER H. Challenges in Visual Data Analysis. *Proceedings of the International Conference Information Visualisation(IV)*.IEEE Computer Society,2006,pp.9–16.doi:10.1109/IV.2006.31.

KEIM D, KOHLHAMMER J, ELLIS G, MANNSMANN F. *Mastering the Information Age–Solving Problems with Visual Analytics*.Eurographics Association,2010.

ENDERT A, RIBARSKY W, TURKAY C, WONG W, NABNEY I T, BLANCO I D, ROSSI F. The State of the Art in Integrating Machine Learning into Visual Analytics. *Computer Graphics Forum* 36.8(2017),pp.458–486.doi:10.1111/cgf.13092.

图形分离

NOVOTNY M, HAUSER H. Outlier-Preserving Focus+Context Visualization in Parallel Coordinates. *IEEE Transactions on Visualization and Computer Graphics* 12.5(2006),pp.893–900.doi:10.1109/TVCG.2006.170.

BACHTHALER S, WEISKOPF D. Continuous Scatterplots. *IEEE Transactions on Visualization and Computer Graphics* 14.6(2008),pp.1428–1435.doi:10.1109/TVCG.2008.119.

LHUILLIER A, HURTER C, TELEA A. State of the Art in Edge and Trail Bundling Techniques. *Computer Graphics Forum* 36.3(2017),pp.619–645.doi:10.1111/cgf.13213.

相关数据

REINDERS F, POST F H, SPOELDER H J. Visualization of Time-Dependent Data with Feature Tracking and Event Detection. *The Visual Computer* 17.1(2001),pp.55–71. doi:10.1007/PL00013399.

DOLEISCH H, GASSER M, HAUSER H. Interactive Feature Specification for Focus+Context Visualization of Complex Simulation Data. *Proceedings of the Joint Eurographics-IEEE TCVG Symposium on Visualization(VisSym)*.Eurographics Association,2003,pp.239–248.doi:10.2312/VisSym/VisSym03/239-248.

ABELLO J, HADLAK S, SCHUMANN H, SCHULZ H J. A Modular Degree-of-Interest Specification for the Visual Analysis of Large Dynamic Networks. *IEEE Transactions on Visualization and Computer Graphics* 20.3 (2014),pp.337–350.doi:10.1109/TVCG.2013.109.

提取数据

ELLIS G, DIX A J. The Plot,the Clutter,the Sampling and its Lens:Occlusion Measures for Automatic Clutter Reduction. *Proceedings of the Conference on Advanced Visual Interfaces (AVI)*.ACM Press,2006,pp.266–269.doi:10.1145/1133265.1133318.

ELMQVIST N, FEKETE J D. Hierarchical Aggregation for Information Visualization: Overview, Techniques, and Design Guidelines. *IEEE Transactions on Visualization and Computer Graphics* 16.3 (2010),pp.439–454.doi:10.1109/TVCG.2009.84.

LUBOSCHIK M, MAUS C, SCHULZ H J, SCHUMANN H, UHRMACHER A. Heterogeneity-Based Guidance for Exploring Multiscale Data in Systems Biology. *Proceedings of the IEEE Symposium on Biological Data Visualization(BioVis)*.IEEE Computer Society,2012,pp.33–40.doi:10.1109/BioVis.2012.6378590.

数据分组

HAN J, KAMBER M, PEIJ. *Data Mining:Concepts and Techniques*. Morgan Kaufmann,2011.

XU R, WUNSCH D C. Survey of Clustering Algorithms. *IEEE Transactions on Neural Networks* 16.3 (2005),pp.645–678.doi:10.1109/TNN.2005.845141.

EMMONS S, KOBOUROV S, GALLANT M, BÖRNER K. Analysis of Network Clustering Algorithms and Cluster Quality Metrics at Scale. *PLOS ONE* 11.7(2016),pp.1–18.doi:10.1371/journal.pone.0159161.

减少维度

JOLLIFFE I T. *Principal Component Analysis*.2nd edition.Springer,New York,USA,2002.

LEE J A, VERLEYSEN M. *Nonlinear Dimensionality Reduction*. Springer,2007. doi:10.1007/978-0-387-39351-3.

SACHA D, ZHANG L,SEDLMAIR M, LEE J, PELTONEN J, WEISKOPF D, NORTH S C, KEIM D A. Visual Interaction with Dimensionality Reduction: A Structured Literature Analysis. *IEEE Transactions on Visualization and Computer Graphics* 23.1(2017),pp.241–250.doi:10.1109/TVCG.2016.2598495.

参考文献

1. KEIM D A, MANSMANN F, SCHNEIDEWIND J, ZIEGLER H. Challenges in Visual Data Analysis. *Proceedings of the International Conference Information Visualisation (IV)*. IEEE Computer Society, 2006, pp. 9–16. doi:10.1109/IV.2006.31.

2. BACHTHALER S, WEISKOPF D. Continuous Scatterplots. *IEEE Transactions on Visualization and Computer Graphics* 14.6 (2008), pp. 1428–1435. doi:10.1109/TVCG.2008.119.

3. NOVOTNY M, HAUSER H. Outlier-Preserving Focus+Context Visualization in Parallel Coordinates. *IEEE Transactions on Visualization and Computer Graphics* 12.5 (2006), pp. 893–900. doi: 10.1109/TVCG.2006.170.

4. LHUILLIER A, HURTER C, TELEA A. State of the Art in Edge and Trail Bundling Techniques. *Computer Graphics Forum* 36.3 (2017), pp. 619–645. doi: 10.1111/cgf.13213.

5. HOLTEN D. Hierarchical Edge Bundles: Visualization of Adjacency Relations in Hierarchical Data. *IEEE Transactions on Visualization and Computer Graphics* 12.5 (2006), pp. 741–748. doi: 10.1109/TVCG.2006.147.

6. HEINRICH J, LUO Y, KIRKPATRICK A E, WEISKOPF D. Evaluation of a Bundling Technique for Parallel Coordinates. *Proceedings of the International Conference on Computer Graphics Theory and Applications and International Conference on Information Visualization Theory and Applications (VISIGRAPP)*. SciTePress, 2012, pp. 594–602. doi: 10.5220/0003821205940602.

7. HOLTEN D, VAN WIJK J J. Force-Directed Edge Bundling for Graph Visualization. *Computer Graphics Forum* 28.3 (2009), pp. 983–990. doi:10.1111/j.1467-8659.2009.01450.x.

8. LHUILLIER A, HURTER C, TELEA A. State of the Art in Edge and Trail Bundling Techniques. *Computer Graphics Forum* 36.3 (2017), pp. 619–645. doi:10.1111/cgf.13213.

9. FURNAS G W. Generalized Fisheye Views. *Proceedings of the SIGCHI Conference Human Factors in Computing Systems (CHI)*. ACM Press, 1986, pp. 16–23. doi: 10.1145/22339.22342.

10. HEER J, CARD S K. DOITrees Revisited: Scalable, SpaceConstrained Visualization of Hierarchical Data. *Proceedings of the Conference on Advanced Visual Interfaces (AVI)*. ACM Press, 2004, pp. 421–424. doi:10.1145/989863.989941.

11. VAN HAM F, PERER A. Search, Show Context, Expand on Demand: Supporting Large Graph Exploration with Degree-of-Interest. *IEEE Transactions on Visualization and Computer Graphics* 15.6 (2009), pp. 953–960. doi:10.1109/TVCG.2009.108.

12. ABELLO J, HADLAK S, SCHUMANN H, SCHULZ H J. A Modular Degree-of-Interest Specification for the Visual Analysis of Large Dynamic Networks. *IEEE Transactions on Visualization and Computer Graphics* 20.3 (2014), pp. 337–350. doi:10.1109/TVCG.2013.109.

13. POST F H, VROLIJK B, HAUSER H, LARAMEE R S, DOLEISCH H. The State of the Art in Flow Visualisation: Feature Extraction and Tracking. *Computer Graphics Forum* 22.4 (2003), pp. 775–792. doi:10.1111/j.1467-8659.2003.00723.x.

14. DOLEISCH H, GASSER M, HAUSER H. Interactive Feature Specification for Focus+Context Visualization of Complex Simulation Data. *Proceedings of the Joint Eurographics - IEEE VGTC Symposium on Visualization (VisSym)*. Eurographics Association, 2003, pp. 239–248. doi: 10.2312/VisSym/VisSym03/239- 248.

15. EICHNER C, BITTIG A, SCHUMANN H, TOMINSKI C. Analyzing Simulations of Biochemical Systems with Feature-Based Visual Analytics. *Computers & Graphics* 38.1 (2014), pp. 18– 26. doi: 10.1016/j.cag.2013.09.001.

16. VAN WALSUM T, POST F H, SILVER D, POST F J. Feature Extraction and Iconic Visualization. *IEEE Transactions on Visualization and Computer Graphics* 2.2 (1996), pp. 111–119. doi:10.1109/2945.506223.

17. ANDRIENKO G, ANDRIENKO N, BAK P, KEIM D, WROBEL S. *Visual Analytics of*

Movement. Springer, 2013. doi: 10.1007/978- 3-642-37583-5.

18. VON LANDESBERGER T, BREMM S, SCHRECK T, FELLNER D W. Feature-Based Automatic Identification of Interesting Data Segments in Group Movement Data. *Information Visualization* 13.3 (2014), pp. 190–212. doi:10.1177/1473871613477851.2.

19. LUBOSCHIK M, RÖHLIG M, BITTIG A T, ANDRIENKO N, SCHUMANN H, TOMINSKI C. Feature-Driven Visual Analytics of Chaotic Parameter-Dependent Movement. *Computer Graphics Forum* 34.3 (2015), pp. 421–430. doi:10.1111/cgf.12654.

20. II R J M. *Introduction to Shannon Sampling and Interpolation Theory*. Springer, 1991.

21. LOHR S L. *Sampling: Design and Analysis*. 2nd edition. CRC Press, 2019.

22. LESKOVEC J, FALOUTSOS C. Sampling from Large Graphs. *Proceedings of the ACM Conference on Knowledge discovery and data mining (SIGKDD)*. ACM Press, 2006, pp. 631–636. doi:10.1145/1150402.1150479.

23. ELMQVIST N, FEKETE J D. Hierarchical Aggregation for Information Visualization: Overview, Techniques, and Design Guidelines. *IEEE Transactions on Visualization and Computer Graphics* 16.3 (2010), pp. 439–454. doi:10.1109/TVCG.2009.84.

24. LUBOSCHIK M, MAUS C, SCHULZ H J, SCHUMANN H, UHRMACHER A. Heterogeneity-Based Guidance for Exploring Multiscale Data in Systems Biology. *Proceedings of the IEEE Symposium on Biological Data Visualization (BioVis)*. IEEE Computer Society, 2012, pp. 33–40. doi: 10.1109/BioVis.2012.6378590.

25. TEIPEL S, HEINE C, HEIN A, KRÜGER F, KUTSCHKE A, KERNEBECK S, HALEK M, BADER S, KIRSTE T. Multidimensional Assessment of Challenging Behaviors in Advanced Stages of Dementia in Nursing Homes—The insideDEM Framework. *Alzheimer's & Dementia: Diagnosis, Assessment & Disease Monitoring* 8 (2017), pp. 36–44. doi:10.1016/j.dadm.2017.03.006.

26. RÖHLIG M, LUBOSCHIK M, KRÜGER F, KIRSTE T, SCHUMANN H, BÖGL M, BILAL A, MIKSCH S. Supporting Activity Recognition by Visual Analytics. *Proceedings of the IEEE Conference on Visual Analytics Science and Technology (VAST)*. IEEE Computer Society, 2015, pp. 41–48. doi:10.1109/VAST. 2015.7347629.

27. HAN J, KAMBER M, PEI J. *Data Mining: Concepts and Techniques*. Morgan Kaufmann, 2011.

28. GlAßER S. *Visual Analysis, Clustering, and Classification of Contrast-Enhanced Tumor*

Perfusion MRI Data. PhD thesis. Otto von Guericke University Magdeburg, 2014.

29. LEX A, STREIT M, SCHULZ H J, PARTL C, SCHMALSTIEG D, PARK P J, GEHLENBORG N. StratomeX: Visual Analysis of Large-Scale Heterogeneous Genomics Data for Cancer Subtype Characterization. *Computer Graphics Forum* 31.3 (2012), pp. 1175–1184. doi:10.1111/j.1467-8659.2012.03110.x.

30. JOHN M, TOMINSKI C, SCHUMANN H. Visual and Analytical Extensions for the Table Lens. *Proceedings of the Conference on Visualization and Data Analysis (VDA)*. SPIE/IS&T, 2008, pp. 1-12. doi:10.1117/12.766440.

31. SCHAEFFER S E. Graph Clustering. *Computer Science Review* 1.1 (2007), pp. 27–64. doi:10.1016/j.cosrev.2007.05.001.

32. HADLAK S. *Graph Visualization in Space and Time*. PhD thesis. University of Rostock, 2014.

33. LIAO W. Clustering of Time Series Data—A Survey. *Pattern Recognition* 38.11 (2005), pp. 1857–1874. doi: 10.1016/j.patcog. 2005.01.025.

34. HADLAK S, SCHUMANN H, CAP C H, WOLLENBERG T. Supporting the Visual Analysis of Dynamic Networks by Clustering Associated Temporal Attributes. *IEEE Transactions on Visualization and Computer Graphics* 19.12 (2013), pp. 2267–2276. doi: 10.1109/TVCG.2013.198.

35. BELLMAN R E. *Adaptive Control Processes: A Guided Tour*. Princeton University Press, 1961. doi:10.1002/nav.3800080314.

36. MÜLLER W, NOCKE T, SCHUMANN H. Enhancing the Visualization Process with Principal Component Analysis to Support the Exploration of Trends. *Asia-Pacific Symposium on Information Visualisation (APVIS)*. Australian Computer Society, 2006, pp. 121–130. url:https://dl.acm.org/citation.cfm?id=1151922.

37. AIGNER W, MIKSCH S, SCHUMANN H, TOMINSKI C. *Visualization of Time-Oriented Data*. Springer, 2011. doi:10.1007/978- 0-85729-079-3.

38. KEIM D A, MANSMANN F, SCHNEIDEWIND J, ZIEGLER H. Challenges in Visual Data Analysis. *Proceedings of the International Conference Information Visualisation (IV)*. IEEE Computer Society, 2006, pp. 9–16. doi:10.1109/IV.2006.31.

39. SACHA D, STOFFEL A, KWON B C, ELLIS G, KEIM D A. Knowledge Generation Model for Visual Analytics. *IEEE Transactions on Visualization and Computer Graphics* 20.12 (2014), pp. 1604–1613. doi:10.1109/TVCG.2014.2346481.

40. ENDERT A, RIBARSKY W, TURKAY C, WONG W, NABNEY I T, BLANCO I D, ROSSI F. The State of the Art in Integrating Machine Learning into Visual Analytics. *Computer Graphics Forum* 36.8 (2017), pp. 458–486. doi:10.1111/cgf.13092.

第六章 高级概念

在前面的第三章到第五章中，我们分别介绍了交互式可视化数据分析的三个基本部分：可视化、交互和自动分析功能。我们从中学习了基本的可视化方法、交互技术和计算功能，通过这三部分的共同作用极大地提高了数据的分析效果。前几章的内容已经足以应对大多数场景，而且其中的设计思想也能够启发读者去设计出新的分析方案。

本章的内容则是将交互式可视化数据分析的技术扩展到未来可能会成为主流技术的高级层面。按照前三章的结构，我们来介绍三部分内容：

- 多屏幕显示环境中的高级可视化。
- 引导用户进行高级交互操作。
- 在分析过程中实现高级自动计算。

在第 6.1 节中，我们主要介绍多屏幕显示环境中的数据可视化。多屏幕显示环境能够为可视化数据分析展示更多的内容，同时也可以面向第三方进行展示，这样就能做到多方协作共同分析数据。

在第 6.2 节中，我们主要介绍该如何协助并引导用户进行分析操作，促进人机合作。我们首先会以交互式可视化数据分析为背景创建一个框架，这个框架用于引导用户，其中会安排两个例子作为说明。

在第 6.3 节中，我们主要介绍自动计算功能。自动计算的关键在于合理地设置计算参数。系统会实时显示计算结果，这样就能方便用户随时进行评估，必要时还可以进行人工干预。

现在，我们借助这三部分来进入一个精彩的数据分析研究领域。但是，接下来的内容还是逃不开一些学术讨论的影子。不过以下几节倒是从全新的角度对交互式可视化数据分析的未来进行了展望。那么，让我们首先从多屏幕显示环境中的可视化开始。

6.1　多屏幕显示环境中的可视化

本书中介绍的大多数可视化分析解决方案都是面向传统办公环境而设计

的，在传统办公环境中，单个用户只会使用一个或两个显示器。这种环境受限于两个方面。首先，只有一个人参与数据分析，所以也就无从谈起对分析结果进行复盘检查或思考新的替代分析方法。其次，传统显示器可用的显示空间有限，这就使得分析更大量的数据会变得十分困难。

为了打破这些限制，我们可以将高级多屏幕显示环境（multi-display environments，简称 MDE）引入可视化数据分析之中。MDE 的优点是可以让更多的用户参与其中，而且能够观察到更多数据。MDE 增加的整体显示空间不仅可以可视化更多的数据元素，还可以同时显示数据的各种方面，另外也能够允许多个用户同时参与研究，这大大提高了协作分析的效率。

MDE 带来的协作性在不同应用领域的专家们讨论多种数据来共同理解复杂现象的情况下尤其有用。比如对气候变化的影响进行研究时，就很适合使用 MDE 气候变化影响到许多领域，如农业、林业、生态系统和经济，等等。这些领域的专家们需要共同合作，分享各自领域的观察结果和数据分析情况，这样才能妥善地处理好与气候变化相关的问题。

与传统的桌面办公环境相比，MDE 中的协作性在可视化数据分析领域可能会是一种革命性的变化。但是这种变化也带来了新的挑战，例如，在多个显示器上手动布置和排列图形是一项特别耗时的任务，而且跟踪分析步骤以及查看中间结果也比较困难。因此，我们必须要为 MDE 环境下的可视化数据分析设计一种专门的方法，以此来减轻用户的繁重体力劳动，并让他们能够专注于自己的分析目标。本节内容就是如何在 MDE 中实现高级可视化数据分析。

6.1.1　环境和要求

首先，我们来简单介绍一种特定的 MDE，以及它被应用于可视化数据分析中的要求。

环境

我们的环境是一个智能会议室，如图 6.1 所示。智能会议室是智能环境中的一个例子，库克和达斯（Das）将其定义为“由智能设备组成的小世界，里面又舒服又便捷”[2]。智能会议室里挂满了各种显示器，形成了一个不间断的显示环境，显示内容可以跨显示器分布。另外，我们可以动态地将各种输入、计算和输出设备集成到这间智能会议室里，还可以允许用户携带和使用自己的个人设备。这些特点使智能会议室成为一个标准的MDE，也就是智能MDE。虽然有了技术基础，但MDE的智能性还要能够支持用户进行实际的可视化数据分析。

图6.1　罗斯托克大学的智能会议室[1]

要求

为了能够在智能MDE中进行协作可视化数据分析，我们就要弄清楚用户需要做什么。首先，用户需要编写一个用于分析和讨论的信息语料库。任何用户都可以提交内容，比如可视化图形、幻灯片或文档。为了便于描述，我们把这些不同的内容统称为视图。然后，由用户来决定哪些视图应该放在一起显示，以及以什么顺序来显示。这样就可以创建一个与分析目标匹配的视图。虽然设置演示是用户的任务，但在多个显示器上分配和排列视图则应该是机器的任务。这就引出了前两个要求：

- 在系统上创建视图和演示视图应该非常简单，这样有助于保证用户对内容和分析流程的控制。
- 系统应根据演示的状态自动分布视图。这样能将用户从烦琐的手动布局中解放出来。

在讨论和分析视图中包含的数据时，用户通常需要返回到之前显示的内容，并进行一些添加、调整的处理或替换某些图形符号，或者对比分析步骤等。另外，新的内容可能会引出新的问题，这就需要反过来检查额外的数据。在这种情况下，用户就要能够在不中断演示的情况下改变某些可视化效果。由此又引出了另外两个要求：

- 系统应支持视图演示与生成、调整之间的无缝切换。这会缩小演示阶段和探索性分析阶段之间的时间差。
- 系统应时刻跟踪历史记录，包括在分析过程中做的所有更改。这有助于用户返回到之前的内容，并回看分析结果。

接下来，我们通过具体方法来说明如何满足上述要求。

6.1.2 协同可视化数据分析的解决方案

我们接下来要介绍的解决方案有四个关键环节：演示文稿的创建、多显示器上视图的布局、分析过程中演示文稿和视图的调整，以及可视化分析过程记录。

创建多屏幕显示的演示文稿

如图 6.2 所示，图形用户界面可以用于创建协作可视化数据分析的演示文稿。智能 MDE 的设备上设置通用接口，所有连接上的设备都可以使用，即使是个人设备也可以，因此每个人都能参与其中。

最上方的面板是含有视图的内容池。图形、幻灯片或文档都可以通过简单的拖拽功能添加到内容池中。将视图统一集中在内容池里的一个好处就是可以将它们连接到相关的编辑程序。通过单击相应的视图，可以随时启动连接的程序。用户可以通过这个功能在演示过程中更改现有视图或在屏幕上显示新视图。

中间的面板用于根据内容池中的视图设置来演示文稿。从内容池中可以直接将视图拖拽到中间面板的垂直列上。每一个垂直列都是一个图层，从左

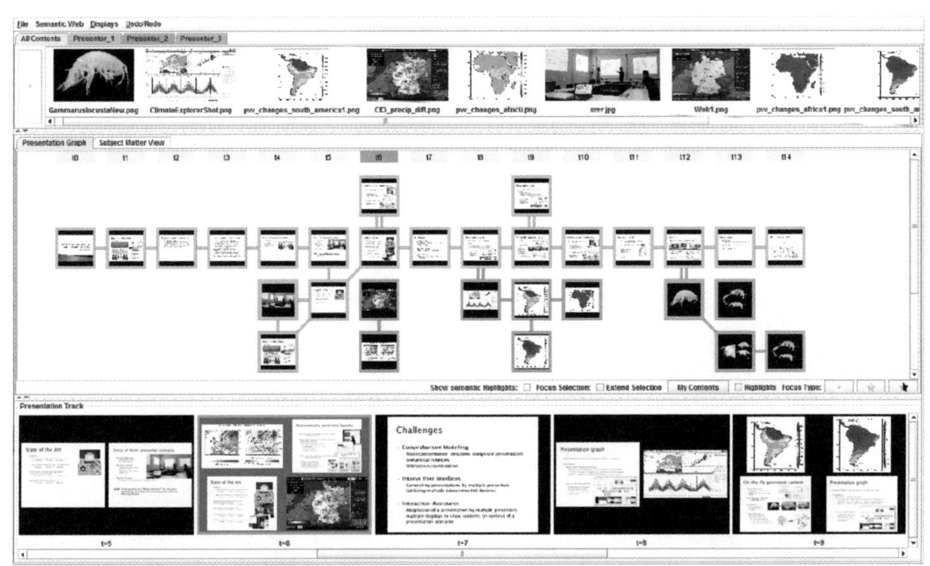

图 6.2　用于创建和控制多显示器可视化分析演示文稿的图形用户界面
包括内容池（最上方）、逻辑演示结构（中部）和预览（底部），克里斯蒂安 · 埃希纳供图

到右依次为演示过程的视图序列。视图之间可以添加链接来限制空间和时间线，以便之后在多个显示器上进行自动布局。空间限制指的是同一图层内的视图可以同时显示在屏幕上，时间限制指的是（在连续图层之间）从当前视图跳转到下一视图的时间间隔。

底部的面板显示的是演示文稿的预览。用户从中可以看出中间界面当前显示了哪些视图，以前显示过哪些视图，以及将要显示哪些视图。这个面板还可以将演示文稿推进到下一图层、返回到之前图层或直接跳转至任意图层。

以上的图形界面可以让用户全面地设置多显示器可视化分析演示文稿。为了避免在协作工作中发生冲突，保证演示顺利进行，故而还需要有一位主持人（字面意思）来全程主持这一进程。

多个显示器上的视图布局

智能 MDE 为在多个显示器上进行布局视图提供了技术基础。这里需要一种能够根据准备好的演示文稿来安排视图的机制。我们可以通过专用的多显示器布局算法来实现这个机制。

自动布局视图分为两步，如图 6.3 所示。第一步，将视图分配给可用的显示器。第二步，生成每个显示器的视图排列。操作这两个步骤必须要考虑各种影响因素，包括可用显示器的数量、性能以及演示文稿的时间和空间限制，因此将自动布局作为一个优化项目[3]具有重要的意义。其优化的目标是合理安排视图位置，提升整体的布局质量。

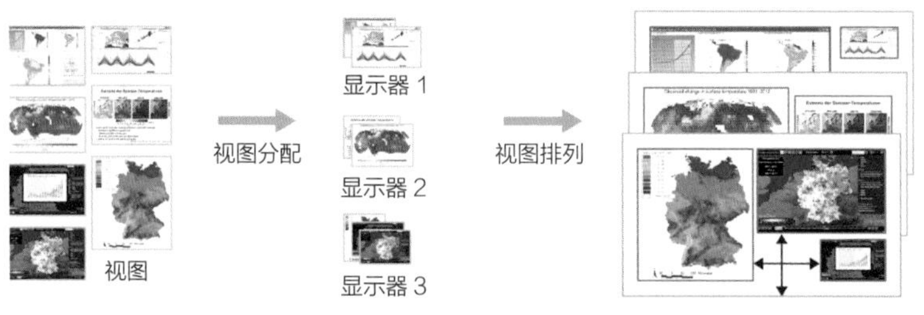

图 6.3　自动布局视图的两个步骤

整体布局质量涉及三个方面的内容：空间质量、时间质量和可见性质量。如果通过空间限制连接的视图彼此距离合适，在理想情况下它们能出现在同一个显示器上，那么就可以认为其空间质量较高。如果时间间隔合适，那么也可以认为其时间质量很高。也就是说，当从一个步骤前进到下一个步骤时，视图就会在合适的时间出现在合适的位置上。可见性质量要复杂一些。它指的是用户在查看不同视图时的可见程度，我们可以通过调整视图的方向来使其性能提高。智能 MDE 会根据显示器的配置（例如显示器的大小、位置和方向）和实时跟踪用户（例如跟踪用户的位置和观看方向等）来估算这些信息[4]。

只要演示文稿或环境发生变化，就需要我们来解决随之而来的全局优化问题。为了在不到 1 秒的时间内计算出十几个视图的布局，我们应该采用启发式的优化方法。例如，通过分支切割算法来提高布局的容错程度或者调用之前的计算结果，这些都可以缩短全局优化的时间。

多屏幕显示环境的调整

布局完毕以后，视图就出现在了智能 MDE 中，此时就可以开始进行数据分析。常规流程是大家讨论视图中的信息，然后就中间结果和最终结果达成一致，同时放映演示文稿。但是，在实际操作中随时可能会遇到其他感兴趣的内容，那么就有可能会偏离最初计划的分析目标。在这种情况下，用户就需要调整屏幕上的内容。为此，我们来看看两种类型的交互调整：调整视图布局和调整视图内容。

调整视图布局

调整视图布局指的是移动视图位置或调整视图大小。例如，视图可能需要从一个显示器上移动到另一个显示器上，以便用户来进行并排比较。或者在对比分析的过程中发现了某个细节，因此需要将视图放大。所以，主持人（或其他授权用户）可以选择将某个视图调整位置或者放大细节。图 6.4 就是调整布局的示例。

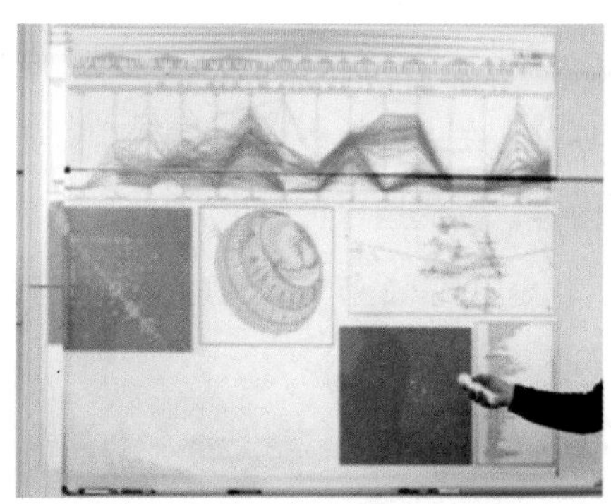

（a）指向魔眼

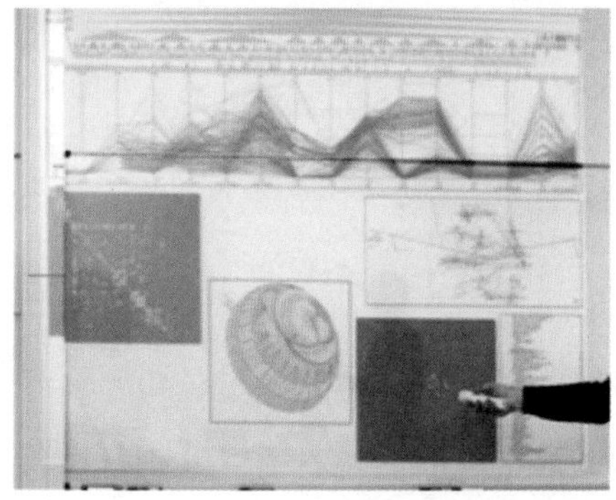

（b）移动魔眼

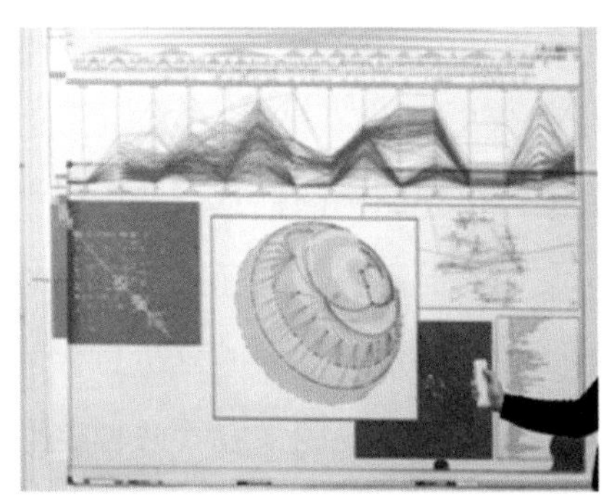

（c）放大魔眼

图 6.4　用 Wii 遥控器调整魔眼的位置和大小 [5]

第三章第 3.5.3 节中已经出现过这些图形，但是现在它们出现在了智能 MDE 的画布上。用户使用 Wii 遥控器指向视图中间的魔眼，将魔眼向下移动一点，然后放大。如图 6.4 所示，这个操作非常简单。另外，在系统方面，我们还需要专用设备和体感操作来辅助调整 [6]。

调整视图内容

我们之前已经提到过，在内容池中可以直接调取相关的程序，通过程序可以重新生成视图的内容，以便用户可以更方便地将它们与不同的分析目标进行对比。图 6.5 所示就是第 5.2.2 节中提到过的基于特征的图形示例。

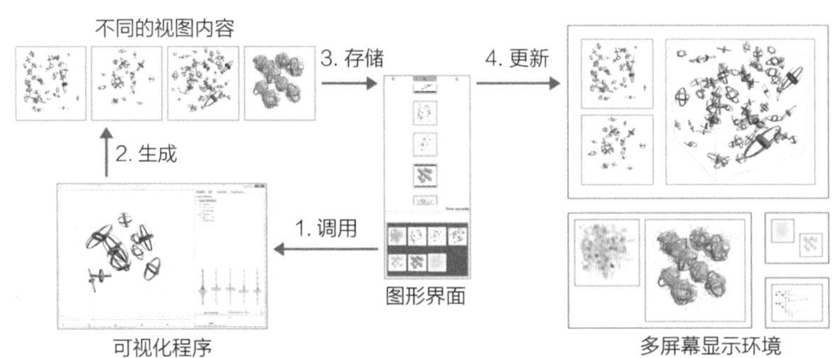

图 6.5　通过调用可视化程序更改视图内容

首先，在内容池中点击视图的缩略图，启动相应的可视化程序。如果个人设备上安装了可视化程序的话，那么用户可以直接在个人设备上操作。然后是编辑数据，创建出合适的新视图。新视图可以是对现有版本的修改，也可以重新创建。创建完成后，新视图将被立即存储并出现在演示文稿中，视图的布局也将随之自动更新。这种机制带来的巨大灵活性是协作数据分析中的一个关键优势。

跟踪协作数据分析

人们普遍认为，历史记录有助于提高用户对数据的理解并进行总结[7]。在通常情况下，历史记录存储了用户执行的所有调整和流程的信息。在协作多屏幕分析中，记录下谁进行了哪些操作、更改了哪些视图以及视图什么时候在什么位置显示了什么内容等信息十分重要。其中一些信息可以被自动跟踪，例如，视图布局机制可以跟踪视图的显示时间和位置，还可以与自动记录进行交互调整，让用户可以获知采取了何种操作、执行这些操作的人是谁以及结果的图形等内容。但还是有一些信息无法自动导出，比如视图的结果就需要用户手动添加注释，这种操作就无法自动导出。

记录和注释的信息以图形的形式进行存储。图形的节点代表视图，更准确地说，是每个视图的状态变化记录。因此，节点会捕获数据分析过程中的分析进度。节点之间的连线形成了分析过程的路径，这个路径由所采取的行动顺序来确定。如图 6.6 所示，为了从分析历史中获得信息，我们可以将其显示在图形界面中。

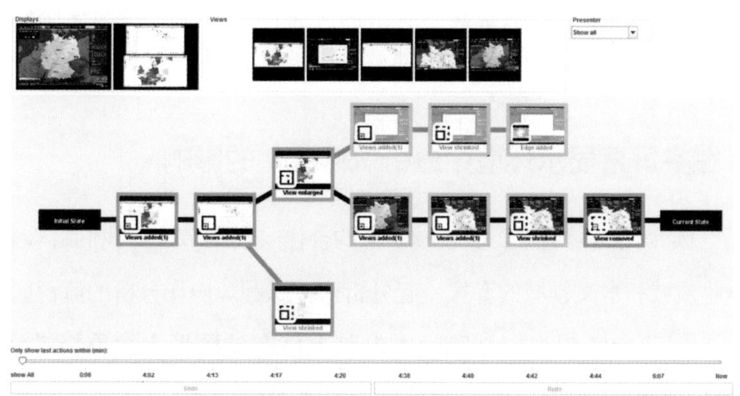

图 6.6　图形界面的功能说明

其中包括筛选功能（位于图中最上方）、分析历史（位于图的中部）和带有撤销和重做功能的时间线（位于图中底部），克里斯蒂安·埃希纳供图

在分析的过程中，用户可以使用图形界面中的选择性撤销功能（undo）和重做功能（redo）将分析重置为之前的状态。“选择性”是指影响由特定用户触发、影响特定视图或涉及特定内容的操作。当数据分析陷入死胡同或参与分析的各用户无法就分析结果达成一致时，这个功能就发挥了强大的作用。通过撤销功能和重做功能，用户可以回到之前的状态重新进行分析，例如，从之前的内容重新开始，换一个可行的方向继续分析。如果返回到之前的状态后，用户又采取了另一种分析方案，那么就会创建一个新的分析方向，如图 6.6 所示。

分析历史也可以用来进行分析完毕之后的复盘，用户可以通过复盘来回忆每个分析步骤产生的内容。例如，从图中我们可以看到这次分析尝试了三种替代分析路线。缩略图上的小图标表示都执行了哪些交互，其彩色边框表示是谁执行了这些交互。点击缩略图，会弹出一个文本框，里面显示了视图什么时候出现在了什么位置，以及当时视图中的内容都是什么。在额外的筛选功能的帮助下，元分析甚至可以解答某些问题，比如哪些调整产生了用户希望的结果，或者哪些结果还需要长时间的讨论等。

综上所述，创建协作分析会话、在多个显示器上布局视图、调整视图及屏幕上的内容，以及跟踪和利用分析历史，这些功能对于促进智能 MDE 中的可视化数据分析来说至关重要。接下来，我们来看一看如何使用智能 MDE 来分析气候变化的影响。

6.1.3 在多屏幕显示环境中分析气候变化的影响

分析气候变化的影响需要多领域专家的合作。在本节中，我们将与来自气象领域、林业领域和水文领域的专家一起分析这一课题。协作分析的流程如下[8]。

首先，气象专家想根据她笔记本电脑上已有的图形来解释极端降水的情况。她登录到智能 MDE，并通过前面介绍的图形界面上传了自己的演示文稿，同时自动布局系统会确保所有专家都能直观地看到她的演示。那么现在就可以开始联合分析了。

气象专家在讲解时，水文专家也加入其中。为了更好地阐明自己的观点，水文专家用计算机上的图形界面将地下水补给的视图传输进了内容池。然后，他将他的视图与气象专家的降水视图连接起来。眨眼间，智能 MDE 中的视图布局就会自动更新，在同一显示器上并排显示出水文专家的视图和气象专家的视图。这样一来，与会人员就可以对这两种视图进行对比和深入讨论。

这个时候，专家们觉得现有的信息还不够丰富，他们还需要更多的佐证材料。因此，水文专家将他的视图连接到 ClimateImpatsOnline.com 网站上，这样就有了新的视图。根据对新视图的讨论，专家们可以决定是保留这些视图还是执行撤销操作来重置回原始视图。

最后，林业专家加入了讨论。她介绍了与欧洲相比，非洲和南美洲的气候风险预计发展形势。为了证明这一点，她也将视图传输进了内容池，然后将它与水文专家和气象专家的视图连接起来。同样，视图布局也立即进行了自动更新。

在整个分析过程中，专家们通过各自领域的知识和信息进行了深入的讨论，最终对气候变化的影响达成了统一认知。分析会议结束后，所有专家都可以检查各讨论阶段的分析历史，以便于他们对分析过程进行复盘。

从示例中我们可以看到，将智能多屏幕显示环境引入交互式可视化数据分析中是一个令人兴奋的创新。为了充分发展这个创新方法，我们就要设计出专门的辅助分析功能。在这个例子中，我们展示了在智能多屏幕显示环境中实现自动更新功能和交互式图形界面组合的解决方案，并见证了它们共同构成了一个高级可视化环境。

在下一节中，我们将介绍如何引导用户进行高级交互。

6.2　引导用户

上一节中的示例充分证实了我们多次强调的内容：可视化数据分析不是单向的，而是一个由无数次尝试组成的动态变化的过程。

如何计算处理数据？是不是该计算聚类？如果是，预计会有多少个聚类？处理过程中是否排除了某些数据变量？应该采用哪些技术来可视化数据？不同的数据应该以组的方式来表示，还是以单独的专用视图来表示？数据的哪些部分应该按什么顺序来进行探索？只有找到这些问题的答案，我们才能朝着预期的分析结果前进。

但由谁来回答这些问题呢，用户？或者在某些情况下，机器能帮助我们吗？这就是引导的目的[9,10,11]。为了应对分析中的各种挑战，我们的目标是引导用户做出选择，用视觉、交互和分析方法之间的最佳组合来呈现数据最有趣的一面。

在第五章第 5.3.2 节中，我们已经了解了在探索多尺度时间序列时该如何引导用户。接下来，我们来深入讨论一下相对较新的一种引导方法。本节的第一部分是从理论上了解引导，第二和第三部分则是实际应用。同时，我们还将用两个例子来说明该如何引导用户来分析除时间序列以外的复杂数据。

6.2.1　什么是引导

那么，到底什么是引导？为了清楚地理解引导的含义，我们将从交互式可视化数据分析的背景下了解引导，然后列举一个概念模型。

引导的定义

引导是一个含义比较宽泛的词，有很多种意思。《牛津词典》和《韦氏词典》将引导定义为“旨在解决问题、困难的建议或信息”和“指导某人、某事的行为或过程”。这些定义很有意思，因为它们强调引导是一个旨在解决问题的过程。这也反映在交互式可视化数据分析背景下的含义中：

引导是一个由计算机辅助的过程，旨在积极解决用户在交互式可视化分析过程中遇到的知识盲区。

引导的含义中有三个重要方面需要强调。首先，引导是一个动态的过程，通常伴随用户的常规数据分析活动出现。其次，知识盲区会导致数据分析停滞，用户不知道如何继续，而引导的目的正是缩小知识盲区。最后，这是一个人机交互的场景，也就是说，人和计算机都要相互回馈信息。

引导仅仅是一种减少知识盲区的附加功能，在很多情况下甚至都没法应对复杂的分析问题。如果引导功能能够直接计算出精确的答案，那我们大可以不必再费时费力地分析数据，直接计算出答案然后立即提交给用户就可以了。但这与让人参与交互的理念相矛盾。

所以，引导并不能取代人工推理的部分。相反，引导只是有助于用户做出决策而已。也就是说，做出决策仍然是用户的责任。从这个意义上说，引导可以看作是帮助学生的老师。虽然老师不一定知道学生面临的问题的解决方案，但他们可以给出如何解决问题的提示，引导学生自己去找到解决方案。

引导的四个方面

总而言之，引导实际上就是人机合作的催化剂。引导有四个方面值得我们进一步研究[12]：

- 知识盲区：为什么需要引导？
- 输入：哪些信息可用于引导？
- 输出：怎么引导？引导是什么样的？
- 程度：引导能做到什么程度？

知识盲区

知识盲区指的是用户卡在某个点上无法继续推进。虽然人们可以很容易地想象出许多不同的知识盲区，但从概念的角度来讲，知识盲区只有两种不同的类型：

- 目标盲区：用户不知道预期的结果是什么。例如，用户不知道该查看哪些数据特征来进行假设。

- 方法盲区：用户不知道如何才能得到预期的结果。例如，用户知道某项功能，但不知道该怎么使用这项功能。

图 6.7 中就是关于这两种类型的知识盲区的图示。

图 6.7　未知目标和路径的知识盲区

总的来说，想要抓住用户的知识盲区是比较困难的，因为他们可能也不知道自己的知识盲区在哪里。如果用户能意识到自己的知识盲区是什么，就可以主动地让系统知道。但如果用户意识不到，那么系统就要自己进行估算。例如，在探索过程中，如果系统检测到了用户的各项操作开始偏离正常轨道，或者在某个界面停留太久，那么系统就会开始介入。引导应该是一个最终收敛到零的动态过程，用户在这个动态过程中不断地缩小自己的知识盲区。

输入

引导的输入指的是不同的信息来源，引导正是基于这些信息而来。在交互式可视化数据分析系统中，我们可以使用以下输入：

- 数据输入：指的是那些与原始数据相关的信息，包括原始数据本身、数据的统计特性、提取的拓扑结构或元数据。
- 领域知识输入：指的是那些在应用领域中已达成统一认知的信息，例如领域模型和协议、公认的工作流程或专家系统。
- 图形输入：即捕获用户在屏幕上实际看到的内容，包括可视化转换的标准以及实际的可视化图形。
- 用户知识输入：指的是那些用户输入系统或系统从用户处通过估算而得出的信息，包括注释、首选项和用户兴趣点。
- 历史输入：即系统记录的交互步骤、使用的方法和参数、中间视图或访问的部分数据，以及通过它们来跟踪分析会话的过程。

输出

引导的输出涉及两个方面，一个是生成引导，另一个是传达引导。

- 生成引导：从概念上讲，生成引导可以用一个函数来表示（g，i）→o。该函数从有效来源处获取知识盲区 g 和输入 i，然后计算出合适的输出 o。合适指的是输出内容中含有能够解决用户问题的信息片段。因此，这个函数在通过多次迭代后可以达到缩小用户知识盲区的效果。根据用户的专业知识、感知和认知能力，每次迭代都会提供若干用户所需的知识。

不同方面的知识盲区可以通过不同数据分析阶段的引导功能来解决。例如，如果用户不确定应该查看哪些数据，引导就可以先选出一些用户可能感兴趣的数据子集，然后传达给用户；如果用户需要将分析目标转化成一系列具体的任务，系统就会提示用户下一步要做什么；如果用户在各种交互、可视化和分析方法等方面遇到困难，系统就可以通过给出适当的技术组合建议和相应的参数来提供支持和帮助。

分析生成的输出可以直接或间接地解决用户的知识盲区。例如，如果用户在设置聚类算法时遇到困难，那么系统就会直接给出合适的参数，这就属于直接引导。对于同样的问题，间接引导则会强调数据中相应的子结构，帮助用户更好地理解参数的影响。

- 传达引导：系统使用便于数据分析的方式来传达引导输出，但不会对视图造成太多的干扰。这其中涉及如何提高用户的感知以及如何通过诱导用户的动作来触发探索性行为。

引导主要通过视觉来进行传达，例如，通过调整视觉效果、提供视觉增强或在视觉图形中包括额外的图形界面元素。我们稍后会看到两个以视觉传达为核心的例子。但是，根据应用环境的不同，引导也可以通过非视觉的渠道来传达，比如通过声音或触摸来传达反馈。

引导程度

引导程度指的是系统实际提供引导的程度。“程度”在这里的定义介于“无指导 / 完全自由”和“完全指导 / 无自由”之间。显然，引导的程度与用户的自由度成反比。一般来说，有效的引导方案会尽可能少地限制用户自由，但在某些必要情况下还是要加以限制。

在理想情况下，引导程度与分析过程相关。但在实践中，实际提供的引导通常遵循下列三种情况中的一种：

- 基本引导：即初级引导。目的是帮助用户建立和维持心理环境。通常只提供潜在目标和合适路径的视觉线索。例如，图形概览就属于一种初级引导。

- 直接引导：指的是适度的引导。与基本引导相反，直接引导强调对未来行动的某种偏好。系统会向用户提供一组选项，这些选项可能在质量和成本方面各有不同，用户可以通过图形预览技术来做出合适的选择。

- 全面引导：即相当深入的引导。也就是说，系统为目标规定了特定的分析步骤。这种程度的引导对用户来说完全是傻瓜式操作，引导会全程将用户控制在循环中，向他们直观地展示系统采取的各种步骤，用户只需要做出每一步骤的决策即可。

这三个场景给我们展示了在交互式可视化数据分析背景下引导的不同方式。接下来，我们将介绍如何把引导的中心思想建模成一个概念模型。

引导在交互式可视化数据分析中的概念模型

概念模型可以帮助我们理解引导与交互式可视化数据分析的相互作用。我们在现有模型中添加与引导相关的组件，这个模型显示了可视化数据分析产生新知识的过程。我们使用的基本模型是范·维克的可视化模型[13]。其中一个变体模型如图 6.8 所示。该模型将第二章第 2.3.2 节和第 2.3.3 节中的数据转换和知识生成模型与第四章第 4.1.2 节中的人类行为周期模型以一种相当简单的方式结合起来。其中的方块代表内容，如数据或图像，而圆则代表处理输入并生成输出的函数。

根据模型的情况，我们的具体操作如下。用分析和可视化方法将数据 [D] 转换（T）为基于某些标准 [S] 的图形 [I]。用户通过感知（P）图形并提取图形信息来积累更多的知识 [K]。随着知识积累得越来越多，用户可以通过调整标准来交互探索（E）数据。根据 dK/dt 可知，知识的变化是图形标准和 dS/dt 共同探索产生的结果。

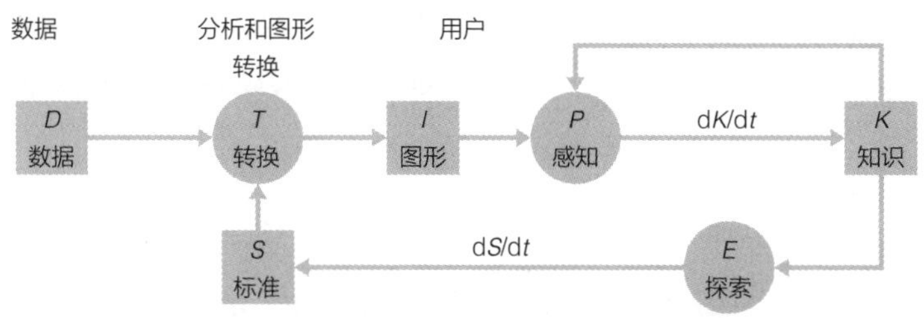

图 6.8 范·维克的可视化模型的改编[13]
方块：数据 [D]、标准 [S]、可视化图形 [I] 和用户知识 [K]。
圆：分析和图形转换（T）、感知和认知（P）以及互动探索（E）

现在，我们添加与引导相关的组件，看看它们是如何帮助我们保持知识生成循环的。如图 6.9 所示，扩展模型的核心部分是引导的生成过程（G^*）。它从不同的输入源中提取信息，并将不同形式的引导变成输出。在引导之前，我们必须要了解用户的知识盲区，盲区由 [K] 和（G^*）之间的连接表示。其他输入源被连接到（G^*），这其中就包括原始数据 [D]、可视化图形 [I]、基本标准 [S]、交互历史 [H^*]，以及专业领域协定或模型 [D^*]。

输出端可以用不同的方式和程度提供引导。基本引导可以在图形转换的同时显示视觉提示 [C^*]，以此来帮助用户确定方向。直接引导则通过确定和提供选项 [O^*] 来帮助用户选择合适的分析路径，并且在探索过程中按需选择选项，进而提高可视化效果。至于全面引导，它可以通过直接规定某些标准来自动接管分析的控制权并绕过所有障碍。

草图模型为我们提供了一份如何将引导与交互式可视化数据分析结合起来的蓝图。接下来，我们将介绍两个示例，说明如何基于引入的概念模型来实现引导。

6.2.2 在层次图中引导导航

第一个例子是引导导航，我们在第一章第 1.2.3 节的引言部分中曾进行了简单的介绍。现在，我们来看一看如何在层次图中实现引导导航[14]。

数据、分析和图形转换、数据探索

层次图是一种规则图形，其中层次结构决定了聚类的嵌套结构。通过在不同的抽象层次上进行剪切来定义基础图形。这些图形可以直接对应常规平面图，因此可以使用标准节点连接图来对其进行可视化操作。

层次图可以进行垂直导航和水平导航。垂直导航会改变图形缩放级别，同时随之改变显示的细节程度。用户可以通过扩展或折叠聚类创建不同的图形来从节点连接图中添加或排除各自的节点。水平导航则用于更改节点连接图在屏幕上的显示部分，其中缩放和平移属于水平导航的基本操作。

知识盲区

在用户对层次图进行全面探索时，通常需要许多水平和垂直的导航。但有时候用户并不能确定应该在哪个位置探索数据，那么这就属于未知目标的知识盲区。而即使用户知道想查看的数据在哪儿，也很难确定合适的水平和垂直导航方向，这就属于一个路径未知的知识盲区。

引导

为了在层次图的可视化分析过程中帮助用户完成分析任务，我们可以从两个角度来提供指导。首先，基本引导可以为用户指示目标节点所在的位置。其次，直接引导可以根据用户当前的探索情况对有意义的节点进行直接访问。

引导（G^*）生成从搜索推荐的节点开始。搜索范围要设置在当前可见的数据附近，以确保推荐的节点确实与用户在图形中看到的内容相关。事实上，搜索对象涉及三个不同的群组，即与图形中的距离相关的图形相邻，与节点属性值相关的属性相邻，以及与图形布局中的节点位置相关的可视化相邻。$[D]$ 中已经包含了图形相邻和属性相邻，$[S]$ 和 $[I]$ 则包含了可视化相邻。

搜索到一组候选节点以后，下一步就是从中选择一些推荐给用户。我们可以通过 DoI 函数来实现，如前一章第 5.2.1 节所述。DoI 函数包括如下几个部分，$[D^*]$ 中的先验兴趣度、$[K]$ 中的用户兴趣度，以及 $[S]$ 中指定的到当前视图的距离。同时，我们还可以对 $[H^*]$ 中存储的已访问数据做降低兴趣度处理。

最后，我们将 DoI 函数最高的候选节点提供给用户。视觉设计应遵循互不干涉的原则，以此来尽量减少对常规数据的干扰。所以只有当用户自己难以确定下一个导航目标时，导航才会出现。图 6.9 利用第四章第 4.5.3 节中介绍的楔子图形来引导用户。

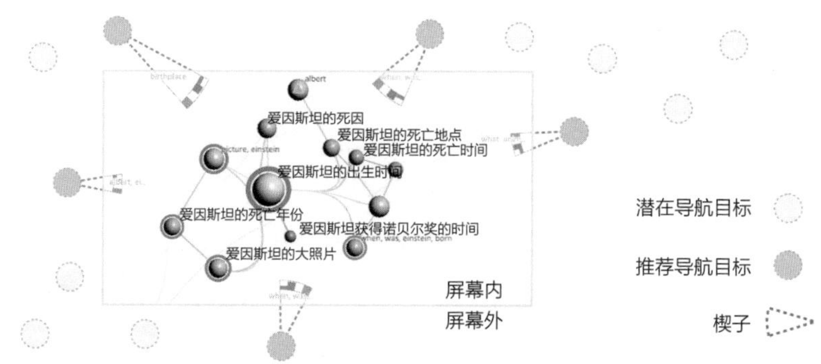

图 6.9　图形中的推荐导航

楔子本身充当了引导水平导航推荐目标的方向和距离的视觉提示 [C^*]。楔子中的条形图显示了 DoI 函数的组件，用来向用户说明推荐目标的原因。

垂直导航的推荐目标并不包含在当前的剪切图形中，也不能用楔子作指向。所以，我们需要将垂直导航推荐的目标添加到锚节点上，展开锚节点时就会显示出推荐的目标。在图 6.10 中，锚节点周围轻微的脉冲环代表用户此时进行的展开（向外脉冲）操作或折叠（向内脉冲）操作可能会使他们发现感兴趣的目标。

填充的楔子和脉冲环都还有第二个用途。也就是说，它们中的每一个都与一个导航快捷方式相关联，以此来用作数据探索的选项 [O^*]。如果用户决定通过点击某个快捷方式来跟随导航，那么系统就会自动生成分层的剪切图形并在图形布局上合理安排视图以方便显示相关目标。这样一来，用户就可以直接观察结果而无须手动查找路径。与此同时，系统会根据新的分析情况在后台准备好新的导航引导，如果用户需要进一步的协助，系统就可以立即提供新的目标。

以上就是可视化分析引导的第一个示例。这个示例详细诠释了在探索层次图时，系统是如何帮助用户做出合理的导航决定的。接下来，我们来研究一种可以引导大型多类别数据可视化分析的方法。

6.2.3　多类别数据的可视化分析引导

在第二个例子中，我们来看一看如何通过引导来帮助医生探索多种类生物医学数据[15]。可视化分析将用于了解新确诊癌症患者的治疗。

数据、分析和图形转换、数据探索

如图 6.10 所示，治疗计划涉及了各种不同的数据。医生需要全面了解不同来源的患者信息，包括既往病史、MR①、CT 和 X 光图像、组织样本和病理结果等。另外，还要准备好常规生物医学数据，包括蛋白质和基因表达数据以及医学数据库中收藏的文献等。

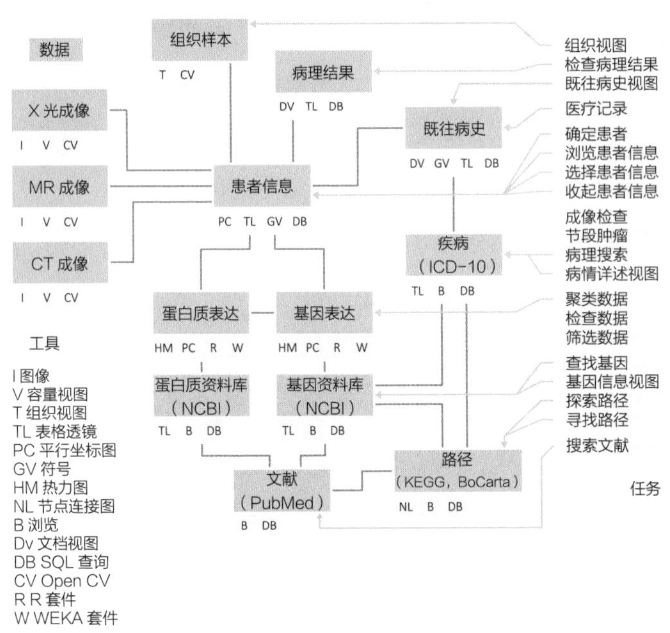

图 6.10　作为用户指导基础的定制研究领域模型

① MR：磁共振检查。——编者注

多类别数据的可视化分析涉及各种分析计算和不同的可视化图形。例如，患者的多变量数据通常需要经过筛选才能用表格或平行坐标图形来表示。而基因表达则通常用树形热力图来表示之前已经完成的聚类。

在数据分析过程中，医生会循序渐进地探索不同的数据。例如，浏览患者的信息，看看既往病史中有没有相似的症状，再看看最新发表的学术文章中有没有相关的研究成果，还有患者的基因表达里有没有相关的信息。最后再确定治疗方法。

知识盲区

首先，我们必须要决定是通过调查数据的哪一部分来完成当前的任务。其次，还必须要采用适当的分析和可视化转换方案，将相关信息变成图形。最后，必须正确安排各个分析步骤的顺序，以便全面地了解情况。在这一系列的过程中，医生可能会发现这些问题实在太过棘手，最终产生了关于未知目标和未知路径的知识盲区。

引导

引导的生成（G^*）依赖于特定的领域模型 [D^*]。领域模型由数据分析专家在可视化数据分析之前的建模阶段构建出来。建模从多类别生物医学数据的单个子集开始，如图 6.11 所示，它们显示为较大的方框。接下来，我们还需要对数据的每个部分都进行注释。注释中应写明哪些分析和可视化工具可以处理哪些数据，哪些任务可以被查看等。

最后，我们需要在数据的各个部分之间建立连接，同时将工作流程建模为分析任务序列。每个工作流程都是具体分析流程的基础。分析流程有明确的目标。最后，我们得到一个定制的领域模型 [D^*]，这个模型就是引导可视化分析的基础。

医生现在有两种引导模式可供选择。基础引导可以帮助医生跟踪已经探索过的数据和仍需检查的数据。为此，分析工作流程的当前状态和已分析的数据用图形提示符 [C^*] 来显示。另外，直接引导会列出下一步要完成的任务，其中的选项 [O^*] 基于穿过领域模型的当前分析路径而生成。总之，引导为医生提供了研究进度、已经做了什么，以及现在还可以做什么等信息。

图 6.11 所示就是引导的方法。图底部的一系列较大符号代表了采用的分析路径。继续分析路径的选项在右下角，用较小符号来表示。高亮显示的红色选项提供了下一步需要关注的事项。实际的可视化分析是使用图中心部分的界面进行显示的，当前分析步骤的视图面向用户，而其他视图都是倾斜的。医生通过图形连接来关联不同视图中显示的信息。

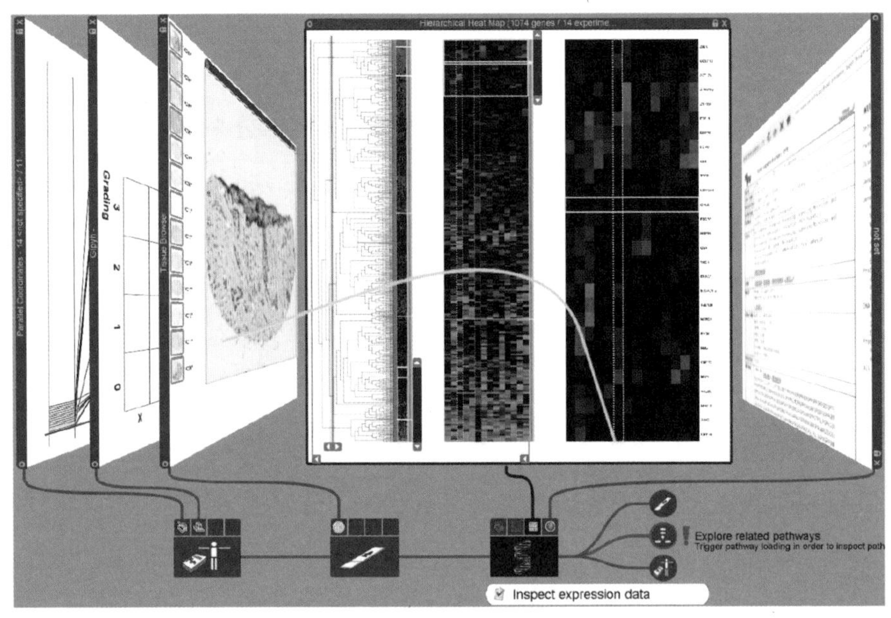

图 6.11　描述了分析路径（底部）并提供了下一步建议（右下处）的引导多种类生物医学数据可视化分析

从上面的流程中我们可以看出，引导可以简单到提供导航步骤，也可以复杂到全面协调各种方面，其中包括基于特定领域的工作流模型视图、方法和任务等。

在交互式可视化数据分析中，导航能有效提升人机合作的效果。由于用户需要的协助类型各不相同，而且涉及许多因素，因此引导必须保证不能对用户产生干扰，并能够适应特定环境。引导会在进行复杂分析的情况下提供良好的帮助，使用户可以更深入地理解数据中的现象，节约人力成本。

6.3　渐进式可视化数据分析

一般来说，交互式可视化数据分析依赖于人类分析思维和系统生成的图形之间组成的稳定循环。如前一节所述，引导可以帮助我们在人类的层面保持循环的平稳性。我们回到范·维克的原始模型，如图 6.12 所示，现在的焦点变了。从图中可以看出知识 [*K*] 通过感知（*P*）逐步生成的过程，如 *dK*/*dt* 所示。同样，交互式探索（*E*）逐步改变了标准，即 *dS*/*dt*。引导的目的就是保持这些以人为本的过程运转顺畅。

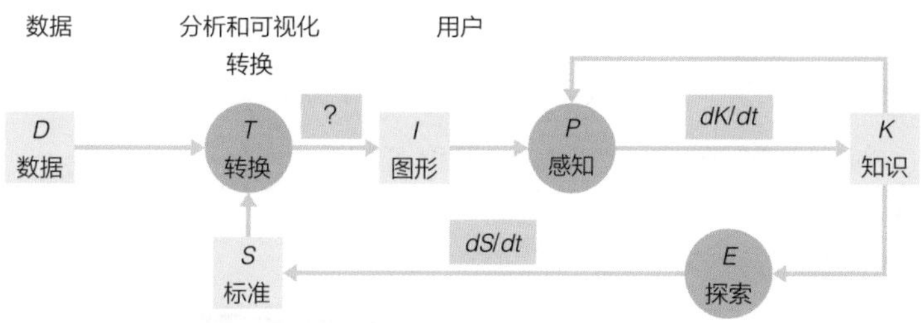

图 6.12　在范·维克的可视化模型中提到过的渐进过程 [16]

但我们看到还有一个过程参与了循环。这是一种基于规格将数据 [*D*] 转换为图形 [*I*] 的系统导向转换（*T*）。不管在范·维克的模型中，还是迄今为止已出版的书籍中，或是绝大多数的文献中，都将这种转变看作一种唯一的、非线性的步骤。所以它缺少相应的 *dI*/*dt*。然而，转换复杂庞大的数据可能需要相当长的时间，所以就很可能会导致分析循环中断。于是我们可以引入渐进的方法来解决交互式可视化数据分析中的计算问题，这也是本节的主要内容。

系统架构对于流畅的交互式可视化数据分析而言至关重要。希尔和施耐德曼就对高效可视化基础结构的设计发表过如下看法 [17]：

> 尤其是对于大型数据集来说，要重点关注实时交互系统的设计，并且要准备好时刻面对从低延迟架构到智能采样和聚合方案带来的各种挑战。（希尔和施耐德曼，2012）

同时满足生成图形的低成本与图形反馈的高速响应是一项比较困难的挑战。在这方面，经典的图形管线方案已经远远满足不了当今的要求。沿管线开展的任何分析计算、映射转换或图形操作如果不能及时反馈信息，交互分析工作流就会中断[18]。

所以，我们需要的是一个能够处理复杂、耗时的计算的体系结构，这个体系结构同时仍然能够对用户请求做出反应，并提供丰富的视觉反馈。对此，我们可以使用渐进式可视化数据分析。也就是说，数据转换（T）是逐渐进行的，在概念上解释就是，用缺少的 $\mathrm{d}I/\mathrm{d}t$ 替换了图 6.12 中的问号。

接下来，我们来介绍渐进式可视化数据分析的基础知识。首先要介绍的是基本概念，其次是了解用于实现渐进式解决方案的多线程体系结构。最后，我们来演示如何用渐进式方法来强化可视化数据分析的场景。

6.3.1 渐进的概念

渐进式可视化分析的中心思想是按照部分来生成可视化图形，从而提高完整性和准确性[19]。分解大数据上耗时部分的计算有两种方法[20]：

- 将计算细分为多个分散的步骤。
- 将数据细分为多个较小的数据块。

在较小的数据块里或在较小的计算步骤中执行计算有三个关键优势：

- 系统的响应速度快。
- 计算的透明度高。
- 可视化分析的控制度高。

在较小的数据块里采取分散的计算步骤可以让系统更快地响应用户的交互请求，并且避免了因长时间运行任务而导致系统阻塞的弊端，同时还减少了用户请求和系统响应之间的延迟。用渐进的方式来显示每部分的结果也有助于提高信息的透明度。这一点尤其重要，因为分析方案通常被看作是一个黑匣子，其内部工作原理对用户来说并不公开。而通过渐进式的方法，用户可以更直观地理解分析计算过程是如何收敛到最终结果的。响应能力和透明度共同提高了用户对整个分析过程的控制。在最终结果产生之前，用户就可以引导分析过程，例如，用户可以对感兴趣的区域进行优先级排序，或者停止部分无效的计算等。

计算和数据的分化模型

我们接下来将介绍如何在概念上对计算和数据的细分进行建模。建模的基础是第二章第 2.3 节中介绍过的数据转换。一开始，我们只是将数据转换形容为体量巨大但功能单一的计算，因为这个操作对整个数据执行计算，并将单个结果传递给后续运算符。但是现在对于渐进式可视化数据分析，我们就需要重新定义运算符及以及转换的概念，以此来适应数据块里较为分散的计算步骤。

渐进运算符

渐进运算符将计算进行了细分。为了明确这一点，运算符符号被扩展为包括代表了生成结果的小标记。如图 6.13 所示，单一运算符只生成一个完整的结果。而渐进式运算符可以逐渐生成质量越来越高的多个部分结果，在图中由颜色越来越深的灰色阴影来表示，直到生成完整的结果为止。

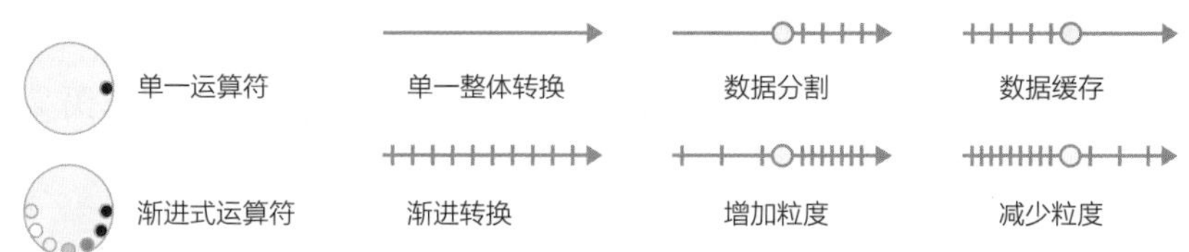

图 6.13　渐进式可视化数据分析中的运算符号和转换符号[20]

理论上其产生结果的数量取决于用户。如果底层算法使用渐进方式，那么就会生成多个结果，而现有的经典算法并不具备这种特性。例如，排序算法就不提供中间结果。所以，我们有必要对渐进式方法进行更深入的研究。

会产生多少个结果完全取决于用户，因为不同的分析任务需要不同的更新频率。例如，相对于计算所有可能的结果来说，只显示那些至少在某种程度上与之前计算的结果不同的部分结果会更有意义。

在任何情况下，每个部分的结果都必须是沿着转换管线而展开的连续计算的有效输入。数据和结果通过渐进式转换来进行传递。

渐进式转换

在普通的管线中，我们从来没有讨论过每段操作符之间的转换，因为普通管线只是简单地负责传输完整的数据。然而，渐进式可视化数据分析就涉及了转换，这里的转换是指对模拟数据进行分割。

在图 6.13 中，我们可以通过沿箭头线的一系列标记来表示渐进式分割。这些标记表示数据流中的一个个数据块。标记之间的距离代表了块的大小。连续标记之间的间距越小，数据块就越小。

如果创建数据块，那么就需要进行数据转换。将数据分块有如下几种方法：

- 渐进式分割。即数据被分割为互不相交的子集，每个子集都包含原始数据的样本，所有子集的并集代表整个数据集。在理想情况下，渐进式分割可以使数据的关键特征在渐进式可视化早期就显示出来。而采取这种方法的问题在于如何采样以及如何排列数据块的顺序。
- 语义分割。即通过语义对数据和图形进行分割。例如，对于运动数据的地理图形，我们可以单独处理地理边界、街道、区块和运动轨迹。对于较小语义和相似语义，我们可以尽早处理，而对于较大语义和不相似语义则可以加入数据流队列中一起处理。
- 细节层次分割。即数据按不同的粒度级别进行分割。如果结果是一个数据块的层次结构，其中根节点以较高的抽象级别代表整个数据集，而叶节点以更细的粒度表示细节较小的子集，那么我们就可以针对数据空间或视图空间进行细节层次分割，例如通过分层数据抽象或多分辨率方法来实现这一点。

上述的分割方法也可以组合在一起使用。例如，对于大型图形的渐进式可视化，我们可以创建一个图形层次结构，其中每个数据块在不同的抽象级别上分别表示为不同的图形。对于层次结构中的每个数据块来说，节点和边都可以被分配在独立的语义块中。这些数据还可以进一步采样到子集中来进行渐进式分割。

数据分块的概念对应的是数据缓存。缓存会收集数据块或部分结果来组成完整的数据或完整的结果。例如，可视化图形可以与缓存进行组合，因为它们在显示有意义或完整的结果之前已经积累了上游切割的几个部分结果。

为了使渐进式切割与数据块的粒度值兼容，我们引入沿转换管线增加或减少数据粒度的功能。例如，如果遇到需要切割较大的数据块来创建部分结果的时候，那么后续的切割就只能处理较小的数据块。从这个例子我们不难看出，统一粒度值是一种很有必要的事情。

设计渐进式可视化数据分析

我们现在引入了符号，可以开始设计从数据到图像的渐进式分析和图形转换。图 6.14 所示是一个简单的管线示意图。首先，我们将数据按照数据块来进行排序，每个块都由单一的相似性搜索进行分析处理。然后将部分搜索结果映射到散点图中，将部分散点图进一步切割为更小的块来生成密度图。然后，我们利用密度图再生成质量更高的部分结果。最后，我们将所有部分结果转化为原始数据的完整图形。

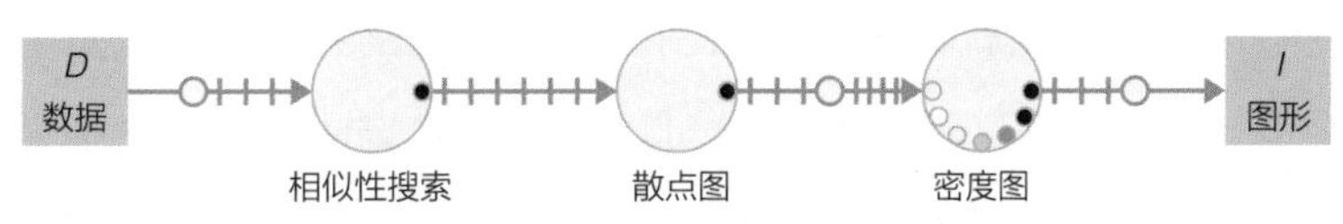

图 6.14　渐进式转换管线的简单示例

渐进式可视化管线的设计过程遵循第二章第 2.3 节中常规可视化解决方案的设计步骤，但是仍然有些特殊情况需要注意。

部分结果的意义

首先我们必须要牢记渐进式可视化数据分析的一个关键概念：采用渐进式方法产生的各部分结果都是有意义的。也就是说，所有的部分结果应该都是可以解释得通的，同时还能使人获得更深刻的理解。具体的意义取决于当前的分析目的。

客观量化可以用来衡量部分结果的质量指标。质量指标可以根据数据或图形来进行计算。已处理数据的占比就是其中一种最简单的例子。处理的数据越多，质量也就越高。另一个例子是如果渐进式计算涉及了统计错误，诸如使用的数据在分块时产生了错误，那么该错误就可以用作质量指标。另外，连续部分图形之间的差异也能说明结果的质量。如果差异比较小，那么肯定不会有多少新信息。如果两种图形之间的差异很明显，那么就可能标志着现在在使用的渐进式可视化分析模式会产生新的信息。

进度、错误和差异这些指标都非常有意义，它们可以帮助用户判断部分结果并引导他们进行分析。因此，渐进式可视化数据分析解决方案的设计应该引入质量体系，并将它们与实际数据一起转换为图形，其中进度条应该是可视化界面中的一项必备控件。

设计视角

渐进式设计的另一个方面是决定操作符和转换应该在什么位置出现以及如何使用。我们要站在两个角度考虑问题：输入视角和输出视角。

- 输入视角：从输入的角度来看，数据和转换计算息息相关。一方面，如果数据没有进入内存，那么我们就使用渐进式数据切割。另一方面，如果数据高度结构化，那么就很难为数据制定合理的切割方案。在计算方面，如果计算的运行时间很长，那么我们就可以用渐进式方法来代替。但是，如果计算耗费了大量时间却只产生了没用的结果，那么还是让计算保持原样就好了，因为在少数情况下，等待计算完成的过程中确实会得到一些没用的结果，但这一点还算是可以接受的。

- 输出视角：从输出的角度来看，分析任务和分析目的息息相关。设计师在设计方案时需要知道是以全局为先还是以细节为先。

全局为先，也就是第一种方案，目标是尽快显示出完整的数据，如果细节程度比较低也是可以接受的。现在，我们要用更细的粒度逐渐显示数据图形。首先，创建一个粗略的全局图形，用户可以根据它开始解读数据。随着越来越多、粒度越来越细的信息被逐渐传输进来，用户就可以研究自己感兴趣的部分或者某些细节。

与之相反，细节优先指的就是优先显示细节程度较高的图形，所以在这种情况下，允许一开始只有数据的子集。细节优先会可视化原始数据块，而不是数据抽象。当第一个数据块开始传输以后，系统就会向用户显示特定数据块的详细视图。整个过程中会添加越来越多的数据块，直到能够显示出完整的数据为止。请注意，随着数据块的增加，细节程度也会变得越来越低。

本节中介绍了渐进式可视化数据分析的基本构建单元、设计要求以及设计视角。然而，这些只是渐进式可视化数据分析的一部分。另一个更实际的问题是该如何设计一个基础的渐进式程序。下面我们来详细了解。

6.3.2 多线程架构

渐进式可视化数据分析程序必须在生成并显示部分结果的同时还能够响应用户请求。因此，我们就需要用到多线程架构[21]。图 6.15 中就是由数据、标准和图像伪影组成的多线程架构的示意图。另外还有两个核心计算组件：控制线程和处理线程。

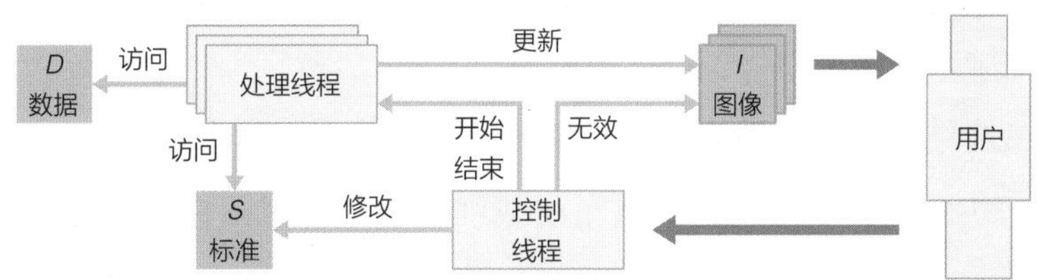

图 6.15 用于渐进式可视化数据分析的多线程架构

控制线程

控制线程负责接收用户输入并协调其他组件。这些任务很简单，并不会占用太多资源，所以整个系统会始终保持响应。控制线程的典型工作流程如下所示：接收用户输入时，控制线程开始修改标准并终止视图。同时，任何使用旧标准运行的处理线程也都会被提前终止，因为它们产生的结果虽然有效，但并不符合新的标准。最后，新的处理线程开始按照新标准生成新的有效视觉输出。

处理线程

处理线程负责实现渐进式计算。如图 6.16 所示，这些线程对那些待处理的数据块按照优先级进行排列。当新的数据块添加到队列中时，处理线程开始工作。首先，系统会从队列中提取一个数据块，然后进行处理，在处理结果达到标准后结束处理。实际处理中还需要根据处理时间或结果质量进行评估。如果部分结果的质量很好，那么就可以传输到后续线程的优先级队列中。如果结果的质量不理想，那么就返回到当前线程的队列中重新处理。

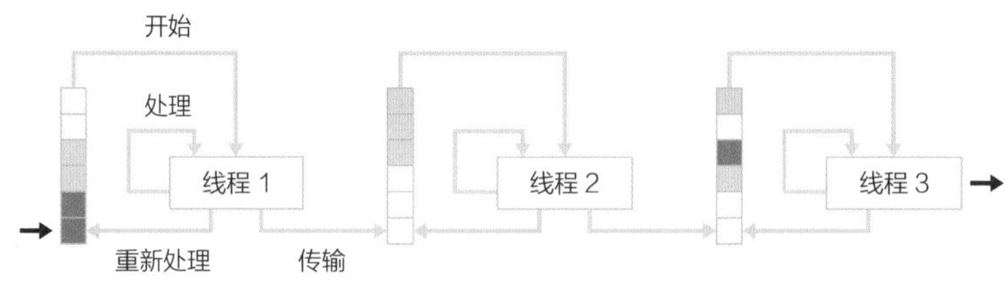

图 6.16　多处理线程对优先级队列中的数据块进行处理

图 6.16 中，不同程度的灰色表示队列中的数据块与最终结果的相似度，同时也直接对应了渐进式运算的符号，其中白色代表未处理的数据块，灰色代表中间结果，黑色则代表最终结果。

当最终结果到达管线末端时，视图就会更新。在这个环节中，系统可以根据数据块的类别（语义层、增量层或细节层）将视图输出到多个屏幕上。换句话说，多线程架构能够提供丰富且多样化的视觉反馈，同时利用有效的缓存结果来避免进行冗余计算。

处理线程的队列在没有数据块的情况下会停止工作。用户通过控制线程也可以随时提前终止处理线程，方法是清空或者取消处理线程的队列。

从图 6.17 中我们可以看出，相较于单线程处理，多线程处理的重要优势在于通过生成部分结果来提高系统响应速度。图 6.17（a）中是标准的单线程处理模式。从左侧的彩色竖条可知，用户必须要在从输入到输出的整个响应过程中保持等待状态。因为当系统正在生成完整处理结果时，不会同时处理其他输入，也不会向用户反馈当前的计算结果。

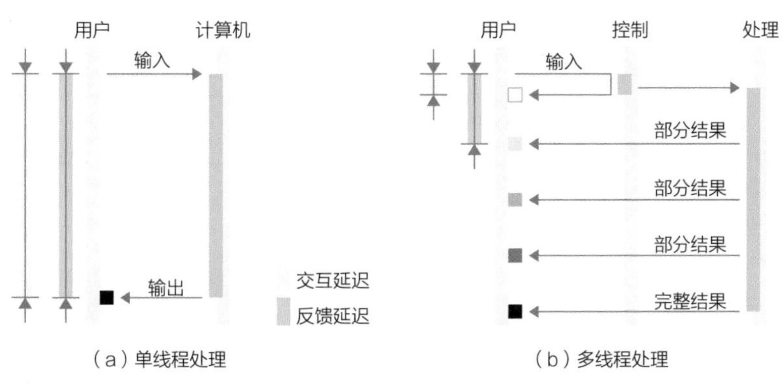

图 6.17　单线程处理和多线程处理的对比

图 6.17（b）中显示的是渐进式多线程处理。我们从图中可以看到，控制线程可以同时处理多个分段任务，所以输入和输出的响应速度要比单线程快得多，而且随时可以处理其他的输入和输出。处理线程在后台处理数据，并在数据准备好后立即反馈给用户部分结果，有效地提高了响应速度。

到目前为止，我们已经了解了如何规划、设计和实现渐进式可视化数据分析。在下一节中，我们将为大家介绍它们的实际应用的场景。

6.3.3　应用场景

渐进式方法可以应用于可视化数据分析的任意阶段。根据应用阶段的不同，可以确定有三个典型环节：渐进式数据处理、渐进式可视化和渐进式显示。

图 6.18 中显示了三个典型环节以及它们与可视化管线阶段之间的关系。渐进式数据处理包含所有数据块和用于分析计算的数据值。渐进式可视化包含创建和修改图形。渐进式显示包含图像数据的处理。接下来，我们来深入了解渐进式可视化数据分析的三个环节。

渐进式数据处理

渐进式数据处理是整个可视化数据分析流程中的第一个环节，主要负

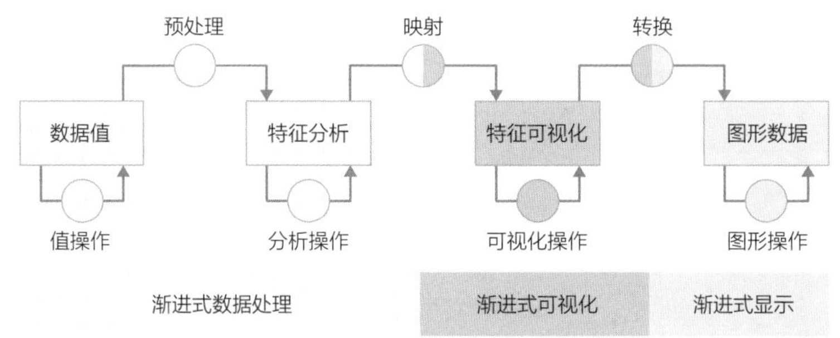

图 6.18　渐进式可视化数据分析中的三种典型环节
渐进式数据处理、渐进式可视化和渐进式显示

责数据的处理和计算参数的调整。渐进式数据处理通常用于处理两种复杂情况。其一，如果数据庞大，无法通过单线程方式来进行处理，那么使用渐进式数据处理法可以随时反馈部分数据的处理结果，使用户可以随时掌握情况，必要时还能更改计算方向。其二，如果处理数据时涉及未知算法或未知数据，那么用户可以通过查看处理过程来了解这些信息。

渐进式处理、预处理和分析的目的是通过分段计算来提高数据处理的效率。自适应采样就是这样一种渐进式处理方式。自适应采样会连续采集数据样本，并允许用户灵活调整采样参数。通过这种方式，用户可以通过从分析前期的部分结果中获得信息，以此来提高成功率。

渐进式预处理以连续的形式将数据值转换为分析抽象。我们在第五章曾提出了几种创建分析抽象的基本方法，其中许多种都可以用于渐进式分析。比如，如果要分析的目标数据没有完整存储，那么就可以将其分成若干部分来进行主成分分析。其中涉及的奇异值也可以分成部分来计算[22]。再比如，k 均值聚类是分析管线的一部分，但用户不熟悉数据，也不知道什么样的 k 值合适，那么就可以使用迭代聚类的方法[23]来操作。用户通过迭代聚类可以实时调整群组的数量或者位置，同时还能检查正在生成的部分群组。

对导出的分析抽象进行计算时，我们也可以用到渐进式分析。这就涉及对抽象按照架构、组织和优先级进行排序。例如，数据抽象可以包含在层次数据结构中。在查看这一类数据结构时，我们要尽早对数据偏差较大的数据块进行优先级排序。我们曾在第五章第 5.3.2 节中看到过，与偏差较小的数据块相比，偏差较大的数据块往往会带来更多的信息。

目前为止，我们已经了解到渐进式处理可以将计算分为多个段。然而，如果数据量非常大，那么系统就很难及时反馈结果。因此，渐进式数据处理的第二个关键问题是如何将数据细分为块（增量块、语义块或细节层次块）。我们用下面的示例来简要介绍一下分块对可视化数据分析的积极影响。

该示例属于前文图 6.14 中介绍过的渐进式管线的第一部分。待处理的数据集来自美国国家公路交通安全管理局的死亡分析报告系统，其中包含了 2001 年至 2009 年间超过 37 万起车祸信息。根据特定标准分析碰撞事故时，要对数据进行相似性搜索。然而，搜索整个数据集的计算成本很高，所以我们只需要把搜索范围缩小到 5000 个碰撞事故的数据就可以了。这样既可以确保数据的合理性，又可以缩短系统反馈结果的时间[24]。

图 6.19（a）中显示了通过分块搜索来渐进式显示符合搜索条件的碰撞事故的过程。在这个过程中，用户可以根据需要来更新条件。另外，用户还可以划定感兴趣的区域，然后将与该区域相关的数据块进行优先级排序。如图 6.19（b）所示，这是一个按优先级排序的过程。经过对数据的预处理，用户通过排序可以提高可视化数据分析的有效性。

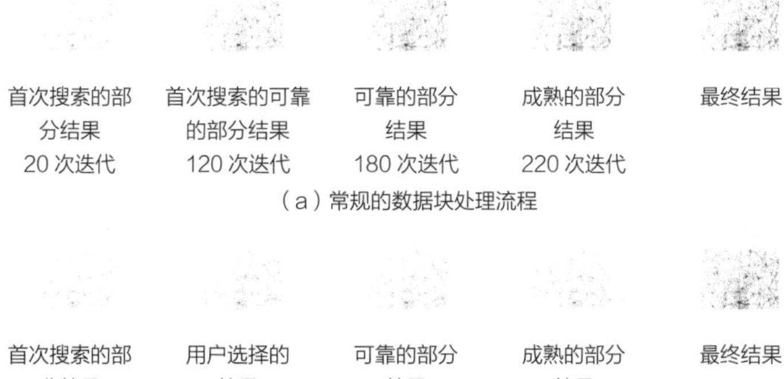

图 6.19　用渐进式的方法处理 370000 个数据中的碰撞事故数据，马克 · 安吉里尼供图

上文内容仅简单地介绍了渐进式数据处理的可行性。下面，我们来看一看渐进式可视化的应用场景。

渐进式可视化

渐进式可视化的主要内容是图形的转换，也就是说，通过一系列操作将数据渲染成可视化图形。渐进式可视化主要应用于数据量或视觉抽象量过大，或者涉及的映射和渲染操作计算成本较高的情况。这种情况通常无法一次性完成所有操作，即使勉强完成，效果也不会好，而且用户也可能无法轻松地读取信息。

渐进式可视化利用分块和渐进式计算来逐步绘制可视化图形。由于所有分块都是多线程处理，所以用户可以实时查看处理过程，并且能更好地了解设计和数据的意义。

根据前文中介绍的输出方法（第一部分和第二部分），我们接下来展示两个渐进式可视化的示例。

渐进式力导向图形布局

我们从第三章第 3.5 节中可知，节点连接图是一种常见的图形，其中节点用点来显示，边用点之间的连接线来显示。虽然这两个视觉元素创建起来很简单，但关键问题是如何合理地布局点，这就需要计算成本高昂的复杂的图形布局算法来解决了。

我们在示例中使用了力导向的布局方法，这种方法产生的视觉效果比较好，并且由于涉及力的模拟，运行复杂性也比较高。由于模拟本质上属于迭代计算，能够完美地用于渐进式可视化的场景。介绍完第一个方法以后，我们开始进入主题。首先从整个图表的初步布局开始。模拟的每次迭代都会重新布局，一直到获得高质量的结果为止。此处的高质量意味着模拟的力处于平衡状态。

图 6.20 显示了一组渐进式展开的节点连接图快照，图中显示了一个包含 747 个节点和 60050 条边的社交网络。从中可以清楚地看到布局算法在第 5

次和第 50 次迭代之间分离数据中的关键结构的过程。

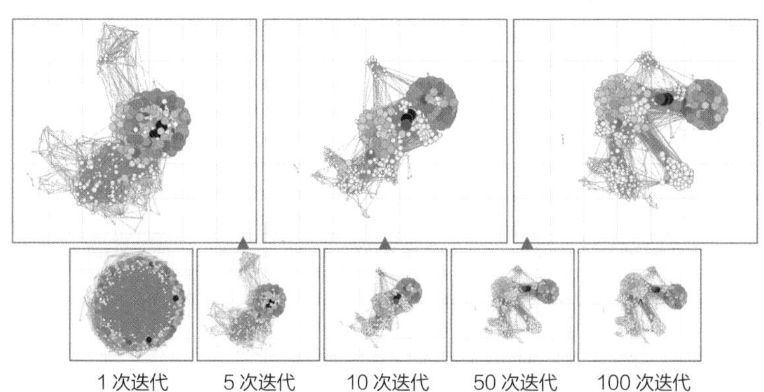

图 6.20　包含有 747 个节点和 60050 条边的社交网络的渐进式力导向图形布局

渐进式网络映射

第二个示例是一个有着 6816 个节点和 232940 条边的气候网络。气象研究人员利用该网络来研究地球上的气候变化。网络的节点跨越覆盖全球，所以我们不用计算图形布局，但是视觉元素的数量比较多。

在本示例中，气候网络以三维地球为载体。每个节点都用一个三维球体来表示，每条边都用一条三维曲线来表示。创建这些三维可视化元素给显卡带来了极大的压力。因此，我们就要对数据进行分块处理。首先我们采用语义块的方式：节点为一个块，边为另一个块。因为此时的每个区块仍然有很多的节点和边，所以我们再通过渐进块来进行进一步的划分。最终，我们得到 7 个节点块和 233 个边块，每个节点块中包含 1000 个数据元素。最后，我们用渐进式可视化来处理每一个块。

根据“细节为先”的原则，我们从全部细节（仅限于部分数据）开始处理。我们首先处理节点块，然后是边块。用户在大约 5 秒钟后就能看到第一批数据结果。如果没有渐进式分块的帮助，用户就只能对着空白的屏幕发呆 40 秒。

上述例子充分证明了渐进式可视化在数据分析中的优势。渐进式计算有助于用户更好地理解数据。

渐进式显示

最后一点，图形的渐进式显示是一种使用渐进式技术分析图形数据的方法。这个方法更像是渐进转换、传输和解码图形数据，它们在计算机图形学的研究中有着悠久的历史。

渐进式显示技术在连接带宽有限或者多屏幕显示的环境中带给人们全新的感受，如第 6.1 节中所述的智能会议室。图像数据流准备完毕以后，渐进式技术就可以确保首先传输重要的图形特征，同时渐进式获取其他细节来最终完成视图。另外，单个屏幕可以准确显示对应大小和分辨率的图像数据量。使用小型低分辨率屏幕可以提前停止传输，而使用大型高分辨率屏幕则可以从数据流中提取出完整的像素信息。

如图 6.21 所示，这是一种设备取向型树形图的渐进传输。树形图会显示在智能会议室的各种显示器上，但是只有一个静态图像。我们在其他屏幕上可以运行看图程序，该程序会根据屏幕的分辨率和大小来自动调整本屏幕上显示的图形。

渐进式显示可以兼容绝大多数屏幕，还可以根据用户的需求逐步显示可视化图形[26]。例如，当智能会议室中的讨论从全局转移到局部区域时，渐进式显示就可以带来更详细的图形数据，使用户能够以更高的分辨率来仔细查看感兴趣的区域。

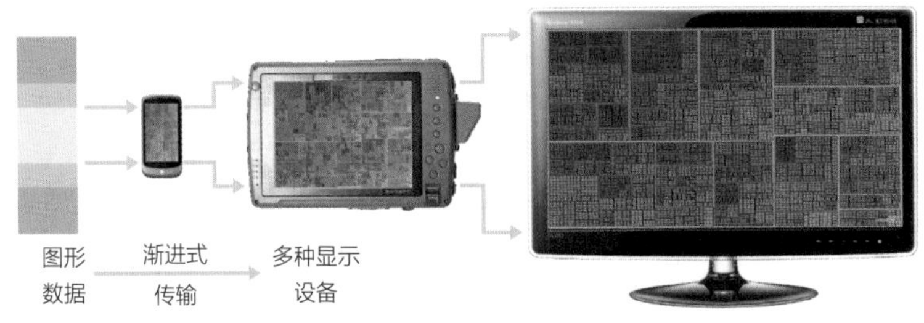

图 6.21　设备取向型树形图的渐进传输[25]

当用户需要标记出感兴趣的区域时，系统就会逐步显示额外的信息，并增强视觉效果。具体的显示方式是“全局 + 细节”或者“焦点 + 背景”。这两种方式都已在第三章第 3.1.2 节的基本图形布局中有所提及。请注意，渐进式显示仅对可视化图形有效。用户无须重新处理整个数据集，就可以获得与兴趣内容相关的图形。当用户的兴趣发生变化并重新标记新的区域后，那么渐进式显示也会逐步传输出新的图形数据。

从技术上讲，渐进式可视化的关键在于可视化图形的格式要和渐进式图形传输的格式兼容。例如，渐进式 JPEG 格式不仅可以显示出图形全局，还可以显示出细节。JPEG2000 标准允许用户缩放图形以及更改传输的优先级。设备取向的树形图和兴趣度取向的地图就是符合 JPEG2000 标准的图形数据。

本节对渐进式数据处理、渐进式可视化和渐进式显示，以及将渐进方法应用于交互式可视化数据分析的介绍就到这里为止。总体来说，系统的高速响应在可视化数据分析中具有重要意义，同时也证明了新技术带来的积极影响[27]。用户使用渐进式可视化技术时，所获取信息的效率更高，互动更灵活。随叫随有的部分结果可用来进行信息的预处理、帮助用户随时获取灵感，或快速确定当前任务的替代品。所有这些优点都证明了在探索大型数据集时渐进式视觉数据分析具有的优势。

6.4　本章总结

交互式可视化数据分析的研究正在多个方面取得进展。在本章中，我们讨论了三个高级概念：多屏幕显示环境中的高级可视化、交互式分析的高级引导，以及用于分析和可视化数据元素的渐进式技术。这些高级概念目前尚未得到充分的研究，仍有许多悬而未决的问题有待解决。当前关于多屏幕显示环境的研究主要集中在多屏幕无缝集成方面，通过无缝集成来形成连续的显示环境[28, 29, 30]。此外，还有诸如如何合理使用不同形状的显示器及不同的交互模式，如何利用多设备协作进行动态化探索，以及如何有效利用多平台和多基础架构技术等问题，都需要我们进行进一步的探讨和研究。

在交互式可视化数据分析引导方面，我们也需要对引导的设计和实施方案进行更多研究[31]。其中的问题包括：如何推断用户的知识水平和所需的引导程度，引导介入的正确时机，怎样选择合适的引导方法，以及如何评估引导的成功率等。

如前文所述，渐进式技术在提高交互式可视化数据分析的效率方面具有很大的发展前景。但是这种技术目前还不成熟，还有许多问题有待解决[32]，尽管其先进技术背后的概念和基本理论已经进入了人们的视线。另外，我们还需要从用户的角度来评判先进技术的优劣。

总结起来，本章讨论的几种高级方法充分证明了交互式可视化数据分析已经完全超越了简单的可视化、交互和计算。但是，我们也清楚这些先进技术目前还不成熟。相信假以时日，它们一定会真正地出现在我们的日常工作中。

多屏幕显示环境

COOK D, DAS S K. *Smart Environments: Technology, Protocols and Applications*. Wiley-Interscience,2004. doi:10.1002/047168659X.

CHUNG H, NORTH C, JOSHI S, CHEN J. Four Considerations for Supporting Visual Analysis in Display Ecologies. *Proceedings of the IEEE Conference on Visual Analytics Science and Technology (VAST)*. IEEE Computer Society, 2015,pp.33–40. doi:10.1109/VAST.2015.7347628.

RADLOFF A, TOMINSKI C, NOCKE T, SCHUMANN H. Supporting Presentation and Discussion of Visualization Results in Smart Meeting Rooms. *The Visual Computer* 31.9(2015), pp.1271–1286. doi:10.1007/s00371-014-1010-x.

EICHNER C, SCHUMANN H, TOMINSKI C. *Multi-display Visual Analysis: Model, Interface, and Layout Computation*. Tech.rep.arXiv:1912.08558 [cs.GR].CoRR,2019. url:https://arxiv.org/abs/1912.08558.

用户引导

HORVITZ E. Principles of Mixed-Initiative User Interfaces".In:*Proceedings of the SIGCHI Conference Human Factors in Computing Systems(CHI)*.ACM Press,1999,pp.159–166. doi:10.1145/302979.303030.

CENEDA D, GSCHWANDTNER T, MAY T, MIKSCH S, SCHULZ H J, STREIT M, TOMINSKI C. Characterizing Guidance in Visual Analytics. *IEEE Transactions on Visualization and Computer Graphics* 23.1(2017),pp.111–120.doi:10.1109/TVCG.2016.2598468.

COLLINS C,ANDRIENKO N,SCHRECK T, YANG J, CHOO J, ENGELKE U, JENA A, DWYER T. Guidance in the HumanMachine Analytics Process. *Visual Informatics* 3.1(2018).doi:10.1016/j.visinf.2018.09.003.

渐进式分析

FISHER D, POPOV I O, DRUCKER S M, M C SCHRAEFEL. Trust Me,I'm Partially Right:Incremental Visualization Lets Analysts Explore Large Datasets Faster. *Proceedings of the SIGCHI Conference Human Factors in Computing Systems(CHI)*.ACM Press,2012,pp.1673–1682.doi:10.1145/2207676.2208294.

MÜHLBACHER T, PIRINGER H, GRATZL S, SEDLMAIR M, STREIT M. Opening the Black Box:Strategies for Increased User Involvement in Existing Algorithm Implementations. *IEEE Transactions on Visualization and Computer Graphics* 20.12(2014),pp.1643–1652.doi:10.1109/TVCG.2014.2346578.

STOLPER C D, PERER A, GOTZ D. Progressive Visual Analytics:User-Driven Visual Exploration of In-Progress Analytics . *IEEE Transactions on Visualization and Computer Graphics* 20.12(2014),pp.1653–1662.doi:10.1109/TVCG.2014.2346574.

BADAM S K, ELMQVIST N, FEKETE J D. Steering the Craft:UI Elements and Visualizations for Supporting Progressive Visual Analytics. *Computer Graphics Forum* 36.3(2017),pp.491–502.doi:10.1111/cgf.13205.

ANGELINI M, SANTUCCI G, SCHUMANN H, SCHULZ H J. A Review and Characterization of Progressive Visual Analytics. *Informatics* 5.3(2018),p.31.doi:10.3390/informatics5030031.

参考文献

1. EICHNER C, NYOLT M, SCHUMANN H. A Novel Infrastructure for Supporting Display Ecologies. *Advances in Visual Computing: Proceedings of the International Symposium on Visual Computing (ISVC)*. Springer, 2015, pp. 722–732. doi: 10.1007/978-3-319-27863-6_68.

2. COOK D, DAS S K. *Smart Environments: Technology, Protocols and Applications*. Wiley-Interscience, 2004. doi: 10.1002/ 047168659X.

3. EICHNER C, NOCKE T, SCHULZ H J, SCHUMANN H. Interactive Presentation of Geo-Spatial Climate Data in MultiDisplay Environments. *ISPRS International Journal of GeoInformation* 4.2 (2015), pp. 493–514. doi: 10.3390/ijgi4020493.

4. RADLOFF A, LUBOSCHIK M, SCHUMANN H. Smart Views in Smart Environments.

Proceedings of the Smart Graphics. Springer, 2011, pp. 1–12. doi: 10.1007/978-3-642-22571-0_1.

5. RADLOFF A, LEHMANN A, STAADT O G, SCHUMANN H. Smart Interaction Management: An Interaction Approach for Smart Meeting Rooms. *Proceedings of the Eighth International Conference on Intelligent Environments (IE)*. IEEE Computer Society, 2012, pp. 228–235. doi: 10.1109/IE.2012.34.

6. RADLOFF A, TOMINSKI C, NOCKE T, SCHUMANN H. Supporting Presentation and Discussion of Visualization Results in Smart Meeting Rooms. *The Visual Computer* 31.9 (2015), pp. 1271–1286. doi: 10.1007/s00371-014-1010-x.

7. KREUSELER M, NOCKE T, SCHUMANN H. A History Mechanism for Visual Data Mining. *Proceedings of the IEEE Symposium Information Visualization (InfoVis)*. IEEE Computer Society, 2004, pp. 49–56. doi: 10.1109/INFVIS.2004.2.

8. EICHNER C, NOCKE T, SCHULZ H J, SCHUMANN H. Interactive Presentation of Geo-Spatial Climate Data in MultiDisplay Environments. *ISPRS International Journal of GeoInformation* 4.2 (2015), pp. 493–514. doi: 10.3390/ijgi4020493.

9. SCHULZ H J, STREIT M, MAY T, TOMINSKI C. *Towards a Characterization of Guidance in Visualization*. Poster at IEEE Conference on Information Visualization (InfoVis). Atlanta, USA, 2013.

10. CENEDA D, GSCHWANDTNER T, MAY T, MIKSCH S, SCHULZ H J, STREIT M, TOMINSKI C. Characterizing Guidance in Visual Analytics. *IEEE Transactions on Visualization and Computer Graphics* 23.1 (2017), pp. 111–120. doi: 10.1109/TVCG.2016.2598468.

11. COLLINS C, ANDRIENKO N, SCHRECK T, YANG J, CHOO J, ENGELKE U, JENA A, DWYER T. Guidance in the HumanMachine Analytics Process. *Visual Informatics* 3.1 (2018). doi: 10.1016/j.visinf.2018.09.003.

12. CENEDA D, GSCHWANDTNER T, MAY T, MIKSCH S, SCHULZ H J, STREIT M, TOMINSKI C. Characterizing Guidance in Visual Analytics. *IEEE Transactions on Visualization and Computer Graphics* 23.1 (2017), pp. 111–120. doi: 10.1109/TVCG.2016.2598468.

13. VAN WIJK J J. Views on Visualization. *IEEE Transactions on Visualization and Computer Graphics* 12.4 (2006), pp. 421–433. doi: 10.1109/TVCG.2006.80.

14. GLADISCH S, SCHUMANN H, TOMINSKI C. Navigation Recommendations

for Exploring Hierarchical Graphs. *Advances in Visual Computing: Proceedings of the International Symposium on Visual Computing (ISVC)*. Springer, 2013, pp. 36–47. doi: 10.1007/978-3-642-41939-3_4.

15. STREIT M, SCHULZ H J, LEX A, SCHMALSTIEG D, SCHUMANN H. Model-Driven Design for the Visual Analysis of Heterogeneous Data. *IEEE Transactions on Visualization and Computer Graphics* 18.6 (2012), pp. 998–1010. doi: 10.1109/TVCG.2011.108.

16. VAN WIJK J J. Views on Visualization. *IEEE Transactions on Visualization and Computer Graphics* 12.4 (2006), pp. 421–433. doi: 10.1109/TVCG.2006.80.

17. HEER J, SHNEIDERMAN B. Interactive Dynamics for Visual Analysis. *Communications of the ACM* 55.4 (2012), pp. 45– 54. doi: 10.1145/2133806.2133821.

18. LIU Z, HEER J. The Effects of Interactive Latency on Exploratory Visual Analysis. *IEEE Transactions on Visualization and Computer Graphics* 20.12 (2014), pp. 2122–2131. doi: 10.1109/TVCG.2014.2346452.

19. STOLPER C D, PERER A, GOTZ D. Progressive Visual Analytics: User-Driven Visual Exploration of In-Progress Analytics. *IEEE Transactions on Visualization and Computer Graphics* 20.12 (2014), pp. 1653–1662. doi: 10.1109/TVCG.2014.2346574.

20. SCHULZ H J, ANGELINI M, SANTUCCI G, SCHUMANN H. An Enhanced Visualization Process Model for Incremental Visualization. *IEEE Transactions on Visualization and Computer Graphics* 22.7 (2016), pp. 1830–1842. doi: 10.1109/ TVCG.2015. 2462356.

21. PIRINGER H, TOMINSKI C, MUIGG P, BERGER W. A Multi Threading Architecture to Support Interactive Visual Exploration. *IEEE Transactions on Visualization and Computer Graphics* 15.6 (2009), pp. 1113–1120. doi: 10.1109/TVCG.2009.110.

22. SARWAR B, KARYPIS G, KONSTAN J, RIEDL J. Incremental Singular Value Decomposition Algorithms for Highly Scalable Recommender Systems. *Proceedings of the 5th International Conference on Computer and Information Technology (ICCIT)*. East West University, Dhaka, Bangladesh, 2002, pp. 399–404.

23. KIM H, CHOO J, LEE C, LEE H, REDDY C K, PARK H. PIVE: Per-Iteration Visualization Environment for RealTime Interactions with Dimension Reduction and Clustering. *Proceedings of the Thirty-First AAAI Conference on Artificial Intelligence*. AAAI Press, 2017, pp. 1001–1009. url: http://aaai.org/ocs/index.php/AAAI/AAAI17/paper/view/14381.

24. SCHULZ H J, ANGELINI M, SANTUCCI G, SCHUMANN H. An Enhanced Visualization Process Model for Incremental Visualization. *IEEE Transactions on Visualization and Computer Graphics* 22.7 (2016), pp. 1830–1842. doi: 10.1109/TVCG.2015.2462356.

25. ROSENBAUM R, GIMÉNEZ A, SCHUMANN H, HAMANN B. A Flexible Low-complexity Device Adaptation Approach for Data Presentation. *Proceedings of the Conference on Visualization and Data Analysis (VDA)*. SPIE/IS&T, 2011:(78680), pp.1–12. doi: 10.1117/12.871975.

26. RADLOFF A, TOMINSKI C, NOCKE T, SCHUMANN H. Supporting Presentation and Discussion of Visualization Results in Smart Meeting Rooms. *The Visual Computer* 31.9 (2015), pp. 1271–1286. doi: 10.1007/s00371-014-1010-x.

27. ZGRAGGEN E, GALAKATOS A, CROTTY A, FEKETE J D, KRASKA T. How Progressive Visualizations Affect Exploratory Analysis. *IEEE Transactions on Visualization and Computer Graphics* 23.8 (2017), pp. 1977–1987. doi: 10.1109/TVCG.2016.2607714.

28. KISTER U, KLAMKA K, TOMINSKI C, DACHSELT R. GraSp: Combining Spatially-aware Mobile Devices and a Display Wall for Graph Visualization and Interaction. *Computer Graphics Forum* 36.3 (2017), pp. 503–514. doi: 10.1111/cgf.13206.

29. LANGNER R, KISTER U, DACHSELT R. Multiple Coordinated Views at Large Displays for Multiple Users: Empirical Findings on User Behavior, Movements, and Distances. *IEEE Transactions on Visualization and Computer Graphics* 25.1 (2019), pp. 608–618. doi: 10.1109/TVCG.2018.2865235.

30. HORAK T, MATHISEN A, KLOKMOSE C N, DACHSELT R, ELMQVIST N. Vistribute: Distributing Interactive Visualizations in Dynamic Multi-Device Setups. *Proceedings of the SIGCHI Conference Human Factors in Computing Systems (CHI)*. ACM Press, 2019, 616:1–616:13. doi: 10.1145/3290605.3300846.

31. CENEDA D, GSCHWANDTNER T, MAY T, MIKSCH S, SCHULZ H J, STREIT M, TOMINSKI C. Characterizing Guidance in Visual Analytics. *IEEE Transactions on Visualization and Computer Graphics* 23.1 (2017), pp. 111–120. doi: 10.1109/TVCG.2016.2598468.

32. FEKETE J D, FISHER D, NANDI A, SEDLMAIR M. Progressive Data Analysis and Visualization (Dagstuhl Seminar 18411). *Dagstuhl Reports* 8.10 (2019), pp. 1–40. doi: 10.4230/DagRep.8.10.1.

第七章 全书总结

关于交互式可视化数据分析就介绍到这里。我们在前六个章节中介绍了数据的可视化、交互和分析等内容。在最后一章，我们来简单地总结一下本书的要点。如果您读完本书后打算进行深入研究，那么我们也会为您提供一些帮助。

7.1　内容回顾

在第二章中，我们介绍了交互式可视化分析的基本概念。首先是三个关键标准：表达性、有效性和高效性。表达性是指图形能够准确地显示数据中的内容，同时让我们能够更准确地理解数据。有效性需要考虑人为因素。高效性是指交互式可视化分析的成本和收益达成平衡。

其次，我们还介绍了交互式可视化数据分析的三个关键影响因素：数据、任务和环境。数据是指要分析的内容，任务是指为什么要分析数据，环境则是指数据分析的执行者和地方。

最后，我们研究了交互式可视化数据分析的不同阶段的流程模型。设计过程可以被看作是单个设计步骤的流程，数据转换为可视化图形的过程可以被看作是一种管线操作，知识生成的过程则可以被看作是产生新任务和新信息的分析回路。

在第三章中，我们主要介绍了可视化。我们从数据转换以及图形显示的基本方法开始介绍。以图形方式传达信息的基本方法是视觉变量，如位置、长度或颜色等。视觉变量能够改变图形符号的外观，使我们能够发现视觉差异并解读出相应信息。

视觉变量和符号都是可视化技术的基本单元。我们为不同的数据类型引入了许多不同的可视化技术。对于多变量数据，我们使用了基于表格的图形、组合双变量图形、基于多段线的图形、基于符号的图形、基于像素和嵌套的图形，这些都是可视化图形的基本工具。接下来的内容是时间数据和地理空间数据的可视化技术。我们用特殊维度来代表时间和地理空间，考虑到时间和空间的特殊性，我们又引入了各种专用的可视化方案。

最后，我们又介绍了图形数据的可视化。图形不仅体现了数据元素本身，还体现了数据元素之间的关系。基本的图形可视化技术会将这些关系表示为元素之间的连接或通过元素形成的巧妙排列。我们还了解了如何通过结合不同可视化技术来可视化多面图形。

第四章是可视化交互。我们在那一章开头描述了各种场景，这些场景主要用于证明人机交互的重要性。“交互”的本质实际上就是一种动作循环。为了让这个循环稳定运行，就需要考虑到几个需求。

在可视化数据分析中的交互方面，我们以基本操作为基础，介绍了基本的选择和强化技巧。为了解决大数据的分析问题，整个章节都在强调图形的可缩放功能。缩放是一种基本功能，主要用于全局数据的概览以及显示选定数据的详细信息。交互式透镜是一种简单的通用功能，主要用于调整局部数据的图形。透镜在图形比较任务中具有较强的优势。

我们现在转向现代交互技术，看看它们是如何增强可视化数据分析效率的。触摸交互使我们能够直接接触到数据的图形。图板能够让我们以全新的方式来分析数据。最后，通过空间关系学的概念，我们还可以在高分辨率显示墙上探索更多的数据。

在第五章中，我们了解到大型复杂数据需要自动计算的加持。自动计算主要用于降低数据及图形的复杂性。基于密度的图形和图形束可以用来降低图形的复杂性。

书中列举了多种降低数据复杂性的方法。其中有兴趣度和基于特征的方法。我们通过采样和分组来提取数据。数据特征可通过重复提取来提高其精确度。

自动计算也可以用于数据元素的分组。书中介绍了两种基本方法：分类和聚类。分类是一种对数据空间进行分组的方法，而聚类则是根据相似度对数据元素进行分组。在本章的另一节中，我们还介绍了对复杂的多元动态图进行聚类的方法。

主成分分析的概念主要用于分析多变量数据。其基本思想是将原始的高维度数据空间映射到低维度数据空间中。

第六章对交互式可视化数据分析领域的发展前景进行了展望。按照前几章的三重结构，我们分别讨论了高级可视化、高级交互和高级自动计算。

在智能多屏幕显示环境中显示数据是一种高级可视化形式。通过多屏幕显示，多个用户可以协同分析数据。为了充分利用多屏幕显示的优势，就要将一些功能集成到智能环境中。

用户引导是一种高级交互方法，用户在分析过程中遇到困难时就能体现出引导的用处。文中详细阐述了引导的特征和概念模型。

最后一个概念就是利用渐进方法来强化自动计算功能。借助多线程技术，我们从只能生成单个结果的单一计算直接跨越到了可以进行实时多线程计算以及实时生成结果，在计算效率、准确性和成本等方面前进了一大步。

7.2　深入研究

全书介绍到这里，如果您打算继续进行深入研究，那么接下来这四条建议可以供您参考，那就是学习、应用、创新和发展。

第一，关于学习。鉴于本书篇幅有限，所以只能提供一个比较广泛的介绍，并不能全面详细地说明所有方面。因此，每章末尾都有一个参考文献列表，建议有兴趣的读者做进一步阅读。列表中的专业书籍和文献都相当优秀，其中一些研究相当深入，涵盖了我们能够直接接触到的所有主题。

在这里我们特别建议大家关注两个研究方向，第一，要尽量多地了解人为因素。人类的感知和认知水平是交互式可视化数据分析中的关键一环。第二，立方体图形和流式图。这两种图形主要用于带有时间变量的三维立方体数据和矢量数据，尤其是在医学和工程领域会起到很大的作用。

第二，关于应用。如果您还没有使用过交互式可视化方法，那么您可以将本书中介绍的一些方法和技术应用于您的分析领域，因为交互式可视化数据分析适用于所有的应用领域。

在金融领域中，交互式可视化数据分析可以帮助我们理解交易内容或发现欺诈行为。在城市规划领域中，它可以帮助我们建立人口模型。在气象领域中，气象研究人员可以根据数据图形来调查气象变化的影响并公布发现。在人文社科领域中，它可以用来研究大型数据库中的隐藏关系，社会学家可以根据媒体调查的数据来预测选举结果。

随着科技的发展，即使是经典的电子表格程序也已经具备了基本的可视化功能。像 Tableau、QlikView 和 Plotly 等程序都可以用于交互式可视化数据分析。另外还有许多用于解决特定问题的专用程序，例如 Gephi、Cytoscape 和 Tulip 程序都可以用于图形的可视化分析，而 KNIME 程序则更多地用于部分数据分析。

如您所见，本书中提供了很多种解决方案，如何选择取决于您的分析领域和分析目标。

第三，关于创新。如果您对本书中的示例感兴趣，或者现有技术不能满足您的要求，那么就请您创建适合自己的交互式可视化分析技术。根据您的专业水平，您可以选择前面提到的程序和技术，也可以从头开始，设计出一套全新的可视化解决方案。

如果您擅长编写程序，那么可以看一看各种开源程序。例如，D3.js 是基于网络的可视化技术的事实标准。后续项目 Observable 甚至允许多人团队操作。另外还有许多其他的可视化工具库，例如，可视化工具包（VTK）和通用处理程序，GraphStream 和 sigma.js 专门用于图形的可视化，mapbox 和 CesiumJS 专门用于地理数据的可视化。

编写用于大数据分析的程序会要求您擅长高级编程。大数据的分析计算要求具备多线程技术，可视化图形要求具备性能强大的显卡。OpenMP、OpenCL、OpenGL、WebGL、DirectX 或 Vulkan 等无法承担这种级别的任务，但用它们来显示高像素图形还是可以胜任的。

第四，关于发展。交互式可视化数据分析是一个相对年轻的研究领域，还有许多问题有待解决和发现。现在的可视化数据分析已进入智能多屏幕显示环境的时代。各种各样的设备层出不穷，包括大型显示墙、大型投影和智能手表。如何设计可视化、交互和自动计算以适应不同的环境，至今仍是一个悬而未决的问题。

而不断增长的数据也始终是一项重大挑战。现在看来，渐进式数据分析就是应对这一挑战的绝佳方法。但除了本书中所举的简单例子之外，我们仍然缺乏对这一课题更加深入的概念和模型。

不断增加的数据规模和复杂性也会导致工具更加复杂。如何协助用户使用这些工具？当然是引导。但是什么时候引导？引导到什么样的程度？这些都是问题。

当我们研究如何引导用户时，也要考虑到如何引导设计师和开发人员。对于特定数据特征和分析任务，应该如何设计方案？好的答案需要大量的经验加成。如果有了完善的指导方针，绝大部分问题都会迎刃而解。是的，未来一定会有，但是现在诸君仍需努力。

我们现在还有很多方面需要研究。主要科学会议 VIS、EuroVis 和 PacificVis 每年都会发布交互式可视化数据分析领域的创新研究成果。《IEEE 可视化与计算机图形学汇刊》(*IEEE Transactions on Visualization and Computer Graphics*),《计算机图形论坛》(*Computer Graphics Forum*) 和《信息可视化》(*Information Visualization*) 等期刊非常适合发表可视化分析领域的学术论文。在人机交互、认知心理学、数据提取和机器学习等领域，我们也可以发表论文和研究成果，并继续学习。

以上就是本书对交互式可视化数据分析的概念、模型、方法和技术的介绍。你通读完本书之后，就可以在这个激动人心的领域里做出选择。交互式可视化数据分析领域期待你的加入。